职业教育应用型人才培养精品教材

影视后期制作案例教程

（Adobe After Effects CC）

曾祥民　郝银华　主　编◎

王红娜　王　晶　副主编◎

電子工業出版社

Publishing House of Electronics Industry

北京·BEIJING

内 容 简 介

本书从视频制作行业实际需求出发，以项目的形式，由浅入深地向学习者介绍了 Adobe After Effects CC 制作视频特效的思路和流程。通过模拟或重现项目当时的制作场景，让学习者融入项目制作的情景中，以促进学习者将技能知识转化为个人能力。本书并不着力去介绍软件工具的具体功能，而是以视频或动画后期制作实践项目为依托，通过任务驱动的方式，促进学习者的学习，让学习者在完成项目的过程中巩固基础知识、锻炼实践技能、启发创作思维、掌握制作理念、获得解决实际问题的能力。本书共分四大部分：第一部分是基础知识篇，主要介绍基础知识点，为后续的项目学习提供基础；第二部分是初阶项目篇，该部分项目难度较低，主要讲解基本技能的应用，适合初学者全面掌握基本操作；第三部分是中阶项目篇，本部分项目难度适中，重在训练操作技能；最后一部分是高阶项目篇，本部分项目的难度并不高，项目涉及综合应用。本书每章都包括不同类型的项目，每个项目都由学习目标、项目分析、效果展示、操作流程、项目小结和课后检测等构成，这些项目环节逐层推进，一步步推动问题的解决，让学习者在问题解决的过程中，启发思维，激发主动性，达到视频后期制作能力的提升。这些项目类型各不相同，每个项目都包含一种学习情境，让学习者在差异化的学习情境中，获得全方位的锻炼，促进专业制作能力的提升。

本书可作为各大中专院校影视制作和数字媒体艺术相关专业学生的课程教材，也可作为想从事影视制作行业自学者的学习用书，还可作为培训机构的培训教材。

图书在版编目（CIP）数据

影视后期制作案例教程：Adobe After Effects CC / 曾祥民，郝银华主编. —北京：电子工业出版社，2023.1

ISBN 978-7-121-44836-2

Ⅰ. ①影… Ⅱ. ①曾… ②郝… Ⅲ. ①视频编辑软件—中等专业学校—教材②图像处理软件—中等专业学校—教材
Ⅳ. ①TN94②TP391.413

中国国家版本馆 CIP 数据核字（2023）第 006686 号

责任编辑：关雅莉　　特约编辑：徐　震
印　　刷：天津千鹤文化传播有限公司
装　　订：天津千鹤文化传播有限公司
出版发行：电子工业出版社
　　　　　北京市海淀区万寿路 173 信箱　邮编　100036
开　　本：787×1 092　1/16　印张：15　字数：345.6 千字
版　　次：2023 年 1 月第 1 版
印　　次：2024 年 2 月第 2 次印刷
定　　价：49.80 元

凡所购买电子工业出版社图书有缺损问题，请向购买书店调换。若书店售缺，请与本社发行部联系，联系及邮购电话：（010）88254888，88258888。

质量投诉请发邮件至 zlts@phei.com.cn，盗版侵权举报请发邮件至 dbqq@phei.com.cn。

本书咨询联系方式：（010）88254247，liyingjie@phei.com.cn。

前言

PREFACE

党的二十大报告主题深刻，高屋建瓴，报告对“推进文化自信自强，铸就社会主义文化新辉煌”做了重要部署，为建设社会主义文化强国指明了方向。二十大报告中强调“增强中华文明传播力影响力”，这一重要论述对媒体从业者提出了更高层面的要求。在自媒体盛行的当下，加强视频制作技术，提升综合剪辑能力，创造出更高水平的视频作品，讲好中国故事，传播好中国声音，展现可信、可爱、可敬的中国形象，是每个新时代的中国人都应承担的责任与担当。

Adobe After Effects CC 是一款专业且常用的视频特效编辑软件，在影视制作行业中有着广泛的应用。该软件兼容性较好，能够与 Adobe 公司推出的其他软件相互协作，这极大提高了影视后期的制作效率和质量。

软件是特效制作的基础，而不是全部，制作思路才是关键。一个好的影视制作人员，应该用制作思路去影响客户和观众，软件是实现制作思路的手段和工具，制作思路和制作工具是相辅相成的。本书并不以介绍软件使用方法为目标，而是通过构建任务情境，完成项目过程中的相关操作，让学习者形成制作思路，习得用镜头特效为短片锦上添花的技巧。本书除第 1 章外，每个章节中都包括不同类型的项目。每个项目都由学习目标、项目分析、效果展示、操作流程、项目小结和课后检测等构成，这些项目环节逐层推进，一步步推动问题的解决，让学习者在参与问题解决的过程中，启发思维，激发主动性，达到视频后期制作能力的提升。这些项目类型各不相同，每个项目都包含一种学习情境，在差异化的学习情境中，可以让学习者获得全方位的锻炼，促进其专业制作能力的提升。

本书从视频制作行业实际需求出发，以项目的形式，由浅入深地向学习者介绍了使用 Adobe After Effects CC 2017 制作视频特效的技巧和思路。通过模拟或重现项目当时的制作场景，让学习者纳入项目制作的情景中，以促进学生将技能知识内化为个人能力。本书并不着力去介绍软件工具的具体功能，而是以视频或动画后期制作实践项目为依托，通过任务驱动的方式，促进学习者的学习，让学习者在完成项目的过程中巩固基础知识、锻炼实践技能、启发创作思维、掌握制作理念、获得解决实际问题的能力。

本书共分四大部分：第一部分是基础知识篇，主要介绍基础知识点，为后续的项目学习提供铺垫，如果学习者对该软件有一定的基础，也可以跳过这部分；第二部分是初阶项目篇，该部分项目难度较低，主要是基本技能的应用，适合初学者，便于全面掌握基本操作；第三部分是中阶项目篇，本部分项目难度适中，重在训练操作技能，本部分项目数量最多；最后一部分是高阶项目篇，本部分项目难度也并不高，只是部分项目涉及综合应用，只要认真练习，完全有能力全面掌握本部分的制作技能。

本书由曾祥民和郝银华担任主编，王红娜和王晶担任副主编，具体撰写分工如下：基础知识篇由王红娜编写；初阶项目篇由王晶编写；中阶项目篇由郝银华编写；高阶项目篇由曾祥民编写。本书在编写过程中，蓉绅文化传播（大连）有限责任公司、大连元众创意影视广告公司的朋友，对本书提出了很多宝贵的意见和建议，在此表示衷心的感谢。

本书可作为各大中专院校影视制作和数字媒体艺术相关专业学生的课程教材，也可作为想从事影视制作行业自学者的学习用书，还可作为培训机构的培训教材。

由于编者水平有限，书中难免出现疏漏之处，敬请广大读者批评指正。本人非常希望和各位同行一起研究影视制作相关问题，一起切磋，共同进步。

编　者

2022 年 12 月

目录

CONTENTS

·第 1 章·

基础知识篇

1.1 软件界面介绍与工作流程

1.1.1 After Effects CC 的功能介绍

After Effects CC 是一款定位于高端视频特效制作的专业特效合成软件。After Effects CC 的功能归纳起来主要有以下几点。

1. 多格式合成

针对视频、音频、静帧、动画文件可进行无限层画面合成，并可调整层间相互叠加关系。

2. 设置无压缩动画

每层画面的所有属性，如位置、旋转、透明度等，都可加用无限数量的关键帧点，可设计逼真、自然的运动轨迹，可制作如慢动作、抽帧、回放延迟、倒放、定格动画等效果。

3. 制作特效

可制作各种复杂的文字特效，如拖尾、字母旋转等，每层画面都可加入多种不同的特效，可实现画面变形、切割、模糊、调色、粒子、模糊、光效等多种变换效果。

4. 广播级的处理能力

可直接对大分辨率的文件进行处理，也可先用低分辨率的方式快速完成初步设计，然后再转换回原始高分辨率进行最终输出。可用 RAM Preview 方式无声音实时回放合成画面，可对一个合成视频进行不同尺寸的生成，或多个合成视频同时进行批量生成，甚至可以保存生成模板。

5. 多格式输入/输出

可便捷地输入 QuickTime、Photoshop、Illustrator、TIFF、Targa、BMP、PICT、静帧图像序列、Filmstrip、AIFF（仅 Macintosh）、FLC、FLI、WAV 音频等文件。对于 Windows 操作系统，可输入和输出 AVI 文件。

1.1.2 After Effects CC 2017 界面介绍

After Effects CC 2017 提供灵活的可自定义的工作区，其工作界面主要由工具栏、项目面板、时间轴面板、合成监视窗、堆栈面板等组成，如图 1-1-1 所示。

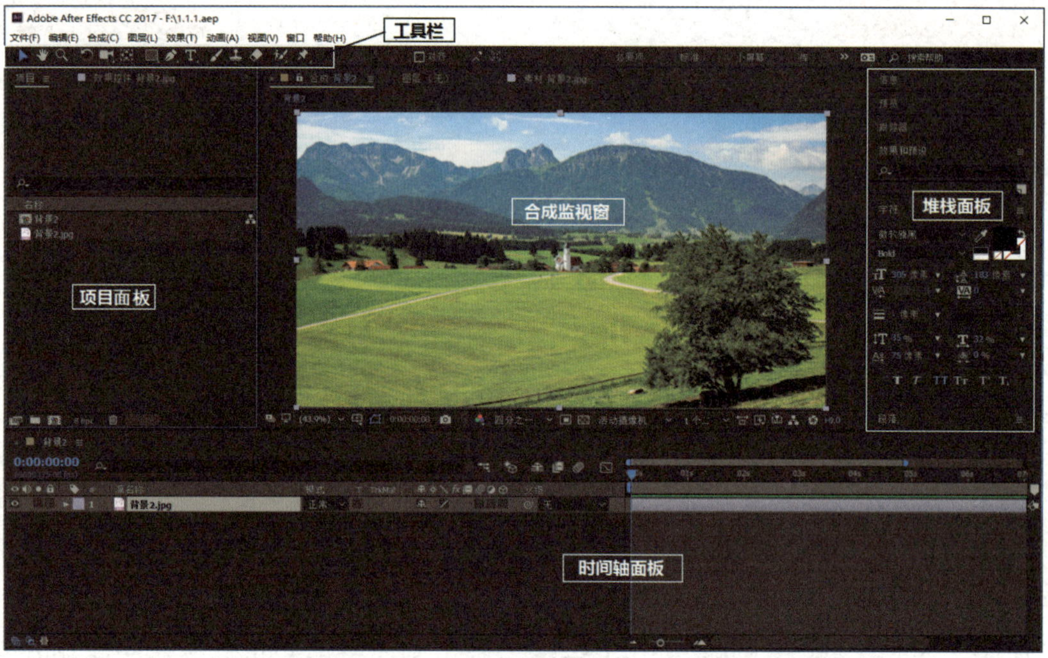

图 1-1-1 After Effects CC 2017 的工作界面

工具栏：包括选取工具、缩放工具、旋转工具、统一摄像机工具等，鼠标单击相应按钮可以切换工具，实现工具的特有功能。用完相应工具后，一般切换为箭头状的选取工具。

项目面板：主要用来组织和管理素材及合成。After Effects 素材可以简单分为 3 类：图片、音乐、视频。在项目面板中可以用文件夹分类整理素材。合成是各素材图层的集合，其可以是一个图层，也可以是多个图层。合成中可以包含静态图像、动态图像、音频文件、灯光、摄像机图层等，其具有空间维度和时间维度。

时间轴面板：在项目面板中双击合成图标，合成就会在时间轴面板中打开，一个时间轴面板可以打开多个合成。

合成监视窗：在时间轴中，位置标尺处的画面在合成监视窗中显示。合成监视窗上方有素材栏，单击可切换至素材监视窗。在项目面板中双击素材，可将其添加到素材监视窗。

堆栈面板：堆栈面板是各个面板的组合，使面板排列整齐，对面板进行堆叠，形成堆栈。

在堆栈面板中，单击面板名称中可以打开面板，再单击一下即可将该面板合上。

1.1.3 创建项目并导入素材

1. 创建项目

（1）启动 After Effects CC 2017 软件，进入“开始”界面，如图 1-1-2 所示。单击“新建项目”按钮，进入 After Effects CC 2017 的工作界面。

通过“开始”界面可以新建项目，也可以打开已有的项目，在界面右侧显示最近使用过的项目文件，界面左侧最下面的两个按钮为“新建团队项目”和“打开团队项目”，是针对 After Effects 云处理方式新增的按钮，通过云处理可以将项目上传到云端，以便于进行团队合作式的操作。

（2）在如图 1-1-1 所示的工作界面中单击“文件”→“另存为”选项，打开“另存为”对话框，如图 1-1-3 所示，输入文件名后保存新建的项目。

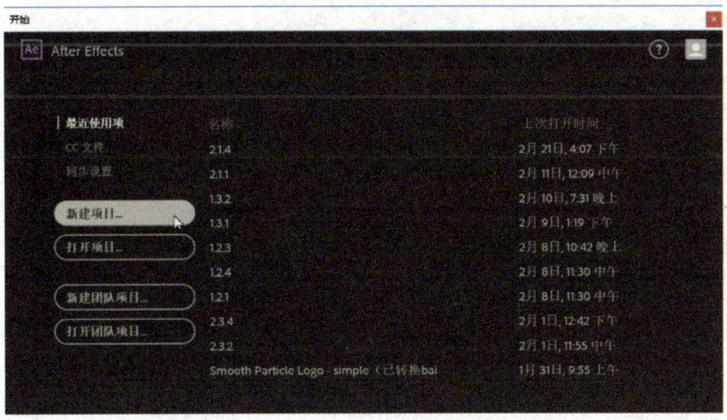

图 1-1-2 After Effects CC 2017 软件“开始”界面

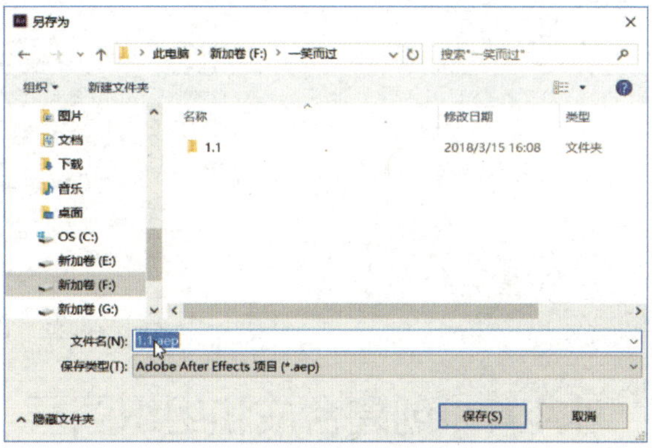

图 1-1-3 “另存为”窗口

2. 导入素材

导入素材的方式有 3 种：使用“导入文件”导入素材、使用“Windows 系统资源管理器”导入素材和使用“Adobe Bridge”导入素材。

（1）双击项目面板的空白处或按组合键“Ctrl+ I”，打开“导入文件”对话框，如图 1-1-4 所示，选中需要导入的素材文件，单击“导入”按钮即可将文件导入。

（2）使用“Windows 系统资源管理器”和“Adobe Bridge”导入素材的操作方法类同，打开“Windows 系统资源管理器”或“Adobe Bridge”窗口，选择需要导入的素材，直接将其拖曳进项目面板即可。

需要注意的是，序列帧的导入方式与图片、视频的导入方式不同。导入序列帧时，首先在打开的“导入文件”对话框中选择第一帧的图片（序列帧图片后面都有连续的编号），如图 1-1-5 所示。然后勾选“序列选项”区域中的“ImporterJPEG 序列”复选框，如图 1-1-6 所示，最后单击“导入”按钮即可。

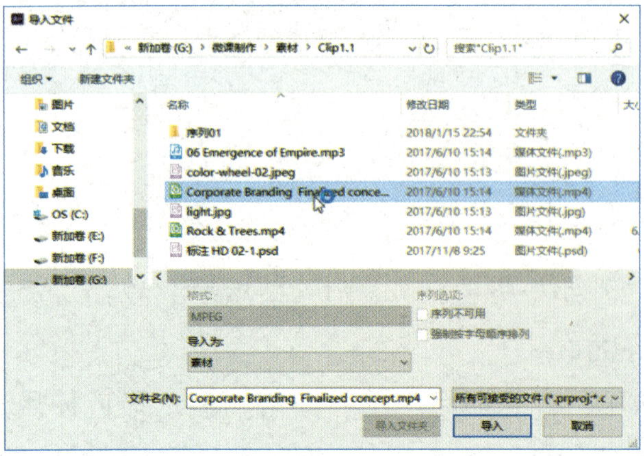

图 1-1-4 “导入文件”对话框

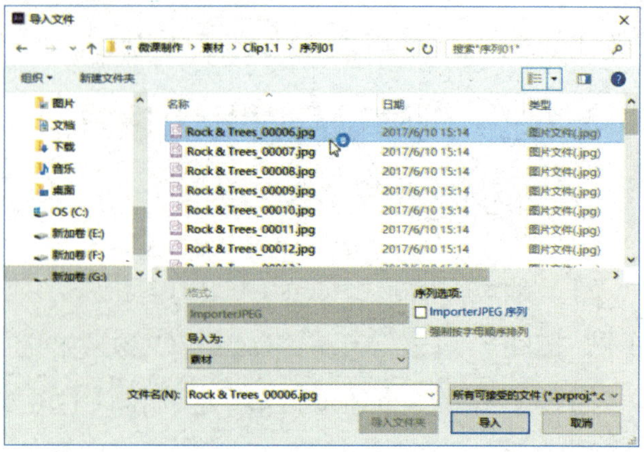

图 1-1-5 在对话框中选择第一帧的图片

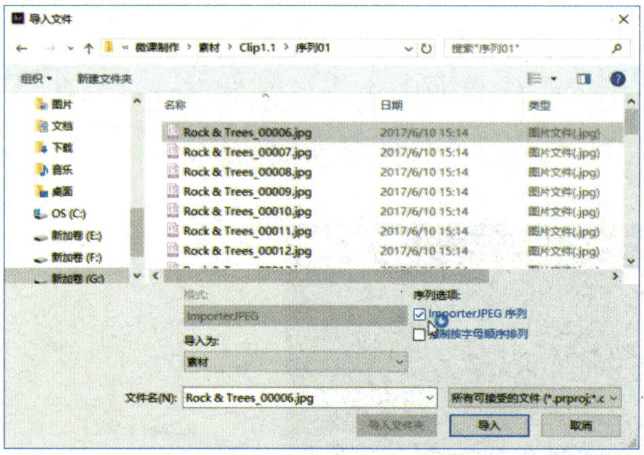

图 1-1-6 勾选“ImporterJPEG 序列”复选框

1.1.4 创建合成和组织图层

创建合成是对素材的进一步操作，合成是素材段的集合。

合成使用图层来管理素材，对于分层的素材，在进行处理时只会对当前层的素材产生影响，不会影响到其他图层的素材。

1. 创建合成

快捷的创建合成方式是将素材直接拖曳到“新建合成”按钮中，After Effects 将按素材的参数创建合成，如图 1-1-7 所示。

按 Ctrl 键的同时，选择其他几个素材，并将其拖曳到时间轴面板中。此时可以看到，每个素材分层排放，每一层的素材都可以单独调整其参数而不相互影响，如图 1-1-8 所示。

常规的创建合成的方法：单击项目面板中的“新建合成”按钮，或者按组合键“Ctrl+K”，打开“合成设置”对话框，如图 1-1-9 所示，然后设置合成格式。

合成格式的设置，通常考虑成片要求格式和源素材格式两方面因素。设置好合成的持续时间后，单击“确定”按钮。此时，新建的合成将自动在时间轴窗口中打开。

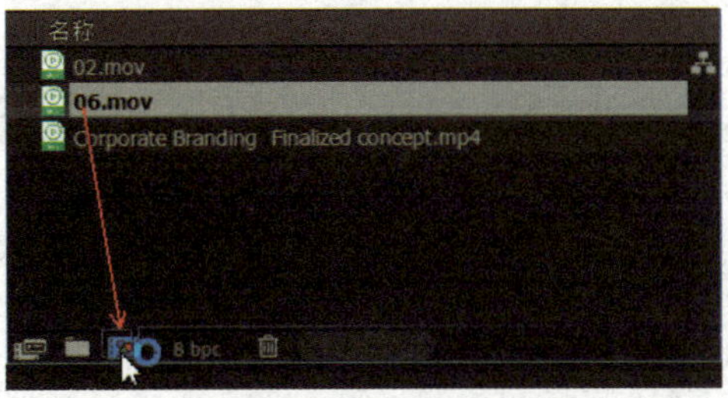

图 1-1-7　将素材拖曳到“新建合成”按钮上

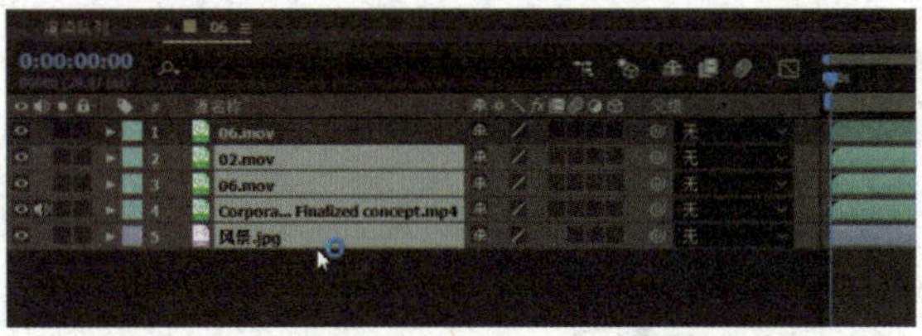

图 1-1-8　素材在时间轴中分层排放

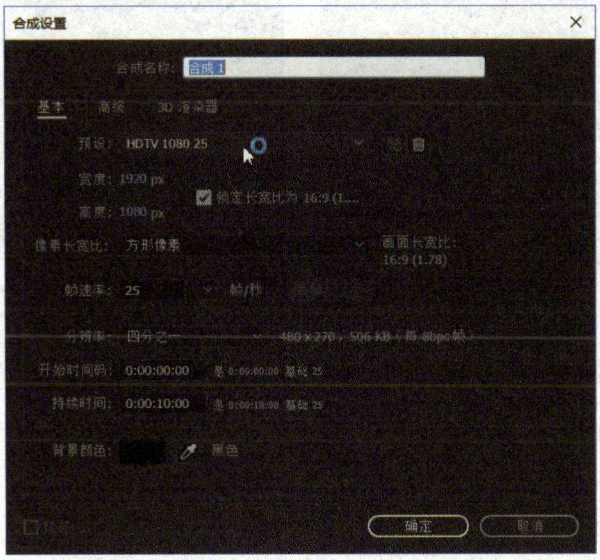

图 1-1-9　“合成设置”对话框

2. 组织图层

（1）按住 Ctrl 键的同时，用鼠标选择要添加到合成中的素材，将这些素材直接拖曳到时间轴面板中，各素材按选择的顺序，自上而下，分层排列在时间轴窗口中。

（2）鼠标拖曳图层，可完成各个图层叠加次序的调换，如图 1-1-10 所示。

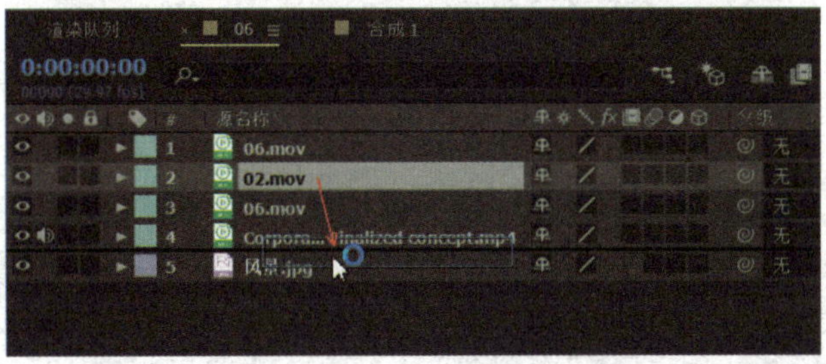

图 1-1-10　用鼠标拖曳调换图层叠加次序

这种将素材直接拖曳到时间轴面板中的添加素材的方式，是将整段素材都添加到时间轴中。当然，也可以通过截取素材，只将一段素材添加到时间轴中。

3. 截取素材

（1）在项目面板中双击合成中的素材，原来的合成监视窗将切换为素材监视窗，素材监视窗下方有时间进度条，可以设置素材的入/出点。

（2）按空格键播放素材，或用鼠标直接拖曳位置标尺，选择合适位置，单击“设置入点”按钮标记入点，如图 1-1-11 所示。继续拖曳位置标尺，单击“设置出点”按钮标记出点，如图 1-1-12 所示。

图 1-1-11　标记入点

图 1-1-12　标记出点

（3）单击素材监视窗下方的“叠加编辑”按钮，如图 1-1-13 所示，素材将被添加到时间轴新增图层的位置标尺之后，如图 1-1-14 所示，此时的素材只是入/出点之间的部分。

图 1-1-13　单击“叠加编辑”按钮

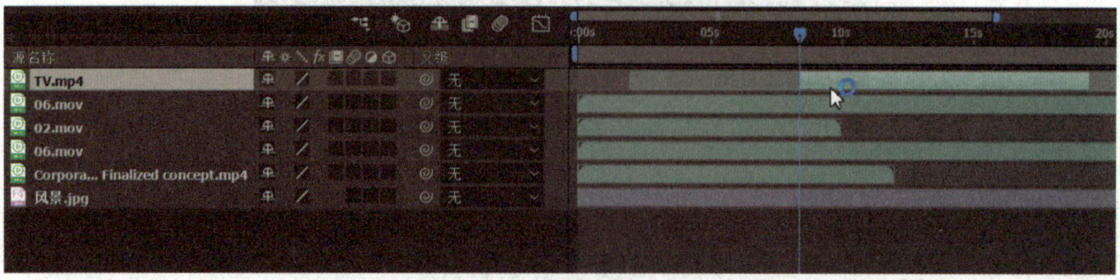

图 1-1-14　素材被添加到时间轴新增图层的位置标尺之后

当然，在时间轴中用鼠标拖曳图层的两端，如图 1-1-15 所示，也可以重新设置入/出点位置，调整素材时间长度。

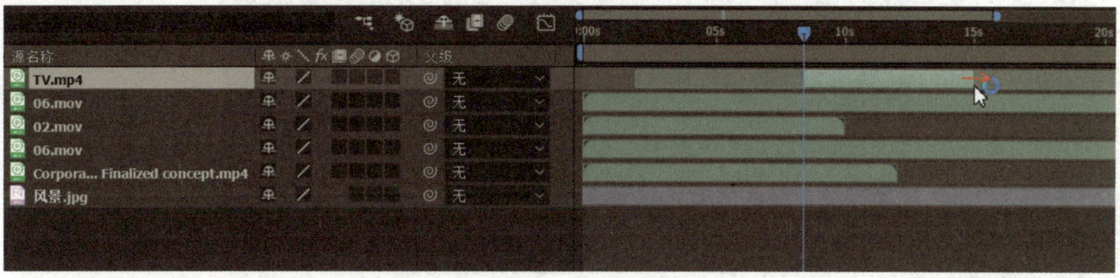

图 1-1-15　鼠标拖曳重新设置入/出点位置

（4）素材监视窗下方的“叠加编辑”按钮左侧的按钮为“波纹插入编辑”按钮，如图 1-1-16 所示，其功能为将入/出点之间的素材插入时间轴面板中，原来时间轴面板中位置标尺以后的素材将被打断，整体向后推动，如图 1-1-17 所示。

图 1-1-16　“波纹插入编辑”按钮

图 1-1-17　素材被插入时间轴面板

1.1.5　添加特效和修改图层属性

将各图层在合成中排列好后，就可以开始对图层做进一步地调整了。每个图层都有些常规属性，如“锚点”“位置”“缩放”“旋转”“不透明度”等，如图 1-1-18 所示，用于调整图层的常规状态。

图 1-1-18　图层的常规属性

另外，可以使用添加特效来增加图层的控制参数，从而修改图层的属性和外观，After Effects CC 2017 提供了几百种特效，方便创建效果。

1. 修改图层属性

单击图层左边的小三角形，出现“变换”命令，展开“变换”参数组，出现锚点、位置、缩放、旋转和不透明度等属性，拖曳任意一个属性的参数值来改变参数，即可改变图层在画面中的状态。

调整“缩放”属性的参数值，使其数值缩小，如图 1-1-19 所示。此时，画面中的图层被缩小，出现画中画的效果，如图 1-1-20 所示。

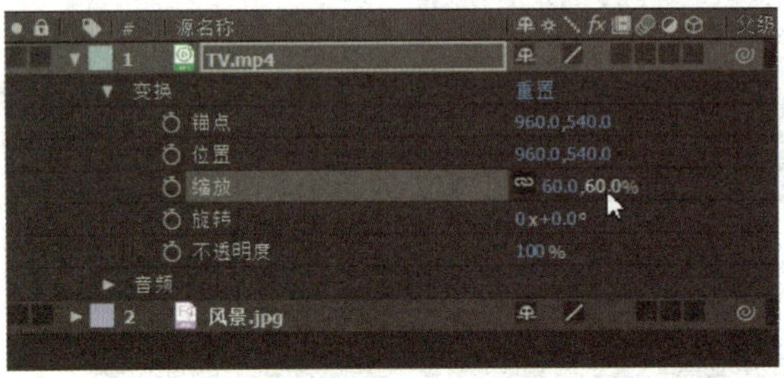

图 1-1-19　调整“缩放”属性的参数值

图 1-1-20　图层画面被缩小

此外，也可以通过快捷键来直接打开这些命令参数。在英文输入法状态下，A 键用于打开“锚点”属性，P 键用于打开“位置”属性，S 键用于打开“缩放”属性，R 键用于打开“旋转”属性，T 键用于打开“不透明度”属性，详见表 1-1-1。

表 1-1-1　常规属性及其对应的快捷键

锚点	A
位置	P
缩放	S
旋转	R
不透明度	T

2. 添加特效

添加特效的目的是为给图层增加调整参数，丰富画面效果。这里以添加对比度为例，介绍添加特效的常规操作流程。

（1）在时间轴面板中选择图层，单击堆栈面板中的“效果和预设”，在搜索框中输入“对比度”，After Effects CC 2017 将搜索包含输入字符的效果和预设，并以交互的方式显示结果，如图 1-1-21 所示。

（2）将“自动对比度”特效拖曳到时间轴面板中的图层上，After Effects CC 2017 将应用该特效并自动在项目面板打开效果控件窗格，显示对比度控制参数，如图 1-1-22 所示。

图 1-1-21 搜索结果并显示

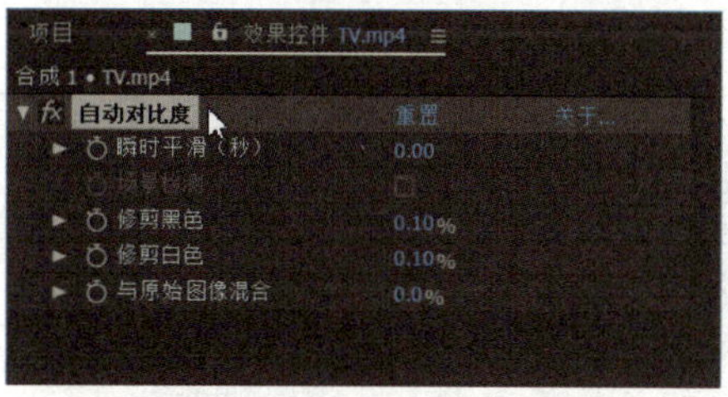

图 1-1-22 效果控件窗格的“自动对比度”参数

自动对比度特效对画面已经做了自动调整，此时，画面的对比度反差加大，可拖曳相应参数值进行手动微调，以便使画面达到满意效果。

1.1.6 制作动画

在 After Effects CC 2017 中，可以通过关键帧、表达式或关键帧助手来让图层的多个属性随时间的变化而变化，从而创造出动画效果。下面将完成添加字幕、应用特效，并设置字幕变化的动画效果的操作。

1. 插入文字图层

（1）打开合成监视窗，单击工具栏中的工具按钮“T”（也可以按组合键“Ctrl+T”），如图 1-1-23 所示。在合成监视窗中的合适位置单击并输入文字“制作动画”，如图 1-1-24 所示。

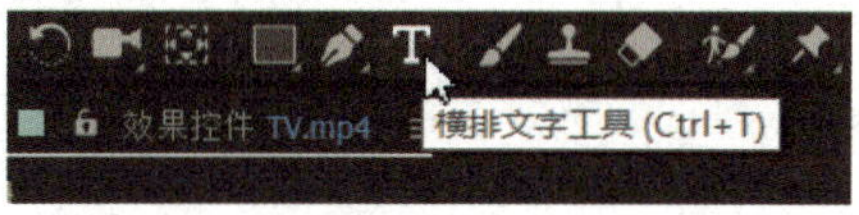

图 1-1-23 工具栏中的工具按钮“T”

图 1-1-24 输入文字“制作动画”

（2）打开堆栈面板中的对齐面板，使用“水平居中对齐”和“垂直居中对齐”工具，如图 1-1-25 所示，让文字在合成监视窗中居中对齐，如图 1-1-26 所示。此时，时间轴面板中自动新增了一个文字图层，如图 1-1-27 所示。

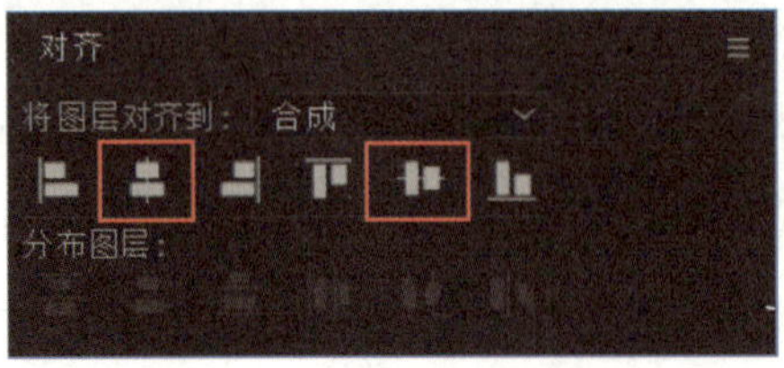

图 1-1-25　“水平居中对齐”和“垂直居中对齐”工具

图 1-1-26　文字在合成监视窗中居中对齐

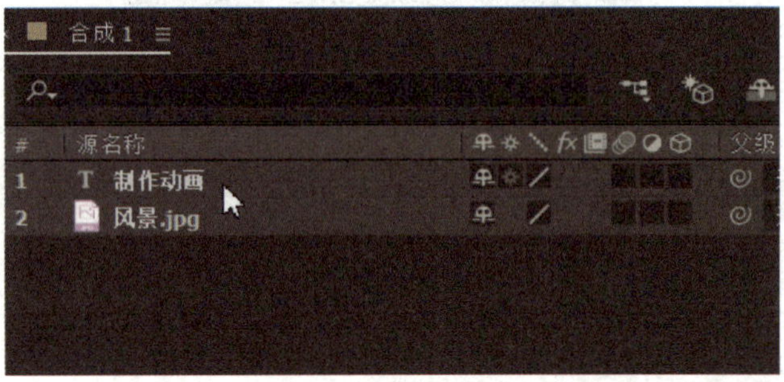

图 1-1-27　时间轴面板中新增了一个文字图层

（3）双击时间轴面板中的文本图层，使该图层处于可编辑状态。在字符面板中设置像素值为 150，颜色为红色，如图 1-1-28 所示，此时文字效果如图 1-1-29 所示。

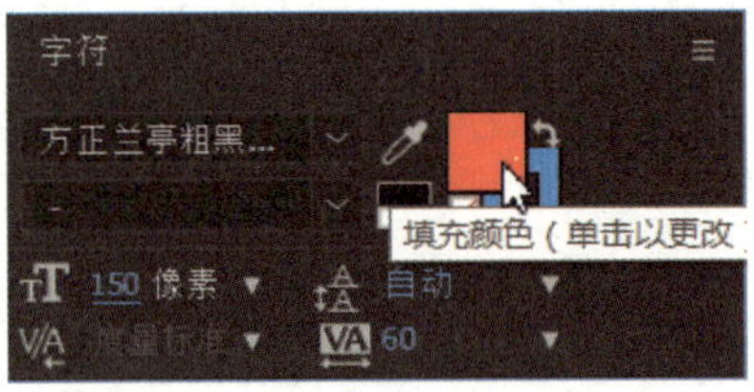

图 1-1-28　改变文字属性

图 1-1-29　合成监视窗中的文字效果

2. 给文字应用特效

（1）按 Home 键将时间轴的位置标尺移动到最左侧。打开效果和预设面板，在搜索框中输入“淡入”，选择“解码淡入”特效，如图 1-1-30 所示，并将其拖曳到时间轴面板中的文字图层上面。

（2）将位置标尺从起点向右拖曳，手动预览特效，文字逐个解码淡入，如图 1-1-31 所示。

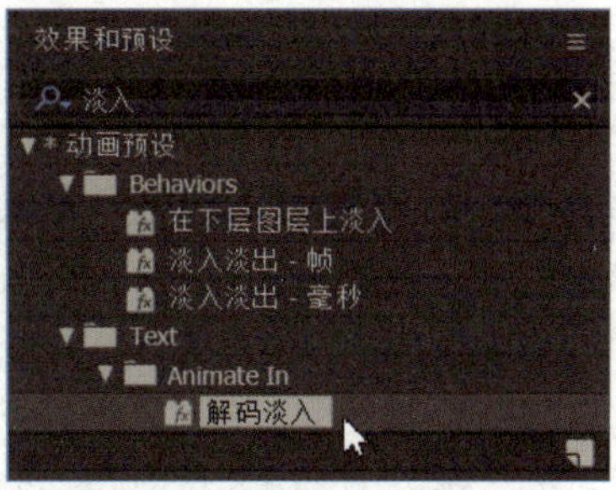

图 1-1-30　选择“解码淡入”特效

图 1-1-31　文字逐个解码淡入

3. 调整特效关键帧

（1）选中时间轴面板中的文字图层，按 Home 键，将位置标尺移动到最左侧，在效果和预设面板中搜索“通道模糊”特效，如图 1-1-32 所示，并将“通道模糊”特效添加到时间轴面板中的文字图层上。

（2）打开效果控件面板，将“红色模糊度”、“绿色模糊度”、“蓝色模糊度”和“Alpha 模糊度”的值都设置为 50.0，如图 1-1-33 所示。

图 1-1-32　“通道模糊”特效

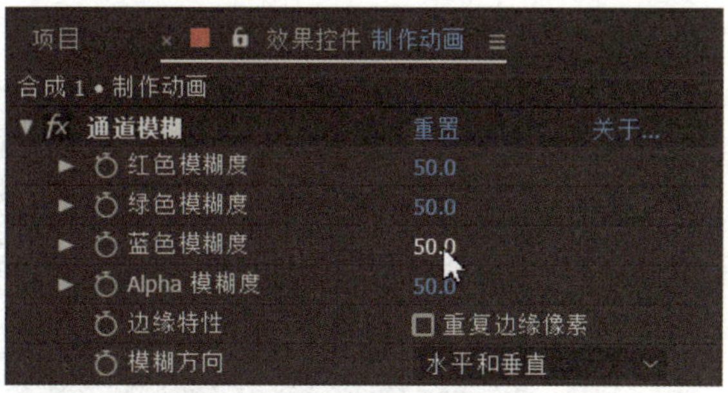

图 1-1-33　将各参数值都设置为 50.0

（3）单击各参数前的动画开关，如图 1-1-34 所示，创建初始关键帧。将时间轴位置标尺移动到 2 秒处，调整各参数的参数值，如图 1-1-35 所示。将位置标尺移动到 4 秒处，继续调整各参数的参数值，如图 1-1-36 所示。

（4）拖曳位置标尺，手动预览字幕模糊淡入的动画效果，如图 1-1-37 所示。

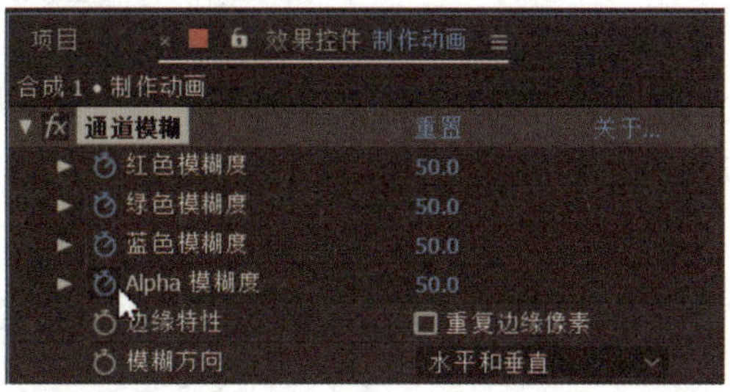

图 1-1-34　单击各参数前的动画开关

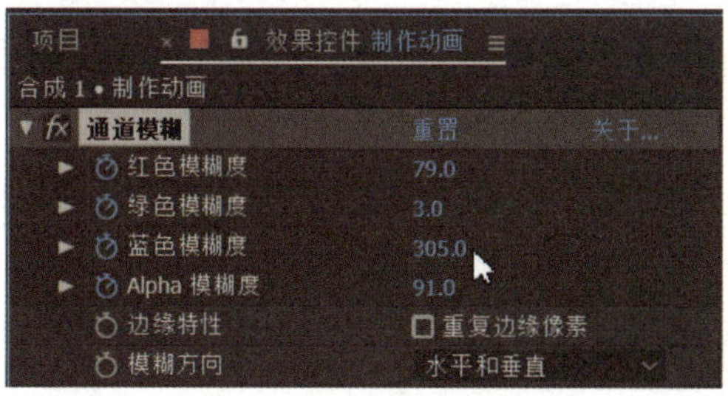

图 1-1-35　2 秒处各参数的参数值

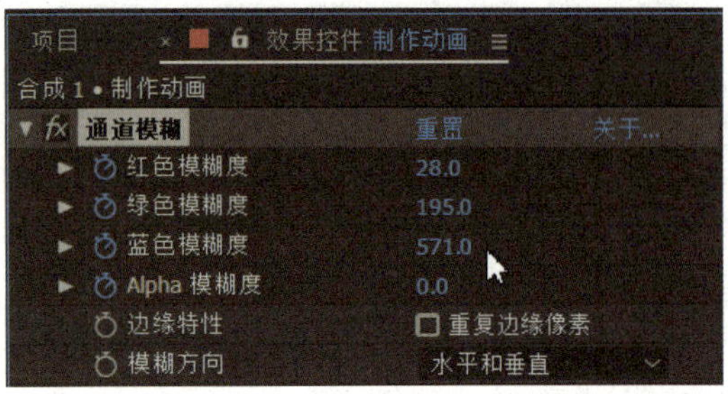

图 1-1-36　4 秒处各参数的参数值

图 1-1-37　字幕模糊淡入的动画效果

需要注意的是，用关键帧创建动画时，至少要有两个关键帧，一个关键帧设置动画的初始状态，另一个关键帧设置动画的结束状态。

1.1.7　渲染和导出合成图像

（1）选中制作完成的合成，单击菜单栏中的“合成”→“添加到渲染队列”选项，也可按组合键“Ctrl+M”，打开渲染队列面板，如图 1-1-38 所示。在该面板中，可以对输出影片的各项参数做详细的设置。

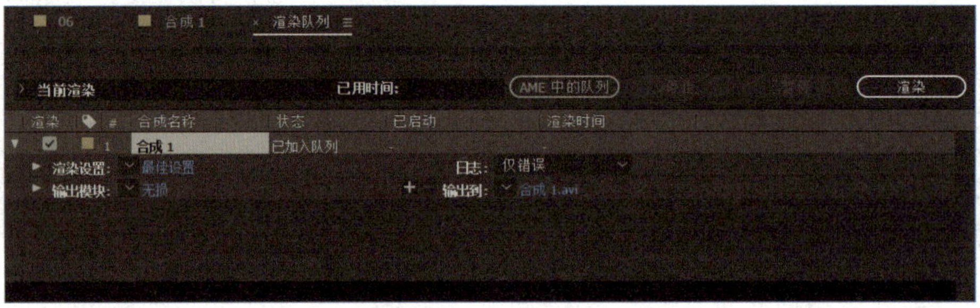

图 1-1-38　渲染队列面板

（2）单击“渲染设置”后的蓝色字“最佳设置”选项，打开“渲染设置”对话框。将“品质”选项设置成“最佳”，“分辨率”选项设置成“完整”，其他选项保持默认，如图 1-1-39 所示，设置完成后单击“确定”按钮。

（3）单击“输出模块”后的蓝色字“无损”，打开“输出模块设置”对话框。设置“格式”选项为“QuickTime”，设置“通道”选项为“RGB”，如果希望保留 Alpha 通道，也可选“Alpha”或“RGB+Alpha”，其他选项保持默认，如图 1-1-40 所示，设置完成后单击“确定”按钮。

（4）单击“输出到”后的蓝色字“合成 1.avi”选项，打开“将影片输出到：”对话框，设置输出文件的存储路径，如图 1-1-41 所示，设置完成后单击“保存”按钮，返回渲染队列面板。

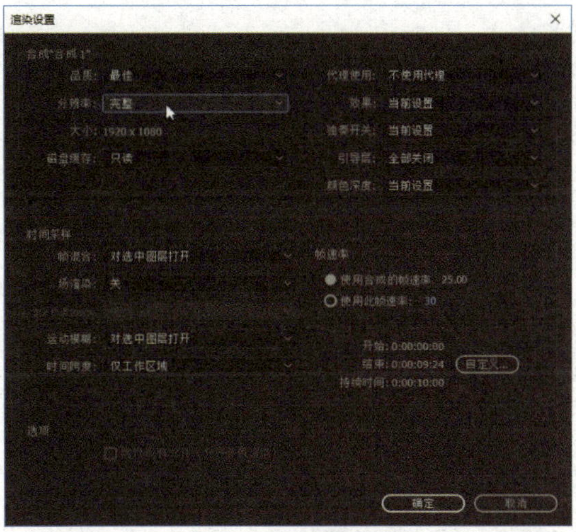

图 1-1-39 “渲染设置”对话框

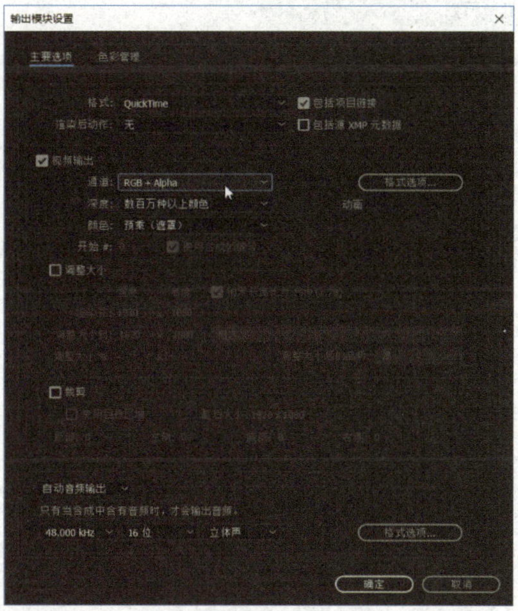

图 1-1-40 “输出模块设置”对话框

图 1-1-41 “将影片输出到：”对话框

（5）在渲染队列面板中单击“渲染”按钮，“渲染队列”中出现渲染进度条，如图 1-1-42 所示，文件被渲染输出。

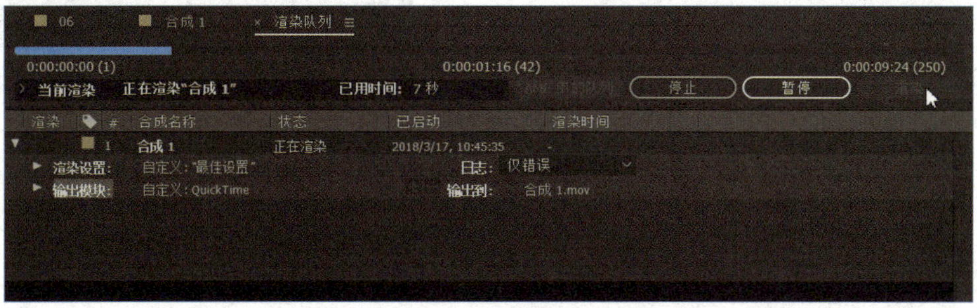

图 1-1-42 文件被渲染输出

课后检测 1.1

1. 简答题

After Effects 可应用在哪些领域？操作流程包括几大步骤？

2. 操作题

使用 After Effects CC 2017 制作一个文字动画，并将该动画输出成 MOV 格式的视频。

1.2 动画设置

1.2.1 动画预设的应用

After Effects CC 2017 中提供了一些设定好的常用的动画效果，保存在效果和预设面板的“动画预设”中，使用时可以直接调用，非常方便。

1. 使用动画预设制作背景

（1）新建一个合成，在时间轴面板中单击鼠标右键，在弹出的快捷菜单中选择“新建”→“纯色”选项，如图 1-2-1 所示，打开“纯色设置”对话框，将“名称”设置为“背景”，单击“确定”按钮，如图 1-2-2 所示。

图 1-2-1 选择“纯色”选项

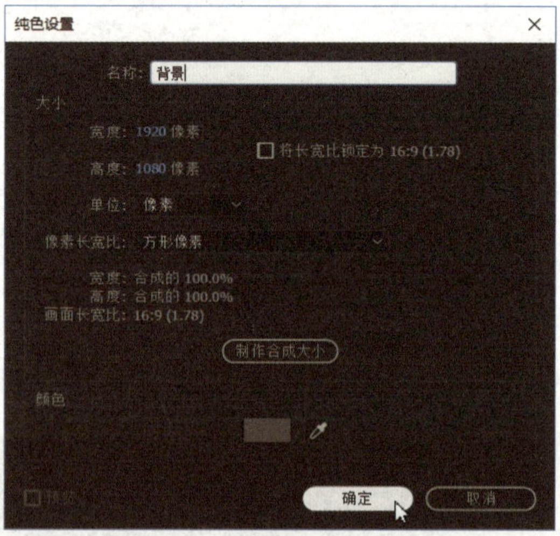

图 1-2-2 “纯色设置”对话框

（2）在效果和预设面板中，展开“动画预设”的“Backgrounds”文件夹，如图 1-2-3 所示，将“电路”效果直接拖曳到合成监视窗中，画面中出现电路动态背景，效果如图 1-2-4 所示。

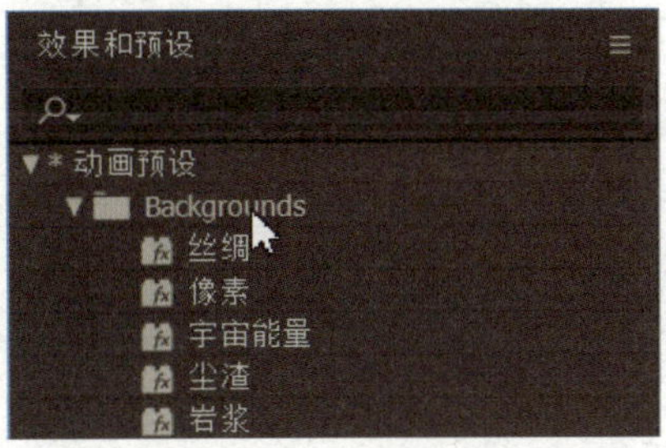

图 1-2-3　展开“Backgrounds”文件夹

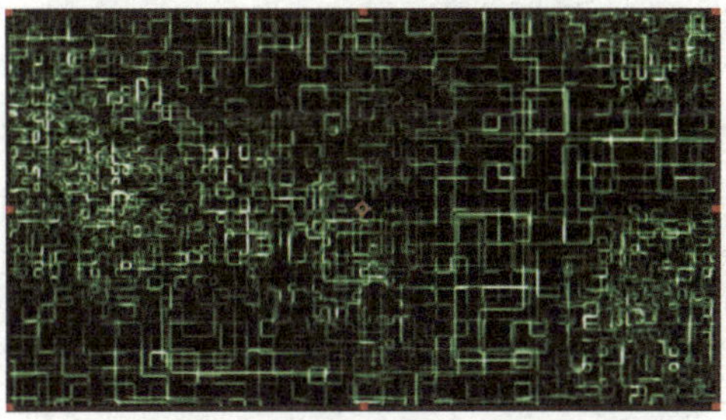

图 1-2-4　电路动态背景效果

（3）按数字键“0”，预览动态背景效果。如果想对效果进行微调，可以在效果控件面板中调整参数设置。

“动画预设”中，除了有背景预设，还有很多其他设置，下面以文字动画预设为例，介绍其他预设的应用。

2. 文字属性的调整

（1）单击工具栏中的“横排文本工具”，在合成监视窗中单击并输入文字“文本动画预设”，如图 1-2-5 所示。

（2）单击箭头形“选取工具”，打开“对齐”工具栏，单击“水平居中对齐”和“垂直居中对齐”工具，使文字居中，如图 1-2-6 所示。

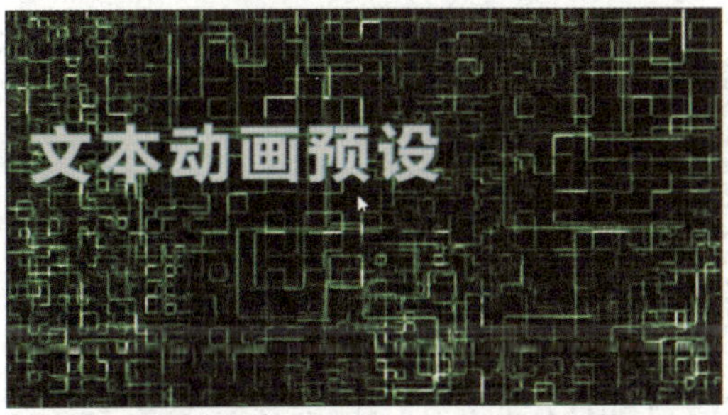

图 1-2-5　输入文字“文本动画预设”

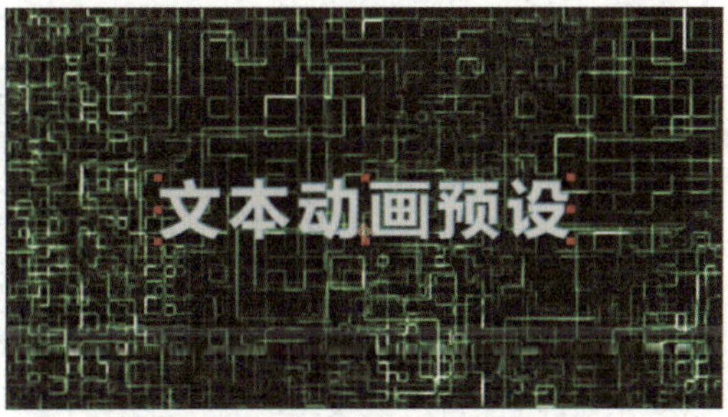

图 1-2-6　文字居中对齐

（3）打开字符面板，设置文字的颜色和大小，如图 1-2-7 所示，设置文字边框的颜色和边框的大小，制作好的文字效果如图 1-2-8 所示。

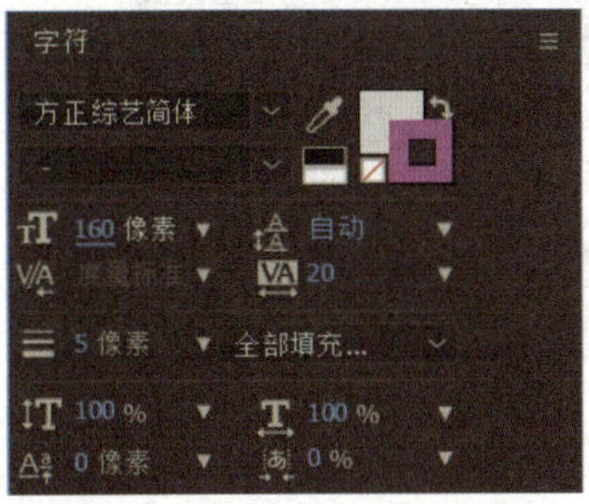

图 1-2-7　在字符面板中设置文字的属性

图 1-2-8　制作好的文字效果

3. 文字预设的应用

（1）将位置标尺移动到时间轴面板的最左端，从时间的零起点开始应用预设。在效果和预设面板中，展开“动画预设”→“Text”→“Blurs”文件夹，将“子弹头列车”效果拖曳到时间轴面板中的文字图层上面，如图 1-2-9 所示。

（2）在时间轴面板中，手动拖曳位置标尺，预览动画，如图 1-2-10 所示，接着对预设做修改。

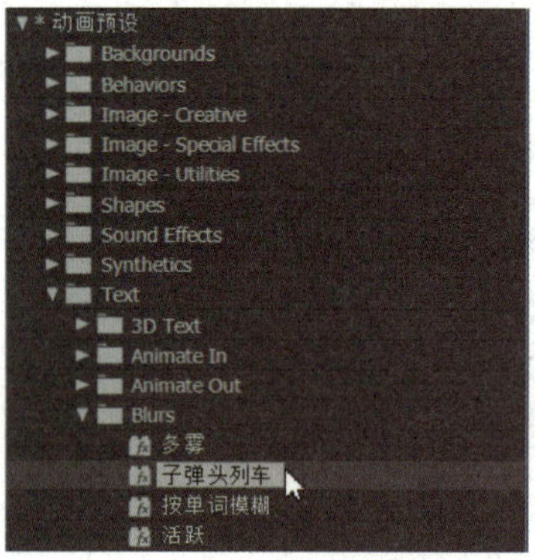

图 1-2-9　“子弹头列车”效果

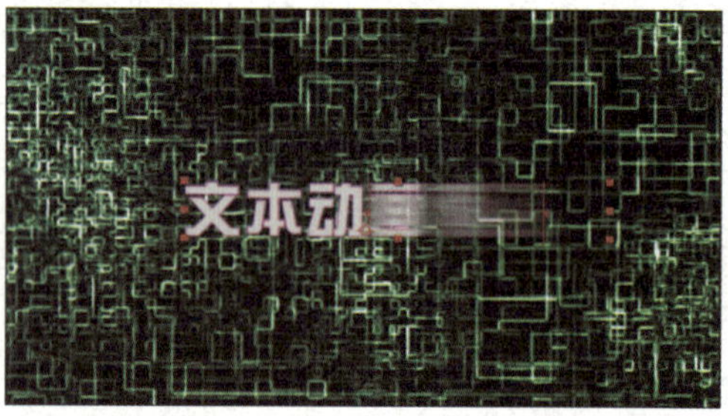

图 1-2-10　预设动画效果

（3）展开文本图层中的“文本”参数组，将“Bullet Train Animator”（子弹头列车预设）展开，如图 1-2-11 所示。

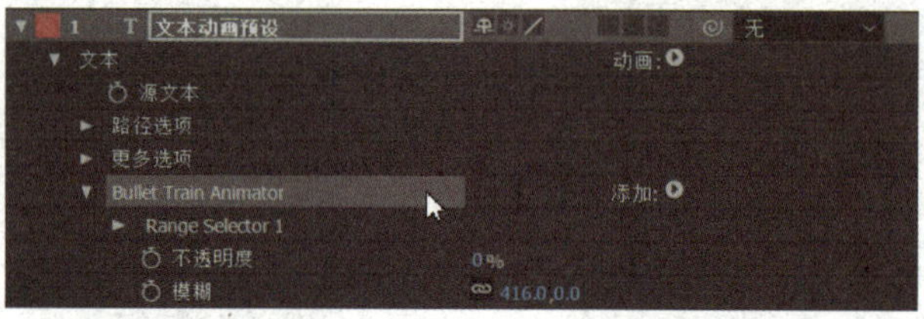

图 1-2-11　“文本”参数组中的“Bullet Train Animator”（子弹头列车预设）

（4）将“Range Selector 1”（范围选择器 1）中“偏移”命令的第二个关键帧向右拖曳，如图 1-2-12 所示，延长动画时长，使动画速度变慢。

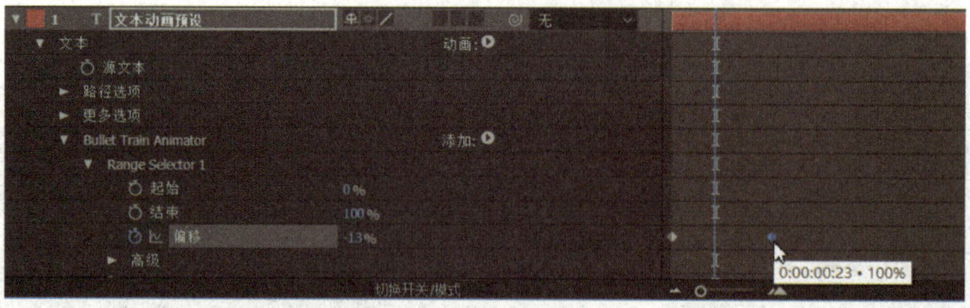

图 1-2-12　向右拖曳第二个关键帧

（5）按小键盘上的数字键“0”，预览文字动画效果，可以看见文字逐字飞入，如图 1-2-13 所示。

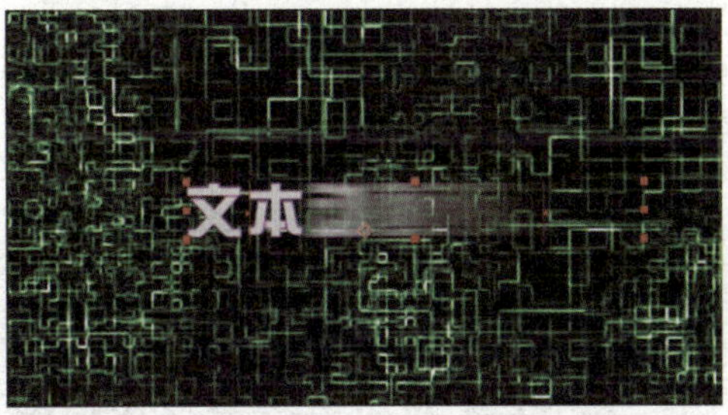

图 1-2-13　文字动画效果

1.2.2　关键帧的设置

新建一个项目，导入“背景 1”和“汽车 01”素材。将“背景 1”拖曳到“新建合成”按钮上，新建一个合成，将“汽车 01”素材添加到合成最上层，如图 1-2-14 所示。

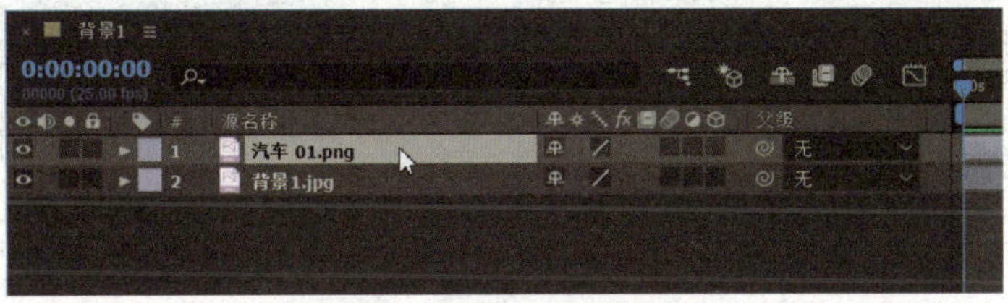

图 1-2-14　“汽车 01”素材被添加到合成最上层

1. 设置关键帧

（1）按 Home 键，将位置标尺置于最左端，选中“汽车 01”图层，在英文输入状态下按 P 键，展开“位置”参数，如图 1-2-15 所示。

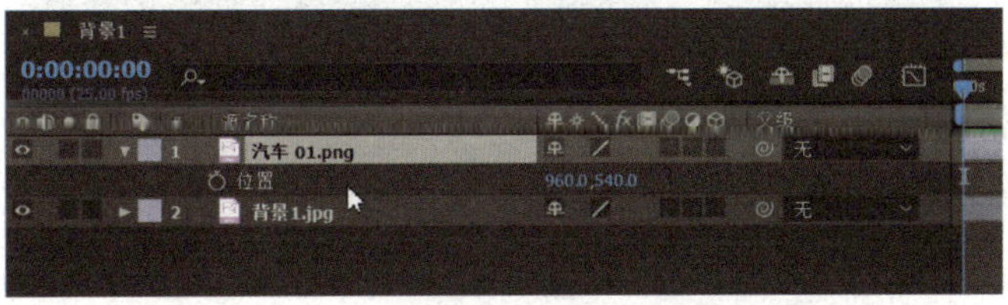

图 1-2-15　按 P 键展开“位置”参数

（2）单击“位置”参数前的码表，在位置标尺处自动添加一个关键帧，此时的关键帧参数保持默认，如图 1-2-16 所示。

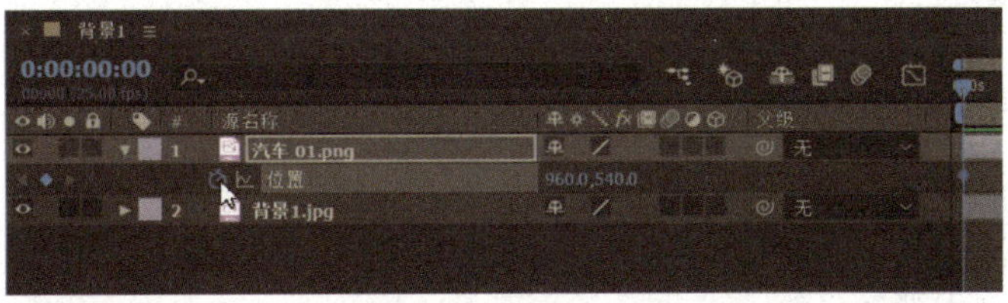

图 1-2-16　在位置标尺处自动添加一个关键帧

（3）将时间轴上的位置标尺置于 4 秒处，将“位置”参数值调整为“2100.0，540.0”，由于参数值的改变，在位置标尺处会自动新建关键帧，如图 1-2-17 所示。画面中汽车的位置向右横移，并出现一个水平的虚线，如图 1-2-18 所示。

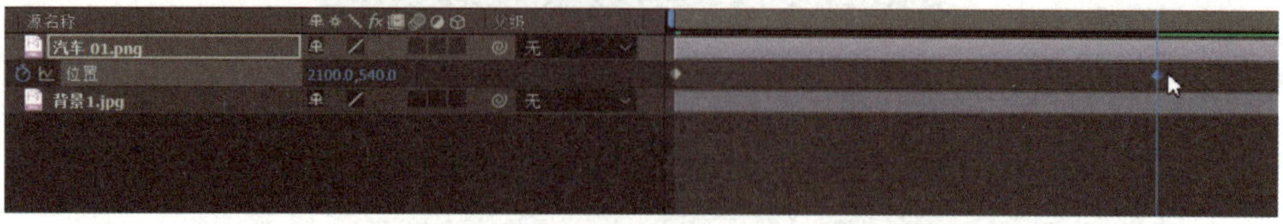

图 1-2-17　在位置标尺处出现关键帧

图 1-2-18　画面中汽车的位置向右横移

（4）此时“位置”参数有两个参数值不同的关键帧，按小键盘上的数字键“0”进行渲染播放，此时可以看到汽车在画面中水平移动，如图 1-2-19 所示。

图 1-2-19　汽车在画面中水平移动

（5）动画速度的调整：缩短两个关键帧的距离，即鼠标向左拖曳第二个关键帧，此时动画变快。如果鼠标向右拖曳第二个关键帧，增加两个关键帧之间的距离，则动画变慢。

2. 添加和移除关键帧

（1）添加和移除关键帧时，可以单击时间轴最左侧的“在当前时间添加或移除关键帧”按钮，如图 1-2-20 所示。如果位置标尺处有关键帧，单击该按钮会将关键帧移除；如果位置标尺处没有关键帧，单击该按钮会在位置标尺处添加一个关键帧。

（2）单击“转到下一个关键帧”按钮，如图 1-2-21 所示，可使位置标尺向右跳帧到下一个关键帧。

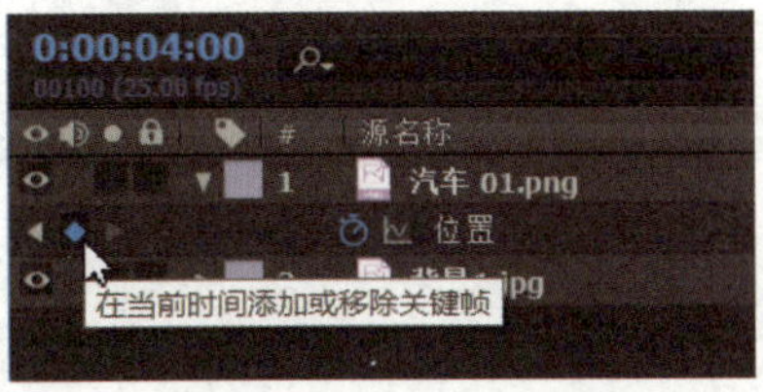

图 1-2-20 “在当前时间添加或移除关键帧”按钮

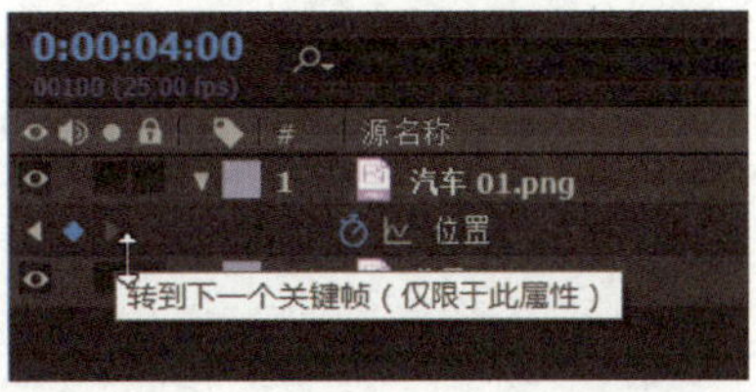

图 1-2-21 “转到下一个关键帧”按钮

（3）单击“转到上一个关键帧”按钮，如图 1-2-22 所示，可使位置标尺向左跳帧到上一个关键帧。

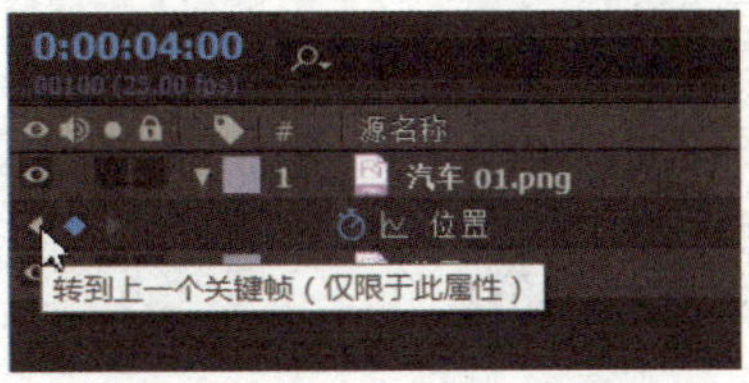

图 1-2-22 “转到上一个关键帧”按钮

1.2.3 应用父化关系设置动画

父化关系是指将一个图层所做的变换指派到另一个图层中，被指派的这个图层即被称为子图层。图层间一旦建立父化关系后，所有父图层所做的修改都会带动子图层相应属性值的同步改变，不透明度除外。一个图层只能有一个父图层，但一个父图层可以有多个子图层。父化关系适用于创建复杂的动画，如木偶的提线运动、描述太阳系中行星的运行轨道等。

打开“1.2.2 关键帧的设置”中使用的合成，将素材“汽车轮-01”导入，并将其添加到时间轴中，如图 1-2-23 所示，此时的画面效果如图 1-2-24 所示。

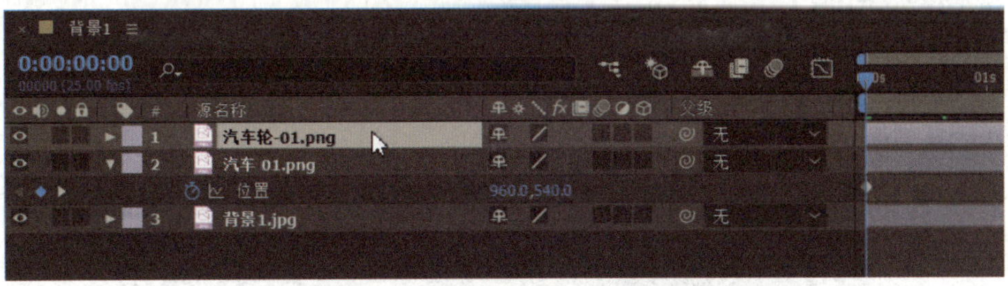

图 1-2-23 素材“汽车轮-01”被添加到时间轴中

图 1-2-24 汽车轮在画面中的初始效果

1. 精确对位

（1）在英文输入状态下按 P 键，将“位置”参数设置为“496.0，800.0”，如图 1-2-25 所示。此时的画面效果如图 1-2-26 所示。

（2）按 S 键，将“缩放”参数设置为“30.0，30%”，如图 1-2-27 所示，此时的画面效果如图 1-2-28 所示。

图 1-2-25　设置“位置”参数

图 1-2-26　设置“位置”参数后的画面效果

图 1-2-27　设置“缩放”参数

图 1-2-28　调整“缩放”参数后的画面效果

2. 制作轮胎旋转动画

（1）在英文输入状态下按 R 键，展开“旋转”参数，将位置标尺移动到最左端，单击“旋转”参数前的码表，如图 1-2-29 所示，设置“旋转”参数。

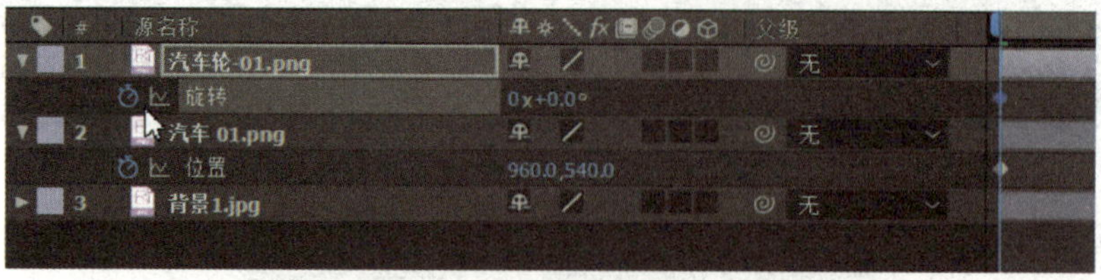

图 1-2-29　设置“旋转”参数

（2）将位置标尺移动到 4 秒处（和汽车位置参数关键帧的时间点保持一致），将“旋转”参数设置为 6 圈，如图 1-2-30 所示，此时的画面效果如图 1-2-31 所示。

图 1-2-30　将“旋转”参数设置为 6 圈

图 1-2-31　设置“旋转”参数后的画面效果

3. 建立父化关系

（1）按 Home 键，将位置标尺移动到时间轴的最左侧，单击“汽车轮-01”图层的“父级”下拉菜单，在下拉菜单中选“汽车 01.png”图层，如图 1-2-32 所示。将“汽车 01.png”图层设为该图层的父级图层，使轮胎追随汽车运动，如图 1-2-33 所示。

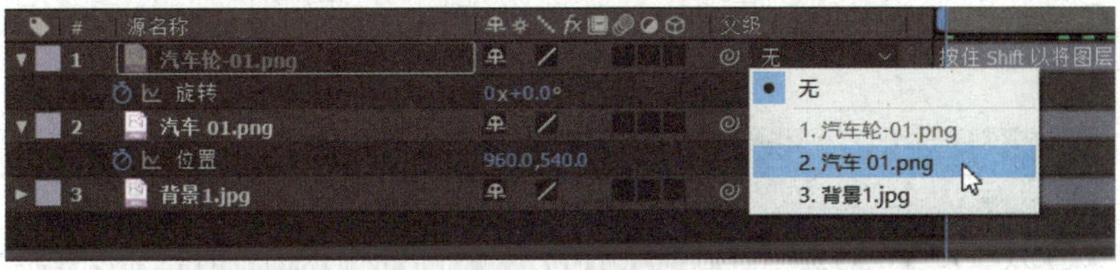

图 1-2-32　“汽车轮-01”图层的“父级”下拉菜单

图 1-2-33　轮胎追随汽车运动

（2）另一个汽车轮子的制作方法与之类似，这里不重复介绍。

1.2.4 文本动画组的应用

1. 文字设计

单击工具栏中的“横排文本工具”，在合成监视窗中单击并输入文字“文本动画组”。将“文本动画组”字段选中，单击字符面板中的“字体”下拉菜单，在下拉菜单中选择“微软雅黑”字体，设置字体加粗，字号为“170”像素，如图 1-2-34 所示，让文字在画面中居中，如图 1-2-35 所示。

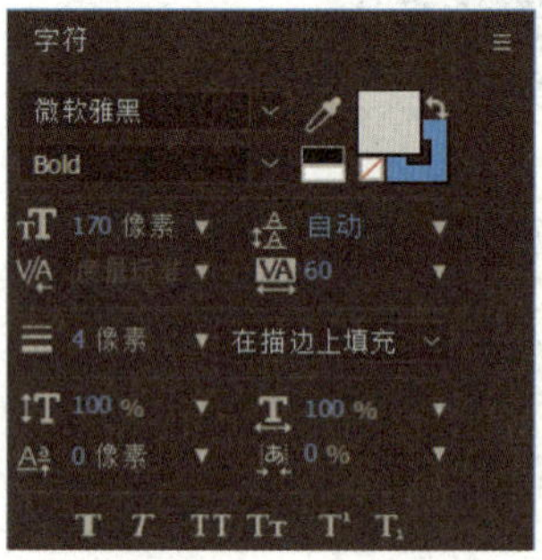

图 1-2-34　字符样式设置

图 1-2-35　文字在画面中居中

2. 文本动画组的应用

（1）在时间轴面板中单击“文字”层的小三角，展开“文字”层参数。在“文本”参数右侧有“动画”按钮，如图 1-2-36 所示。单击“动画”按钮的小三角，打开“动画”菜单，在菜单中选择“不透明度”选项，如图 1-2-37 所示。

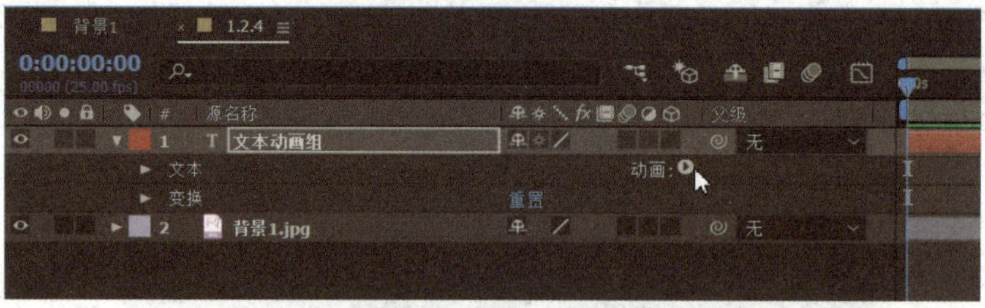

图 1-2-36　“文本”参数右侧的“动画”按钮

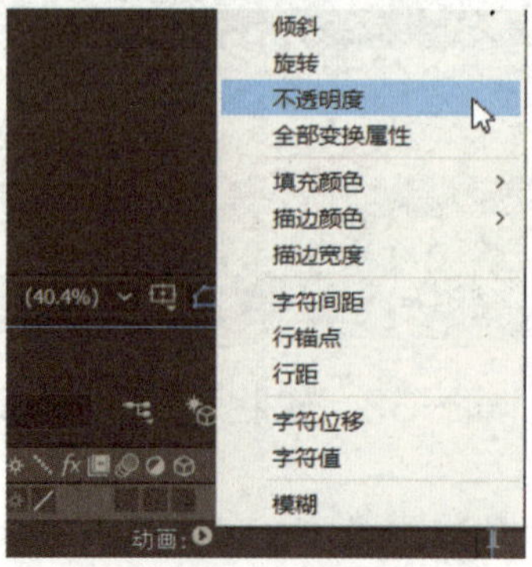

图 1-2-37　选择“不透明度”选项

（2）“文本”参数组被自动展开，将“文本”参数组中的“不透明度”参数值调为“0”，如图 1-2-38 所示。此时，合成监视窗中的文字消失，如图 1-2-39 所示。

（3）将“时间指示器”移动到最左端，单击“范围选择器 1”前的小三角，展开参数组，如图 1-2-40 所示。单击“偏移”参数前的码表，如图 1-2-41 所示，设置“偏移”参数值为“0”。

图 1-2-38 “不透明度”参数值调为“0”

图 1-2-39 合成监视窗中的文字消失

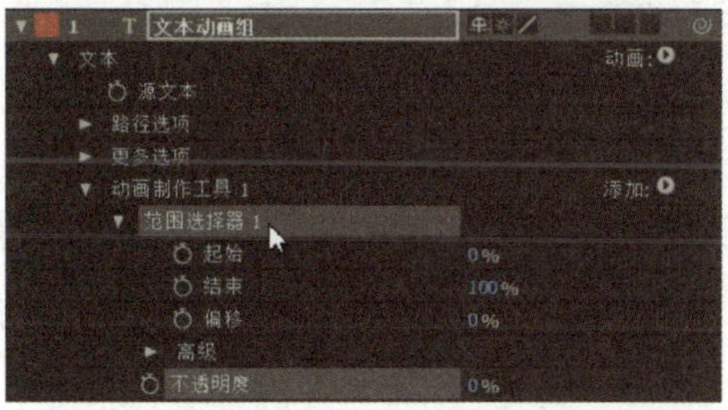

图 1-2-40 展开“范围选择器”参数组

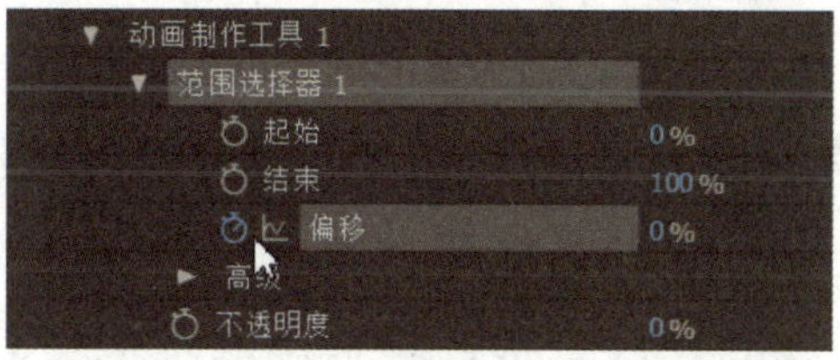

图 1-2-41 “偏移”参数前的码表

（4）将“时间指示器”移动到 3 秒处，将“偏移”参数调整为“100”，如图 1-2-42 所示。此时合成监视窗中的文字被重新显示出来，如图 1-2-43 所示。

（5）按小键盘上的数字键“0”预览动画，文字逐字淡入，如图 1-2-44 所示。

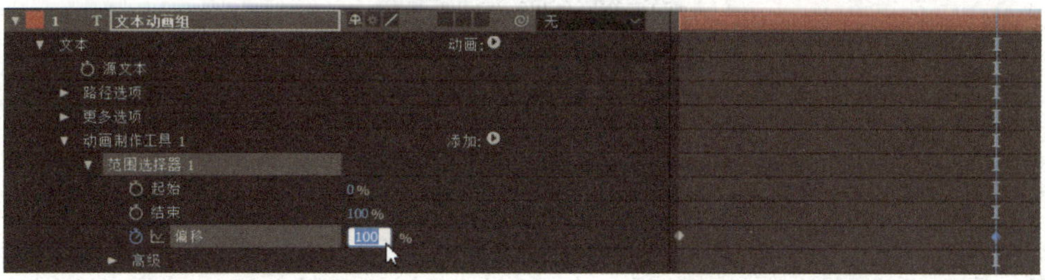

图 1-2-42 将 3 秒处“偏移”参数调整为“100”

图 1-2-43 文字被重新显示出来

图 1-2-44 文字逐字淡入

课后检测 1.2

1. 简答题

（1）如何使用预设来制作一个动态背景？

（2）使用预设制作的文字动画，可以调整动画速度吗？如何调整？

（3）父图层和子图层之间是什么关系？一个父图层可以有多个子图层吗？

2. 操作题

制作一个图片或视频由小到大逐渐放大的动画，动画的持续时间为 6 秒，输出成 AVI 格式。（素材自选）

1.3 形状图层

After Effects CC 2017 中包含 5 种形状工具：矩形、圆角矩形、椭圆、多边形和星形。在工具上长按鼠标左键会弹出所有形状工具，如图 1-3-1 所示，对应的快捷键是 Q 键。使用这些工具可直接在合成监视窗中绘制形状，After Effects CC 2017 将会在合成图像中添加一个新的形状图层，可以对形状进行描边和填充设置、修改形状的路径及应用动画预设，也可以对形状属性进行动画处理。

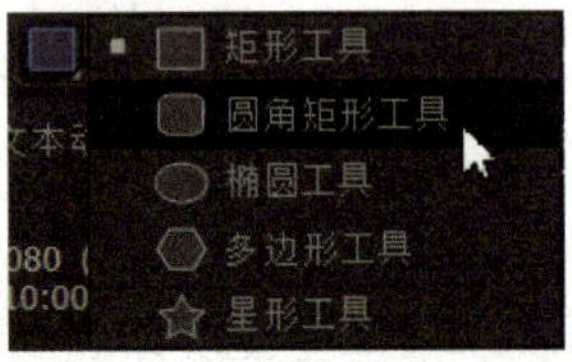

图 1-3-1　5 种形状工具

1.3.1 添加形状图层

这些形状工具不仅可以用来绘制形状，也可以用来创建蒙版。在合成监视窗中绘制形状时，如果某个非形状图层被选中，那绘制的就是这个图层的蒙版；如果绘制时没有任何图层被选中，那绘制出来的就是形状，系统会自动添加一个图层。蒙版相关的内容会在后续章节中介绍。

1. 绘制矩形形状

在工具栏中选择“矩形工具”，在合成监视窗中按住鼠标左键的同时向右下方拖曳可创建矩形，如图 1-3-2 所示。绘制的同时，在时间轴面板中会自动添加一个名为“形状图层 1”的新形状图层，如图 1-3-3 所示。

图 1-3-2　在合成监视窗中创建矩形

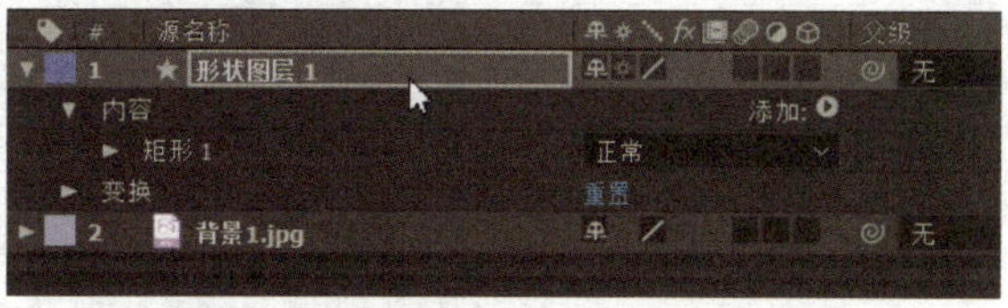

图 1-3-3　自动添加名为“形状图层 1”的新形状图层

2. 应用填充和描边

（1）选中绘制的矩形，单击合成监视窗上方的“填充”按钮，如图 1-3-4 所示。打开“形状填充颜色”对话框，改变填充颜色，如图 1-3-5 所示，单击“确定”按钮。

图 1-3-4　“填充”按钮

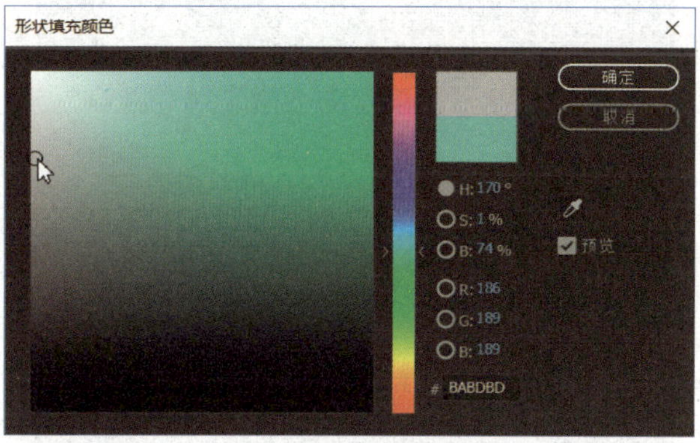

图 1-3-5　“形状填充颜色”对话框

（2）单击“描边”按钮，如图 1-3-6 所示，可以改变形状的描边颜色。改变“描边”按钮后面的像素值，如图 1-3-7 所示，可以改变描边的宽度，默认宽度为“0”像素。

图 1-3-6　“描边”按钮

图 1-3-7　改变描边的宽度

3. 扭曲形状

使用扭曲形状，可以轻松地将一个简单的形状修改为复杂和有趣的形状。接下来使用扭曲路径，将矩形转换为螺旋形。

（1）在时间轴面板中，展开“形状图层 1”的参数组，在内容右侧的“添加”菜单中选择“扭转”选项，如图 1-3-8 所示。

（2）展开“扭转 1”参数，将“角度”参数修改为“220”，如图 1-3-9 所示。此时，矩形将产生严重的扭曲，如图 1-3-10 所示。

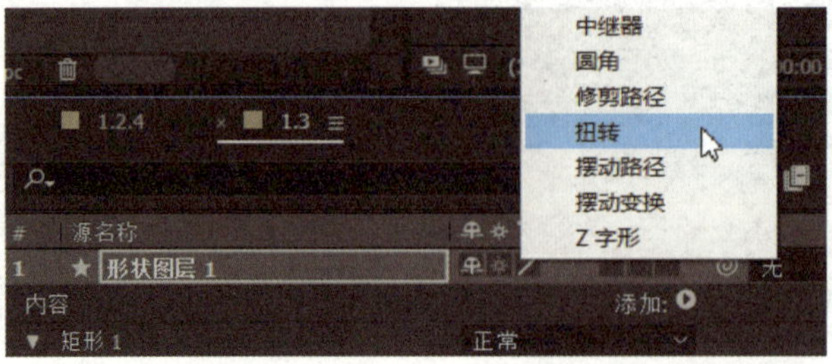

图 1-3-8　在“添加”菜单中的“扭转”选项

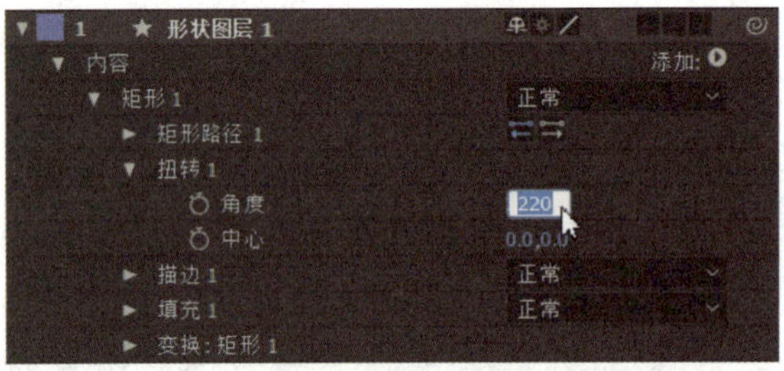

图 1-3-9　“角度”参数修改为“220”

图 1-3-10　矩形将产生严重的扭曲

（3）修改扭转的中心位置，创建更大的螺旋效果。在时间轴面板中，将“中心”选项的 X 轴参数修改为“−220”，如图 1-3-11 所示，此时的画面效果如图 1-3-12 所示。

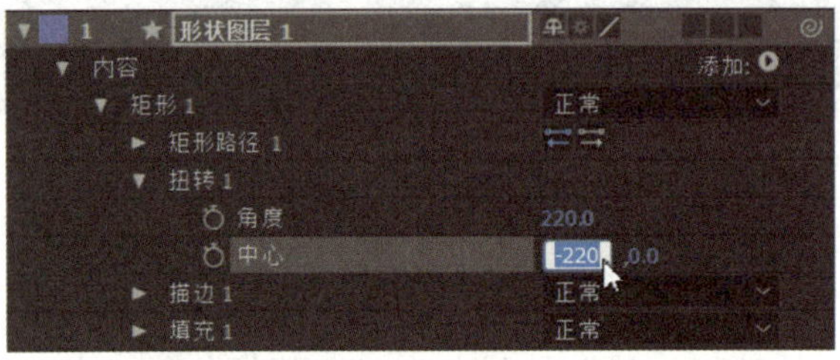

图 1-3-11　X 轴参数修改为“−220”

图 1-3-12　改变扭曲中心后的画面效果

（4）这时的螺旋形看上去有些单薄，现在通过修改描边的宽度让其变得丰满一些。将工具面板中的描边宽度参数修改为“20”像素，如图 1-3-13 所示，此时的画面效果如图 1-3-14 所示。

图 1-3-13　描边宽度参数设置

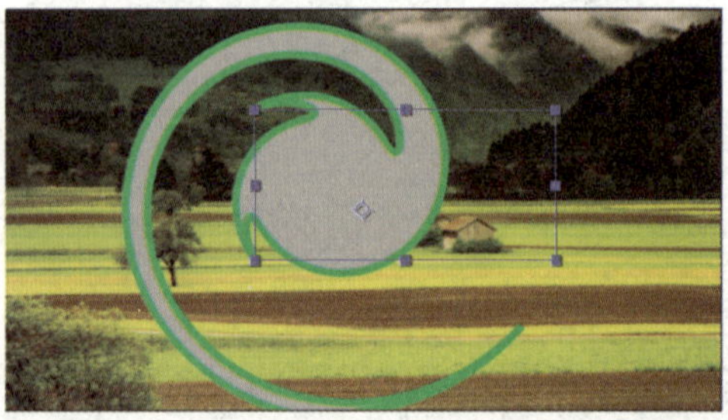

图 1-3-14　修改描边宽度后的画面效果

（5）通过上述内容可知，选择对形状参数的改变，可以制作出特殊形状。

1.3.2 创建自定义形状

除了可以使用 5 种形状工具创建形状图层，还可以使用“钢笔工具”创建自定义形状。

1. 创建形状

（1）单击工具栏中的“钢笔工具”，在合成监视窗中单击并勾勒出一个闪电的形状，形成封闭图形，如图 1-3-15 所示。

图 1-3-15　勾勒出一个闪电形状的封闭图形

（2）创建完形状后，将鼠标指针移动到各个点上，当鼠标指针变成箭头状时，如图 1-3-16 所示，拖曳点可以调整点的位置。

（3）鼠标移动到两点之间的线段上，当“钢笔工具”上出现“+”时单击，可以增加一个控制点，如图 1-3-17 所示。

（4）鼠标指针移动到控制点上，按 Ctrl 键，当“钢笔工具”上出现“-”时单击，可以移除一个控制点，如图 1-3-18 所示。

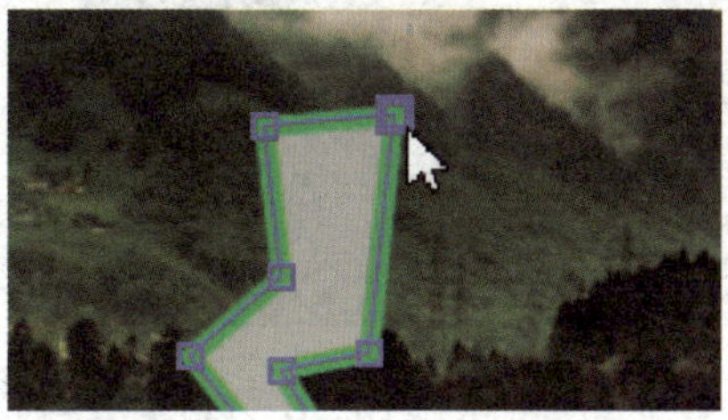

图 1-3-16　移动控制点

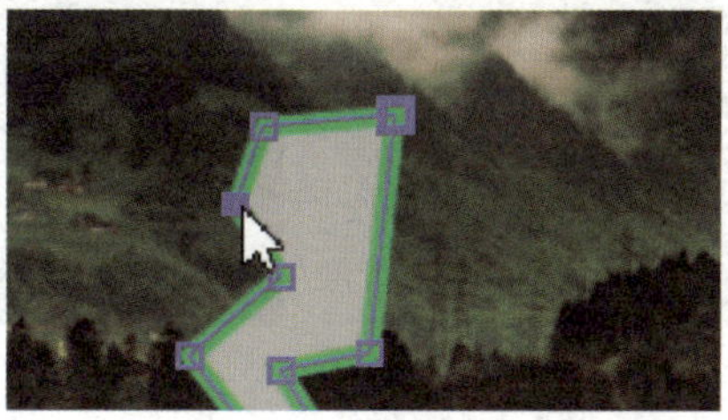

图 1-3-17　增加控制点

图 1-3-18　移除控制点

2. 复制形状

（1）展开“形状图层”，在“添加”下拉列表中选择“中继器”选项，如图 1-3-19 所示。在形状图层中出现“中继器”参数组，如图 1-3-20 所示。在合成监视窗中，原形状被复制 3 份，如图 1-3-21 所示。

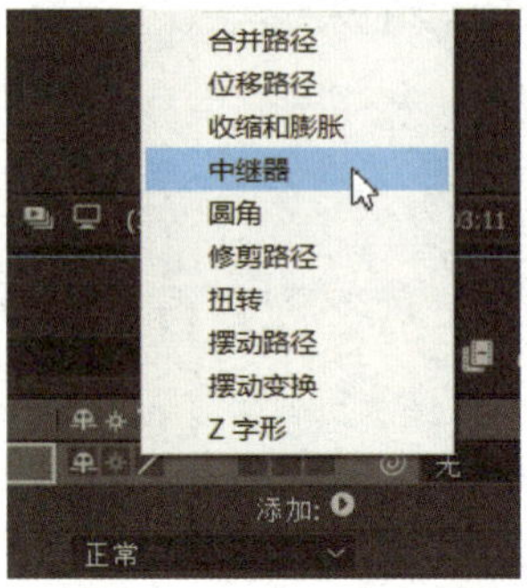

图 1-3-19　选择“中继器”选项

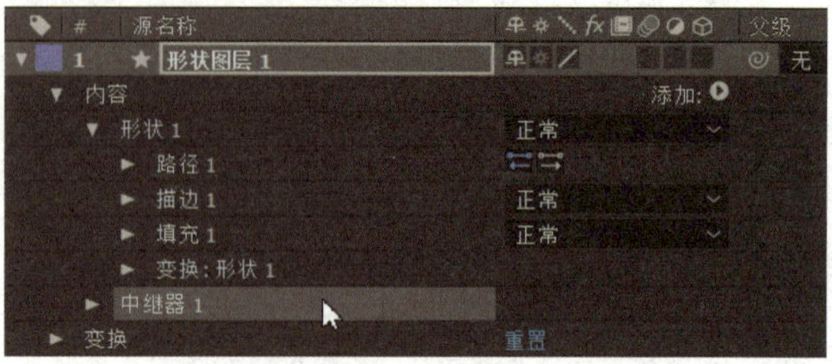

图 1-3-20　“中继器”参数组

图 1-3-21　原形状被复制 3 份

（2）展开“中继器 1”参数组，将“副本”数量改成“4”，如图 1-3-22 所示。

（3）展开“变换：中继器 1”参数组，将“锚点”参数设置为“-10.0，0.0”，“位置”参数设置为“257.0，-106.0”，“比例”参数设置为“85.0，85.0”，如图 1-3-23 所示。此时的画面效果，如图 1-3-24 所示。

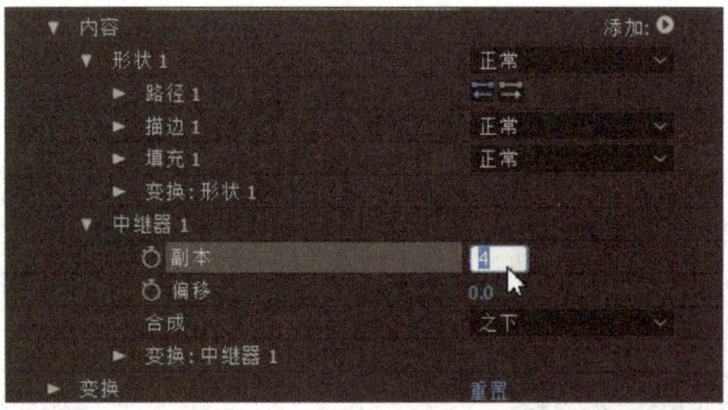

图 1-3-22　“副本”数量改成“4”

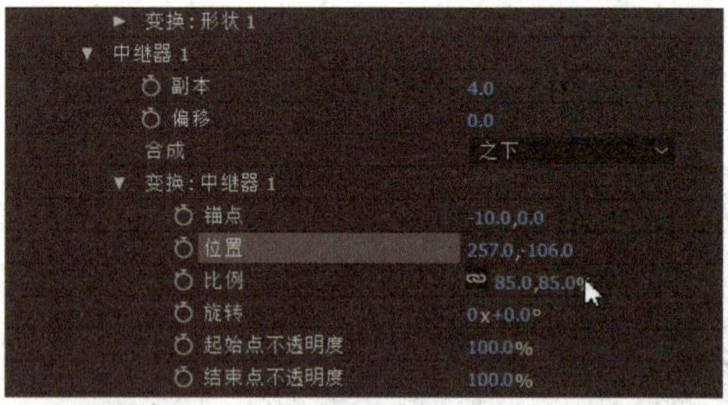

图 1-3-23　“变换：中继器 1”参数组中的参数设置

图 1-3-24　画面中出现 4 个闪电

课后检测 1.3

1. 问答题

（1）如何设置形状的颜色和形状边框的颜色？

（2）形状的“扭转”功能和图层的“旋转”功能有什么区别？

2. 操作题

使用“钢笔工具”绘制一个直角梯形。

1.4 蒙版应用

1.4.1 蒙版

蒙版，从字面上可以简单理解为“蒙在上面的板子”。举个生活中的例子来说，在制作咖啡时在板子上抠出内容形状，形成镂空的板子，再用该板子遮挡住物体进行喷色，如图 1-4-1 所示。当将该板子拿下来之后，抠出的内容形状就被印上了。可以说那块板子上抠出的空白区域就是选区，而未被抠出的区域，就是那块板子，与选区相对来说，则相当于蒙版。

图 1-4-1 咖啡图形蒙版

1.4.2 创建蒙版

创建蒙版的方式大致有两种：一种是用几何形状绘制蒙版；另一种是利用“钢笔工具”自由创建图形绘制蒙版。下面分别对这两种创建蒙版的方法进行讲解。

1. 用几何形状创建蒙版

（1）在项目面板的空白处双击，打开“导入文件”对话框，将背景素材导入。在项目面板中选中素材，并将其拖曳到“创建合成”按钮上，创建一个新的合成，如图 1-4-2 所示。

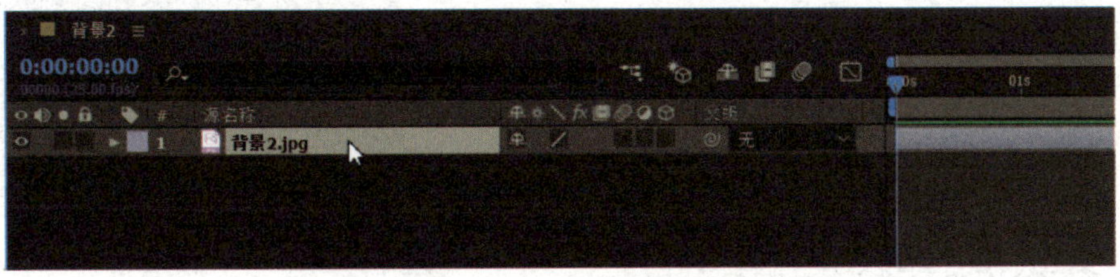

图 1-4-2 创建一个新的合成

（2）在时间轴面板中选中该图层，在英文输入状态下按 Q 键，在合成监视窗中向右下方拖曳鼠标，绘制出矩形蒙版，如图 1-4-3 所示。

（3）在时间轴面板中，该图层中出现“蒙版 1”参数组，如图 1-4-4 所示。可以在该参数组中调整蒙版的参数，如调整蒙版的羽化值和不透明度值。

图 1-4-3　绘制矩形蒙版

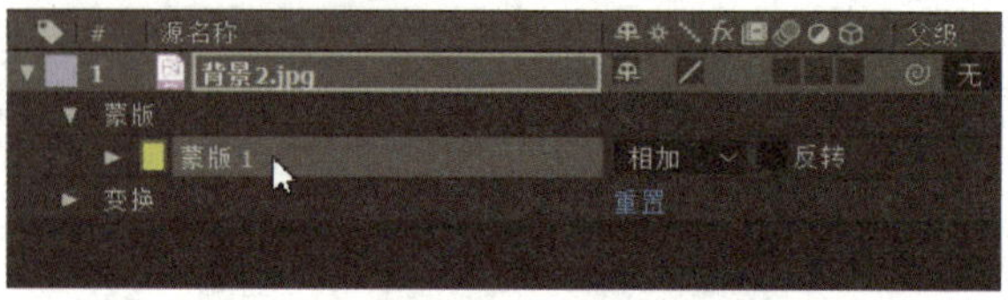

图 1-4-4　“蒙版 1”参数组

如果要绘制其他几何形状的蒙版，反复按 Q 键进行形状切换，选中形状。在合成监视窗中拖曳鼠标即可，如图 1-4-5 所示。

每次在合成监视窗中绘制蒙版，都会在图层中创建出一个新的蒙版参数组，如图 1-4-6 所示。

图 1-4-5　增加一个蒙版

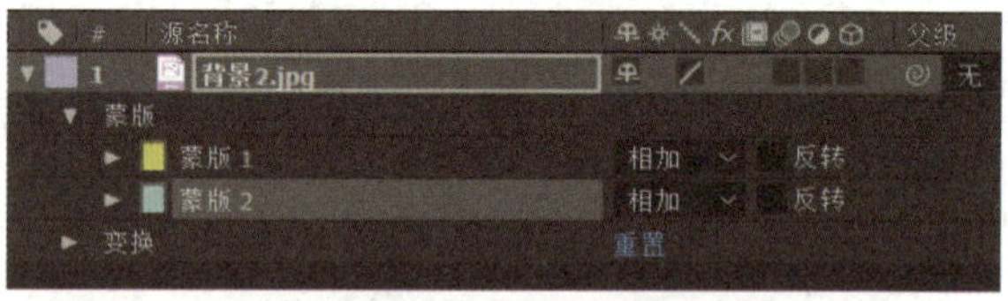

图 1-4-6　创建出一个新的蒙版参数组

2. 用“钢笔工具”创建蒙版

（1）在时间轴面板中选中该图层，然后选择工具栏中的“钢笔工具”（快捷键为 G），在合成监视窗中单击放置第一个顶点，继续单击放置第二个顶点，此时两个顶点连为一条线段，如图 1-4-7 所示。

（2）继续放置第三个顶点、第四个顶点，最后将钢笔工具移动到第一个顶点上。此时，鼠标指针旁出现一个圆圈，单击该顶点封闭蒙版路径，蒙版绘制完成，如图 1-4-8 所示。

图 1-4-7　两个顶点连为一条线段

图 1-4-8　“钢笔工具”绘制的蒙版

使用钢笔工具不仅可以创建边缘是直线段的蒙版，也可利用贝塞尔曲线编辑蒙版的形状，创建边缘是曲线的蒙版。

1.4.3 编辑蒙版

1. 反转蒙版

通常情况下，蒙版内的图像是不透明的，蒙版外的图像是透明的，但这种情况有可能被颠倒，即被反转。

选中图层，快速连续按两次 M 键，查看该图层的所有蒙版属性，如图 1-4-9 所示。

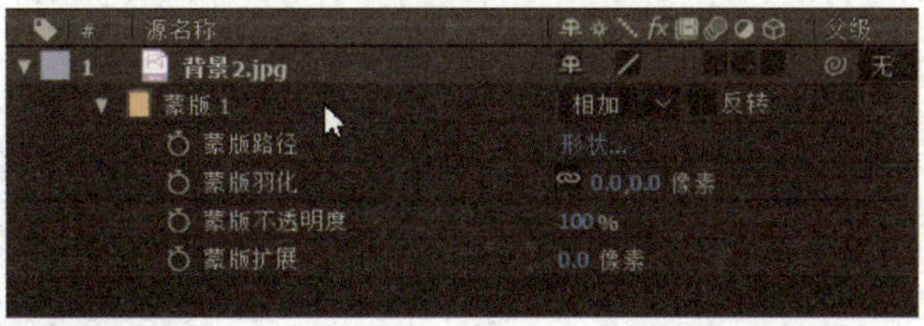

图 1-4-9 查看该图层的所有蒙版属性

反转蒙版的方法有两种：一是在蒙版后有一个“反转”复选框，单击勾选该复选框，如图 1-4-10 所示，就可以达到反转蒙版的效果（如图 1-4-11 所示），组合键为“Ctrl+Shift+I”；二是在每个蒙版参数后都有一个“蒙版模式”选项，默认选项为“相加”，如图 1-4-12 所示，单击出现下拉菜单，该菜单中共有 7 种蒙版模式，选择“相减”选项，如图 1-4-13 所示，就可以达到反转蒙版的效果（如图 1-4-11 所示）。

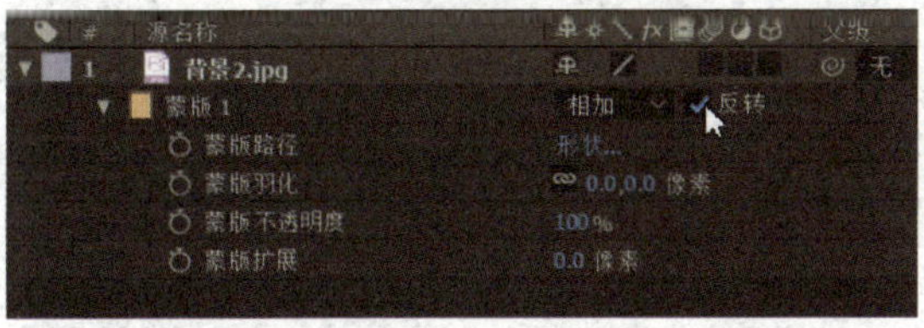

图 1-4-10 勾选“反转”复选框

图 1-4-11 反转蒙版的效果

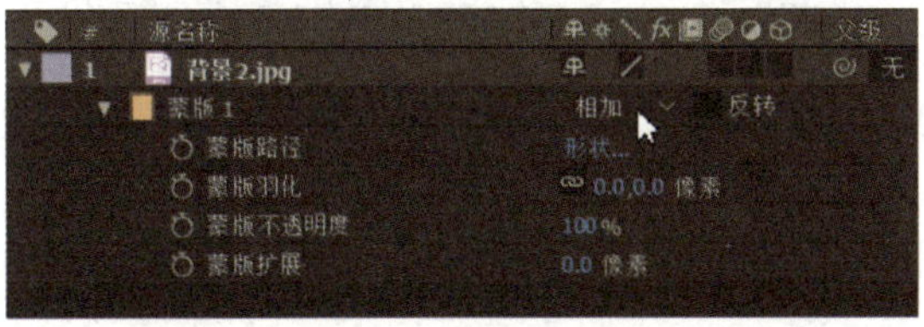

图 1-4-12 “蒙版模式”选项

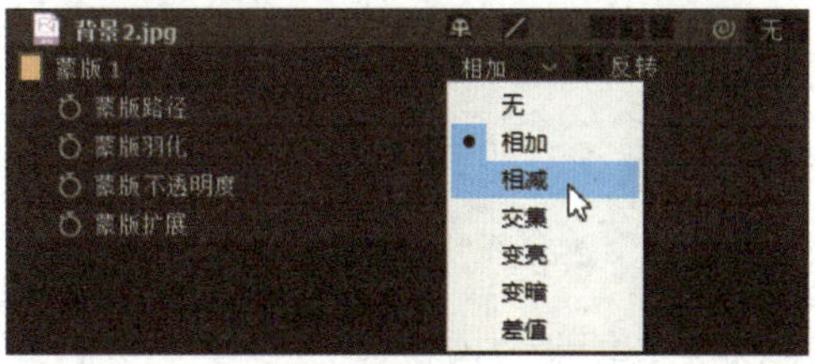

图 1-4-13 在蒙版模式中选择“相减”选项

2. 蒙版的叠加

（1）蒙版的叠加模式控制图层中蒙版间的交互方式。默认情况下，所有蒙版都被设置为“相加”模式。在时间轴中添加两个背景层，如图 1-4-14 所示。

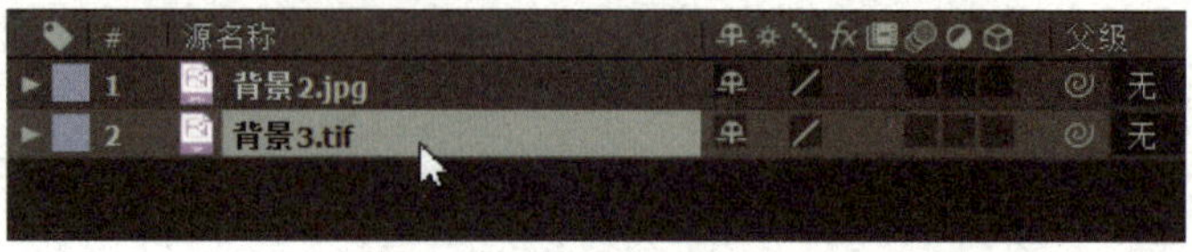

图 1-4-14　时间轴中添加两个背景层

（2）选中“背景 3.tif”图层并按 S 键，展开“缩放”参数组，将“缩放”参数调大，如图 1-4-15 所示，并使背景充满画面，如图 1-4-16 所示。

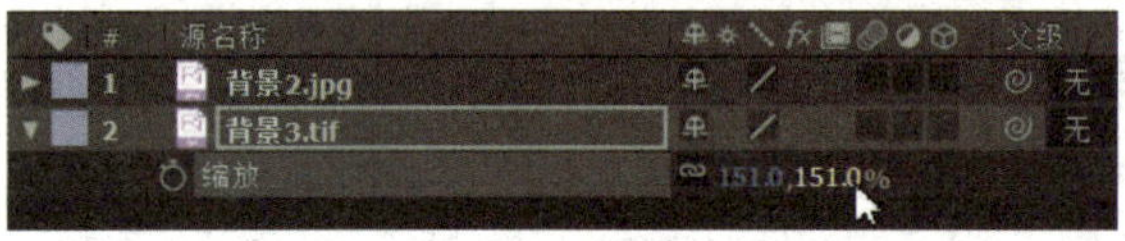

图 1-4-15　将“缩放”参数调大

图 1-4-16　背景充满画面

（3）选中“背景 2.jpg”图层，使用形状工具，在合成监视窗中绘制另一个蒙版，两个蒙版有重叠区域，如图 1-4-17 所示。

在时间轴上，可以看到蒙版是自上而下进行计算的，如图 1-4-18 所示，第一个蒙版与图层相互作用。之后的每个蒙版的效果，都是建立在之前所有蒙版叠加效果的基础之上。

图 1-4-17　两个蒙版有重叠区域

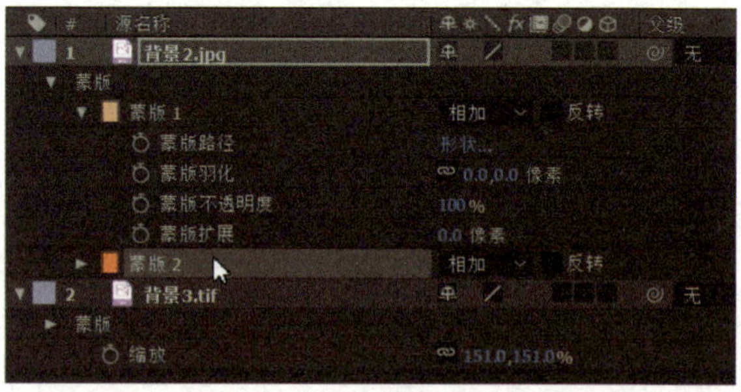

图 1-4-18　两层蒙版的叠加方式

将“蒙版 1”的模式设置为“相加”，将“蒙版 2”的模式依次设置为“相减”“交集”“变亮”“变暗”“差值”，观察画面效果变化。

3. 羽化蒙版边缘

选中带有蒙版的图层，快速按两次 M 键，打开该图层的蒙版属性（也可直接按快捷键 F，打开“蒙版羽化”参数），将“蒙版羽化”参数调大，如图 1-4-19 所示，画面中蒙版边缘被羽化，如图 1-4-20 所示。

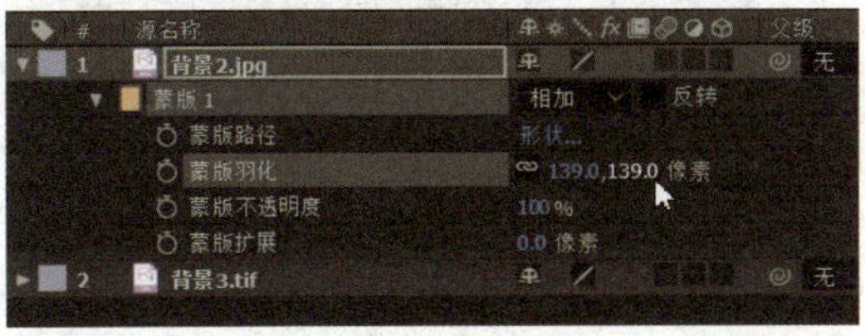

图 1-4-19　调大“蒙版羽化”参数

图 1-4-20　画面中蒙版边缘被羽化

蒙版的水平和垂直两个方向的羽化参数，在默认情况下是相互关联的，修改一个值另一个值会跟着变化。若要分别设置水平和垂直方向的参数，可取消链接，如图 1-4-21 所示，单独地调整参数。

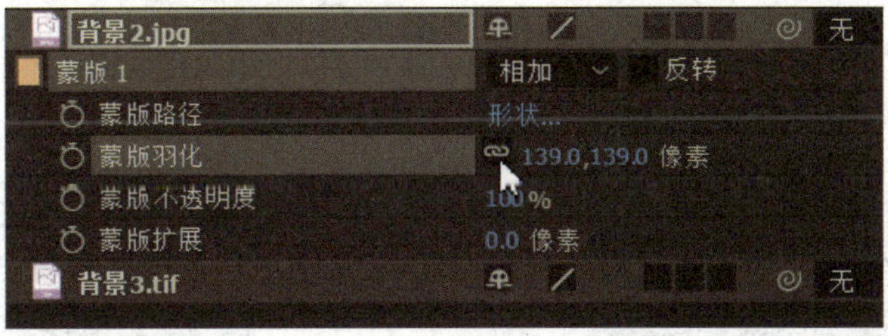

图 1-4-21　水平和垂直方向羽化参数的链接标记

4. 蒙版扩展

蒙版属性中的蒙版扩展，可以随像素扩大或缩小蒙版面积。选中图层，快速按两次 M 键，打开“蒙版”选项。将“蒙版扩展”参数调大，如图 1-4-22 所示，此时的画面效果如图 1-4-23 所示。

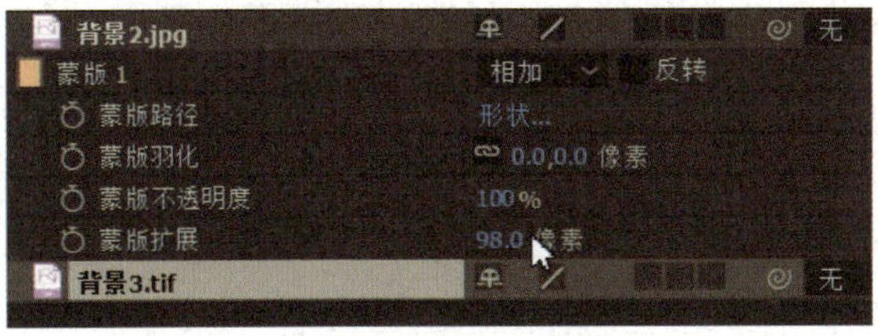

图 1-4-22　调大“蒙版扩展”参数

图 1-4-23　参数调整后的画面效果

“蒙版扩展”参数可以为负值，负值可减小蒙版面积。

5. 蒙版不透明度

每个蒙版都有其独立的“蒙版不透明度”控制参数，如图 1-4-24 所示，改变数值可调整蒙版画面的不透明度，如图 1-4-25 所示。

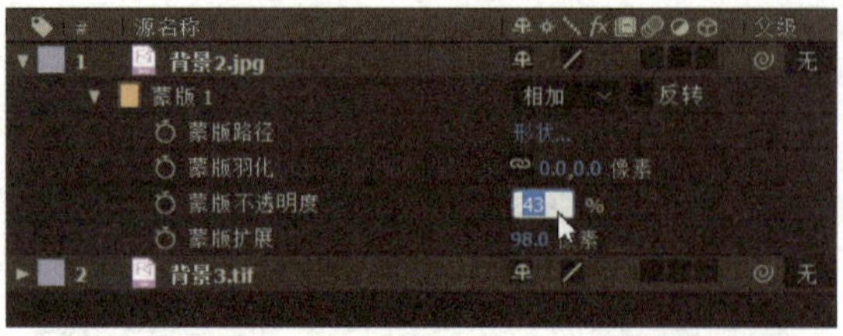

图 1-4-24　“蒙版不透明度”控制参数

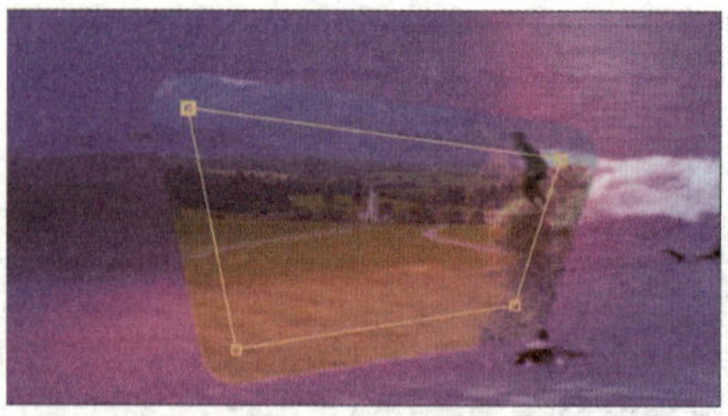

图 1-4-25　蒙版透明度变低

6. 创建曲线蒙版

（1）使用“钢笔工具”绘制贝塞尔曲线，可以创建任何图形的蒙版图形。在时间轴面板中选中蒙版所在的图层，长按“钢笔工具”后出现下拉菜单。该菜单中包括“添加‘顶点’工具”“删除‘顶点’工具”“转换‘顶点’工具”“蒙版羽化工具”，选中“转换‘顶点’工具”选项，如图 1-4-26 所示。也可以使用快捷键 G 进行钢笔工具间的切换。

（2）在合成监视窗中单击蒙版的任意顶点，“转换‘顶点’工具”会将该顶点转换为平滑的点，如图 1-4-27 所示。

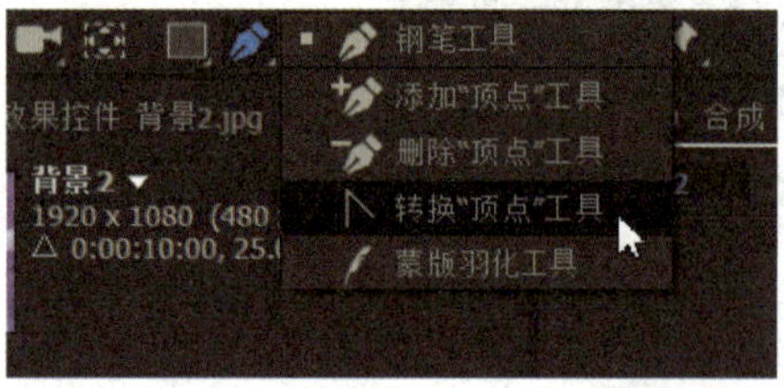

图 1-4-26　“转换‘顶点’工具”选项

图 1-4-27　该顶点被转换为平滑的点

（3）拖曳顶点上出现的两个方向的手柄，通过调节手柄，改变曲线形状，这些手柄的角度和长度将决定曲线的形状，进而影响蒙版的形状，如图 1-4-28 所示。

（4）在上述操作中是用“转换‘顶点’工具”把顶点转化为带贝塞尔手柄的平滑点，除此之外，也可以用“钢笔工具”直接绘制带曲线的蒙版。

使用钢笔工具在合成监视窗中单击，并沿着想创建曲线的方向拖曳，然后单击增加一点，会在画面中形成曲线，如图 1-4-29 所示。单击添加第三个点，并继续拖曳鼠标，如图 1-4-30 所示，直到创建出想要的形状。单击第一个顶点或者双击最后一个顶点，封闭蒙版，然后用“选择工具”进一步地精细调整蒙版的形状，如图 1-4-31 所示。

图 1-4-28　调节手柄改变曲线形状

图 1-4-29　画面中形成曲线

图 1-4-30　用三个点继续控制曲线形状

图 1-4-31　用“钢笔工具”绘制的曲线形状

1.4.4　替换蒙版内容

（1）新建一个合成，导入三个素材，向合成中添加两层素材，如图 1-4-32 所示。使用形状工具，在合成监视窗中绘制一个蒙版，如图 1-4-33 所示。

图 1-4-32　向合成中添加两层素材

图 1-4-33　在合成监视窗中绘制一个蒙版

（2）展开“蒙版”参数组，调整蒙版的相应参数，如图 1-4-34 所示。参数调整后的画面效果，如图 1-4-35 所示。

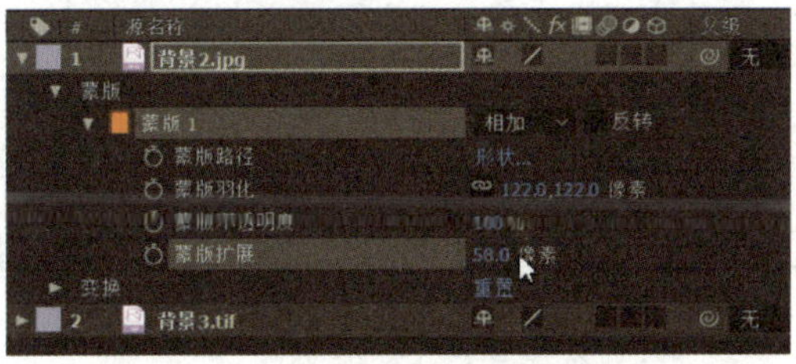

图 1-4-34　调整蒙版参数

图 1-4-35　参数调整后的画面效果

（3）蒙版绘制好后，按住 Alt 键的同时，将新素材拖曳到时间轴面板中的素材上，此时原素材被替换掉，而蒙版图形被保留下来，如图 1-4-36 所示，原来对蒙版设置的参数不发生变化，仅对内容做了替换。

图 1-4-36　原蒙版中的素材被替换

课后检测 1.4

1. 简答题

（1）绘制形状图层和绘制蒙版都是用了形状工具，什么情况下绘制的是形状图层？什么情况下绘制的是蒙版？

（2）在绘制蒙版的时候，想让蒙版区域与背景区域的边界不那么显眼，需要怎么操作？

2. 操作题

请用“钢笔工具”绘制一个心形蒙版。

1.5 颜色调整

在制作视频时，为了纠正偏色或让画面形成自己的颜色风格，经常会涉及颜色调整的问题。例如，把整个片子调成某种特殊的色调，或是对人物的肤色和服装进行细节调整等，都需要掌握颜色调整的相关知识。

1.5.1 色彩基础

1. 亮度级别

调整 RGB（红、绿、蓝）3 个通道的数值时可以看到，三原色中的每种颜色都有一个 0~255 的取值范围，这个值表示的是亮度级别。256 种亮度级别对应 256 个不同的色调。3 个通道合成起来就可显示 256^3（约 1677 万）种不同的颜色，如图 1-5-1 所示。

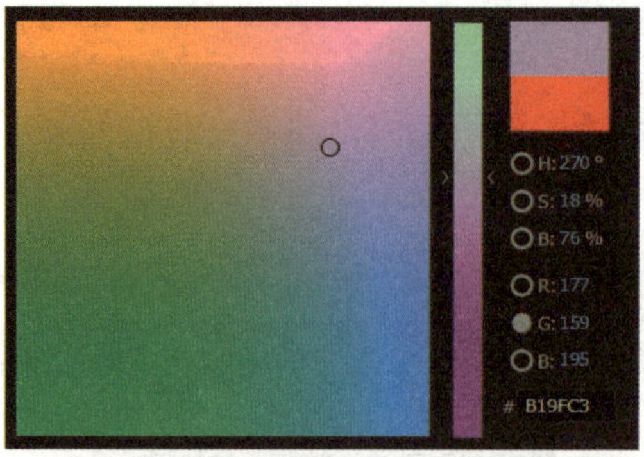

图 1-5-1 RGB 的取值范围

2. 灰度

灰度用黑色调来描述物体，以黑色为基准色，用不同饱和度的黑色来显示图像。由于只有一个 Black 通道，所以灰度模式图像只包含 256 级不同的亮度（黑色）级别，用户看到的画面是由 256 种不同强度的黑色所表示的，如图 1-5-2 和图 1-5-3 所示。

图 1-5-2　灰度条

图 1-5-3　灰度模式下的荷花

3. 色相

色相是指色彩的特征、名称，如红、红橙、黄绿、蓝紫等，色相是区分色彩的主要依据，如图 1-5-4 和图 1-5-5 所示。

图 1-5-4　色相条

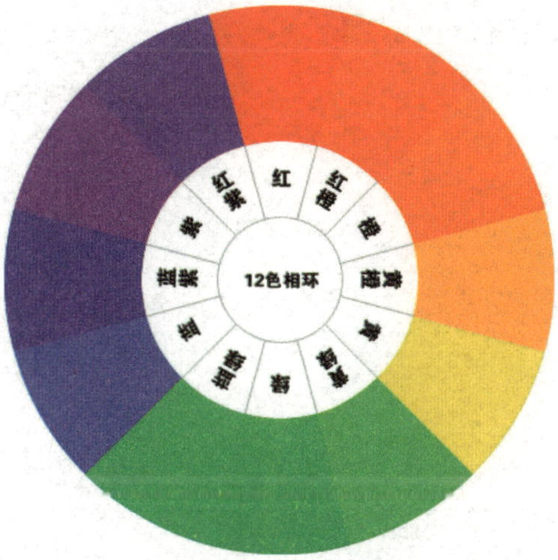

图 1-5-5　色相环

4. 明度

明度，也称亮度，是指色彩的明暗差别，即深浅差别。色彩的明暗差别包括两方面：一方面是同一色相的深浅变化，如粉红、大红、深红都是红色，但后一种比前一种深，如图 1-5-6 所示；另一方面是指不同色相的明暗差别，如紫色颜色深、粉色颜色浅。

图 1-5-6　红色的明度变化

5. 饱和度

饱和度即纯度，是指色彩中包含的单种标准色成分的多少，它是色彩感觉强弱的标志。饱和度越高的色彩，色感越强，看起来更鲜艳。如图 1-5-7 所示的 3 张图片，从左到右饱和度越来越高。

图 1-5-7　饱和度对比

6. 对比度

对比度是指对一幅图像中最亮的白和最暗的黑之间的不同亮度级别的测量，差异范围越大代表对比度越大，差异范围越小代表对比度越小。如图 1-5-8 所示的两幅图片中，左图比右图的对比度低。

图 1-5-8　对比度比较

1.5.2　色阶

色阶表示图像亮度强弱的指数标准，也就是色彩指数。在数字图像处理中指的是灰度分辨率（又称为灰度级分辨率或者幅度分辨率）。图像的色彩丰满度和精细度是由色阶决定的。色阶指亮度，和颜色无关，但最亮的是白色，最暗的是黑色。色阶可以改变一幅图的明暗关系。

1. 添加“色阶”特效

（1）新建一个高清的合成，在项目面板的空白处中单击鼠标右键，在弹出的快捷菜单中选择“导入”→“文件”选项，如图 1-5-9 所示。打开“导入文件”对话框，选中图片，如图 1-5-10 所示，导入素材文件。

（2）选中合成面板中的素材，单击菜单栏“效果”→“颜色校正”→“色阶”选项，此时效果控件面板中出现了色阶特效，如图 1-5-11 所示，可利用该特效调整画面的色阶。

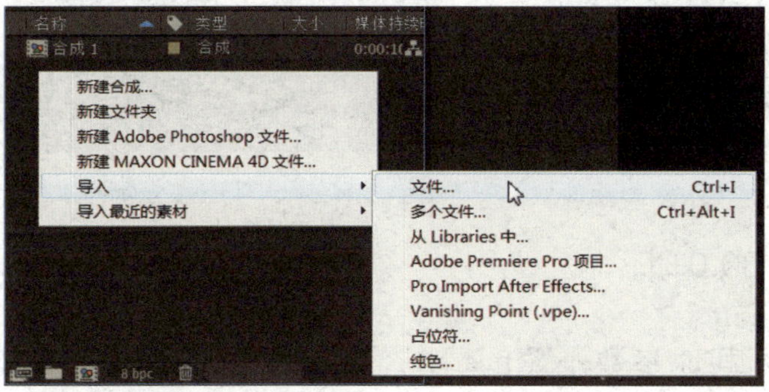

图 1-5-9　选择“文件”选项

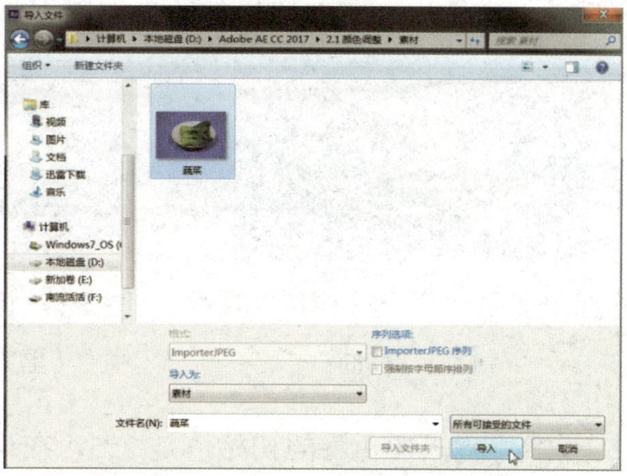

图 1-5-10　“导入文件”对话框

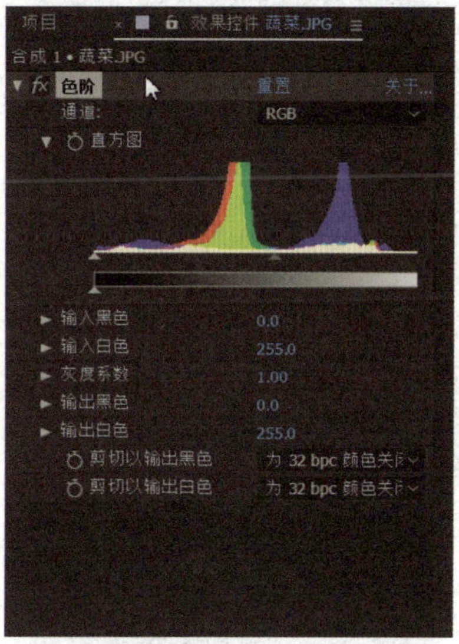

图 1-5-11　色阶特效

2. 色阶特效参数

色阶特效由 5 个基本参数组成，分别为“输入黑色”“输入白色”“输出黑色”“输出白色”和“灰度系数”。可以用两种方式调节这些参数：通过它们各自的数字滑块，如图 1-5-12 所示，或者在直方图中拖曳它们各自的小三角滑块，如图 1-5-13 所示。相比之下，后一种方法更自然。需要注意的是，除“灰度系数”参数之外，其余参数都可以调为负值。

图 1-5-12　数字滑块

图 1-5-13　小三角滑块

（1）“输入黑色”的初始值是 0.0，在保证其他参数不变的情况下，分别降低和提高“输入黑色”的数值，画面效果如图 1-5-14 至图 1-5-16 所示。

图 1-5-14　“输入黑色”的值为 0.0 时

图 1-5-15　“输入黑色”值为-30.0 时

图 1-5-16　“输入黑色”值为 30.0 时

（2）“输入白色”的初始值是 255，在保证其他参数不变的情况下，分别降低和提高“输入白色”的数值后的画面，效果如图 1-5-17 至图 1-5-19 所示。

图 1-5-17　“输入白色”值为 255.0 时

图 1-5-18　“输入白色”值为 220.0 时

图 1-5-19　“输入白色”值为 290.0 时

（3）“输出黑色”的初始值是 0.0，在保证其他参数不变的情况下，分别降低和提高“输出黑色”的数值，效果如图 1-5-20 至图 1-5-22 所示。

图 1-5-20　“输出黑色”值为 0.0 时

图 1-5-21　“输出黑色”值为-30.0 时

图 1-5-22　“输出黑色”值为 30.0 时

（4）“输出白色”的初始值是 255.0，在保证其他参数不变的情况下，分别降低和提高“输出白色”的数值，效果如图 1-5-23 至图 1-5-25 所示。

图 1-5-23　“输出白色”值为 255.0 时

图 1-5-24　“输出白色”值为 220.0 时

图 1-5-25　“输出白色”值为 290.0 时

通过上面的参数调整可以看到，当直方图左下角的小三角（“输入黑色”）一点一点向右移动时，越来越多的值被“挤压”成纯黑色，如盘底阴影效果；当直方图右下角的小三角（“输入白色”）朝着“输入黑色”小三角方向向左移动时，可以看到越来越多的白色值被“曝光过度”成纯白色，如盘面颜色效果。

上面任何一种数值调整方法都可以有效地提高对比度，但是值得注意的是：在“输入黑色”和“输入白色”两个端点移动的同时，渐变条上的中间点，也就是“灰度系数”值也会随之发生改变。“输入黑色”“输入白色”“输出黑色”“输出白色”4 种参数决定了亮度和对比度，再结合“灰度系数”调整，会实现更加精确的效果，因为“灰度系数”可以在不触及黑点和白点的同时影响中间调。也就是说，“灰度系数”小三角向左移动时，图像中的灰色变得更亮；“灰度系数”小三角向右移动时，图像中的灰色变得更暗。“灰度系数”的这种调整并不会改变黑色色阶和白色色阶。

1.5.3 曲线

不管是对画面整体还是对于单独的颜色通道，曲线特效都能够精确地调整色调的平衡和对比度，也可以通过指定的影调来控制指定范围的影调对比度。

1. 添加“曲线”特效

（1）在项目面板中单击鼠标右键，在弹出的快捷菜单中选择“导入”→“文件”选项，打开“导入文件”对话框，选中“跑车”图片，导入素材文件，如图 1-5-26 所示。

（2）将“跑车”素材拖曳到合成面板中，调整为合适的大小，单击菜单栏中的“效果”→“颜色校正”→“曲线”选项，此时，效果控件面板中出现了“曲线”特效，如图 1-5-27 所示。

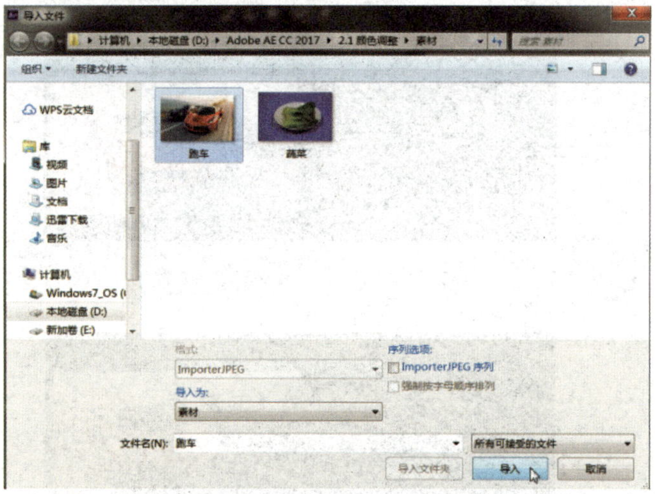

图 1-5-26　导入素材文件

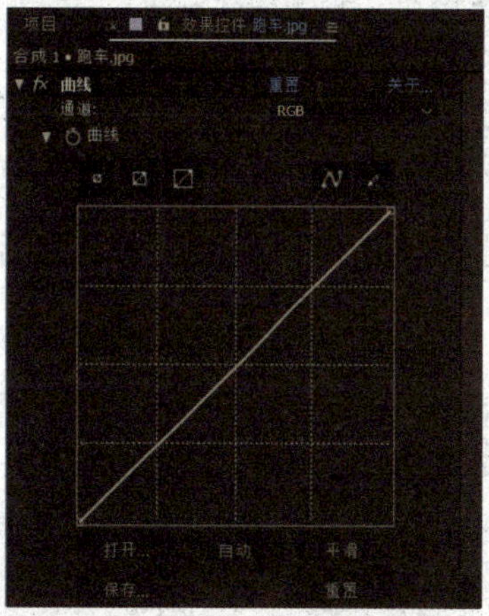

图 1-5-27　“曲线”特效

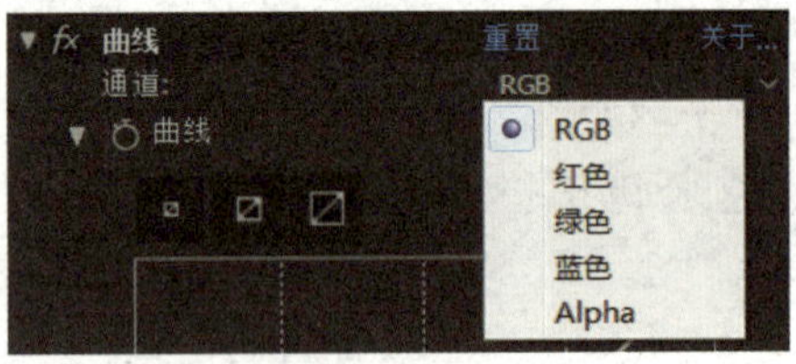

图 1-5-28　通道选择

2. “曲线”特效参数

（1）通道：选择需要调整的色彩通道，其中包括 RGB（三原色通道）、红色通道、绿色通道、蓝色通道和 Alpha（透明通道），如图 1-5-28 所示。

（2）曲线图调整工具（　）：通过从左到右 3 个按钮，可以把曲线坐标图从小变到大，默认左侧的是最小的。曲线图越大，曲线节点就越清楚。

（3）曲线工具（　）：可以在曲线上添加节点，并移动节点调整画面色调。

（4）铅笔工具（　）：可以在曲线坐标图上随意绘制线条。

（5）保存：可以将绘制的曲线保存。

（6）打开：可以将从前保存的曲线打开使用。

（7）平滑：可以多次按“平滑”键使曲线变得平滑，效果更柔和。

（8）重置：可以重置所有参数，回到初始状态。

3. “曲线”特效调整类型

直观地看，“曲线”特效，就是一个简单网格并配有一条对角线的界面（它不像“色阶”特效有具体的参数设置），只能依靠视觉操作，所以对于初学者来说，“曲线”特效的操作很难标准化。当有了大量的调整经验后可以发现，利用“曲线”特效进行颜色调整可以归纳为以下两种明显的类型。

（1）添加中间点：最常见的调节就是在 RGB 曲线中间或靠近中间的位置添加一个点，然后向上或向下移动该点，通过这种方式可以提高或降低灰度系数值，如图 1-5-29 至图 1-5-31 所示。

（2）S 形曲线调节：利用经典的 S 形曲线调节可以提高亮度和对比度，如图 1-5-32 所示。

图 1-5-29　初始效果

图 1-5-30　曲线向上移动

图 1-5-31　曲线向下移动

图 1-5-32　S 形曲线调节

1.5.4 色相/饱和度

1. 添加“色相/饱和度”特效

在项目面板中单击鼠标右键，在弹出的快捷菜单中选择“导入”→“文件”选项，导入“小木屋”素材。将“小木屋”素材拖曳到合成监视窗中并调整为合适的大小，单击菜单栏“效果”→“颜色校正”→“色相/饱和度”选项，这时效果控件面板中出现了“色相/饱和度”特效，如图 1-5-33 所示。

2. “色相/饱和度”特效参数

“色相/饱和度”特效可以调整画面中的色调、亮度和饱和度。

（1）通道控制：控制受特效影响的通道，如果设置为“主”通道，则影响所有的通道；如果选择其他选项，则只控制所选择的颜色通道，如图 1-5-34 所示。

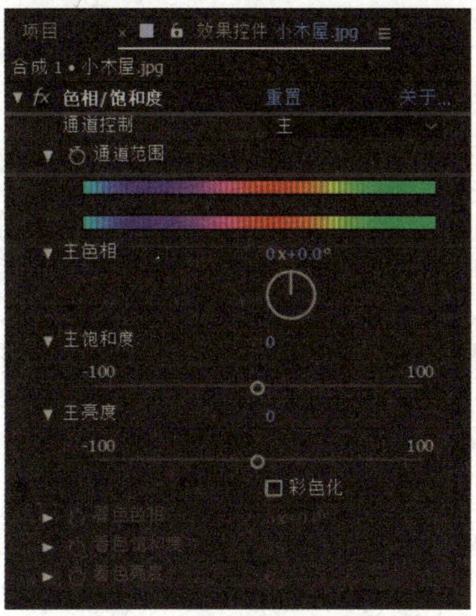

图 1-5-33 “色相/饱和度”特效

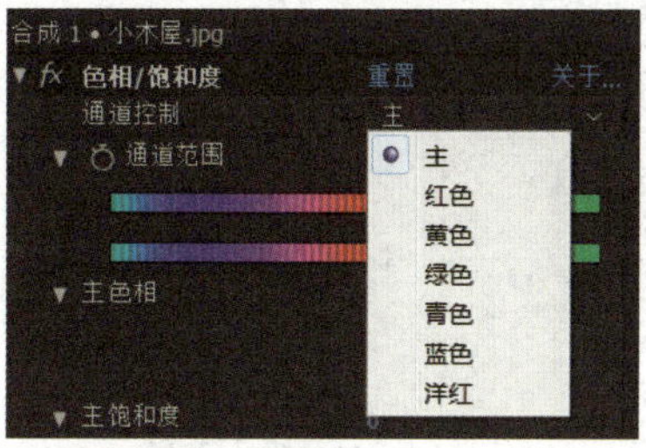

图 1-5-34 通道控制

（2）通道范围：显示通道受影响的范围。

（3）主色相：控制指定颜色通道的色调。

（4）主饱和度：控制指定颜色通道的饱和度。

（5）主亮度：控制指定颜色通道的亮度。

（6）彩色化：控制是否彩色化图像，如果勾选该复选框，默认彩色图像为红色，25%的饱和度和 0%的亮度。

（7）着色色相：可以将灰阶图像转换为彩色图。

（8）着色饱和度：控制彩色化图像的饱和度。

（9）着色亮度：控制彩色化图像的亮度。

3. “色相/饱和度”特效调整样例

以调整小木屋色调为例，将“通道控制”设为“蓝色”通道，设置“蓝色色相”参数为

“29x+52°”，“蓝色饱和度”数值设为“27”，初始效果和调整后的效果如图 1-5-35 和图 1-5-36 所示。

图 1-5-35　初始效果

图 1-5-36　调整后的效果

课后检测 1.5

1. 简答题

（1）画面保护度越高，对比度越大，这种说法对不对？为什么？

（2）在使用 S 形曲线调节时，可以提高画面的亮度和对比度，但是从视觉上看，画面的饱和度似乎也提高了，这是什么原因呢？

2. 操作题

将本节素材中的“跑车.jpg”导入，并将其添加到合成中，将其颜色饱和度调到最小，观察画面的效果。

1.6　3D 特性

1.6.1　3D 空间

1. 开启 3D 图层

（1）新建一个高清的合成，在时间轴面板中单击鼠标右键，在弹出的快捷菜单中选择“新建”→“纯色”选项，如图 1-6-1 所示，新建一个“纯色”图层。

（2）打开“纯色”图层属性中的“变换”参数组，这些参数只有 *X*、*Y* 方向的参数，如图 1-6-2 所示。

（3）单击“纯色”图层的 3D 开关，如图 1-6-3 所示，除不透明度参数外，各参数都增加了一个 *Z* 轴的参数，如图 1-6-4 所示。进入 3D 模式，可以对图层中元素进行纵深方向的调整。

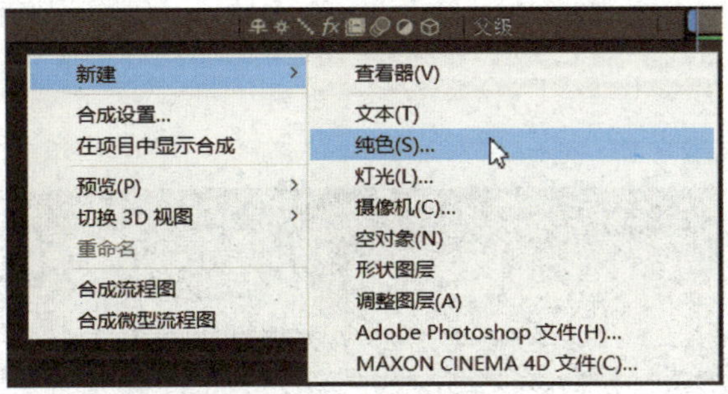

图 1-6-1　选择“纯色”选项

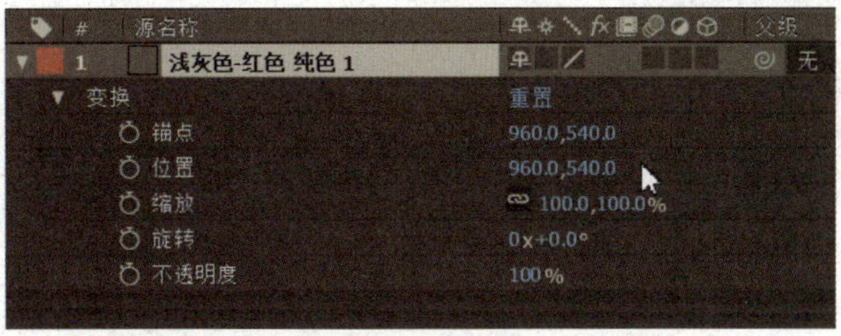

图 1-6-2　参数中只有 X、Y 方向

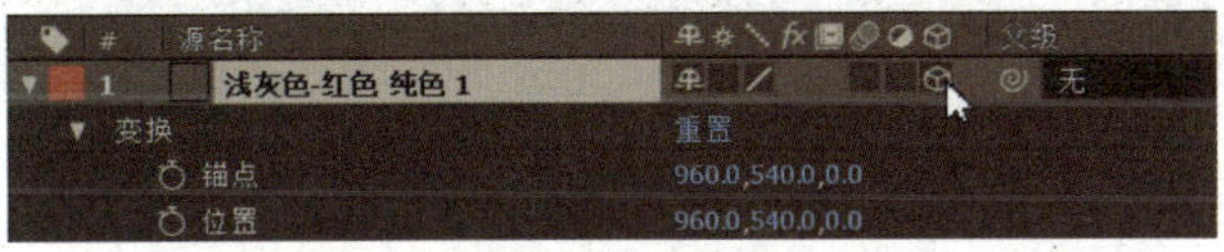

图 1-6-3　“纯色”图层的 3D 开关

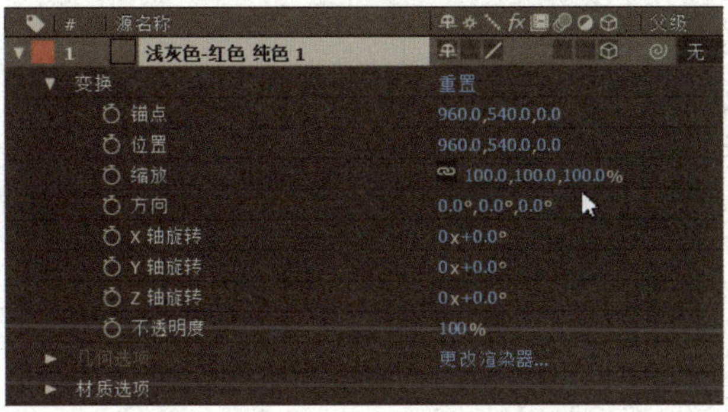

图 1-6-4　增加了 Z 轴的参数

2. 材质选项

“材质选项”中可以调整图层的表面材质、灯光、投影等属性。单击“材质选项”前的小三角，展开参数组，如图 1-6-5 所示。

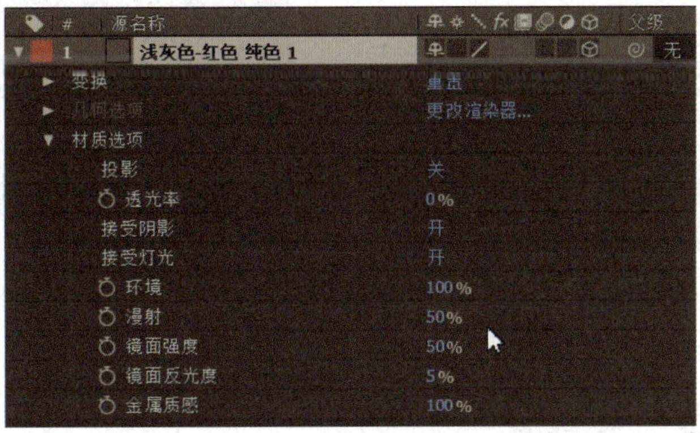

图 1-6-5　“材质选项”参数组

3. 几何选项

“几何选项”是 After Effects CC 2017 新添加的一个功能。随着与 C4D 软件的联系越来越紧密，现在 After Effects 也可以使用 C4D 渲染器。After Effects 之前无法完成一个三维的变形，而现在利用 C4D 渲染器进行一个简单的设置，就可以制作出 3D 的变形。

单击“几何选项”右侧的“更改渲染器”选项，如图 1-6-6 所示，打开“合成设置”对话框，单击“渲染器”下拉菜单，将“渲染器”设为“CINEMA 4D”，如图 1-6-7 所示，单击“确定”按钮。

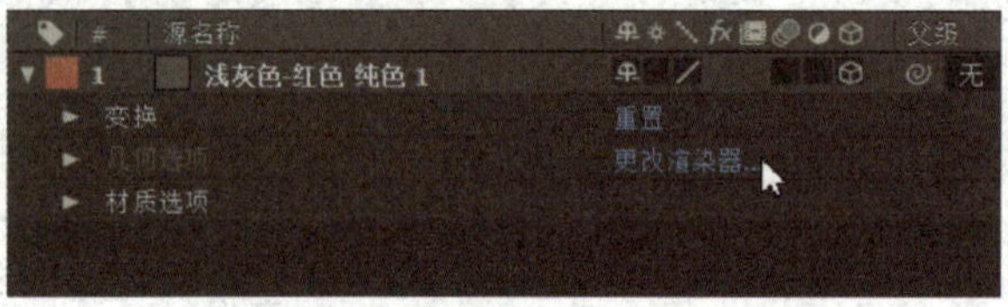

图 1-6-6　“更改渲染器”选项

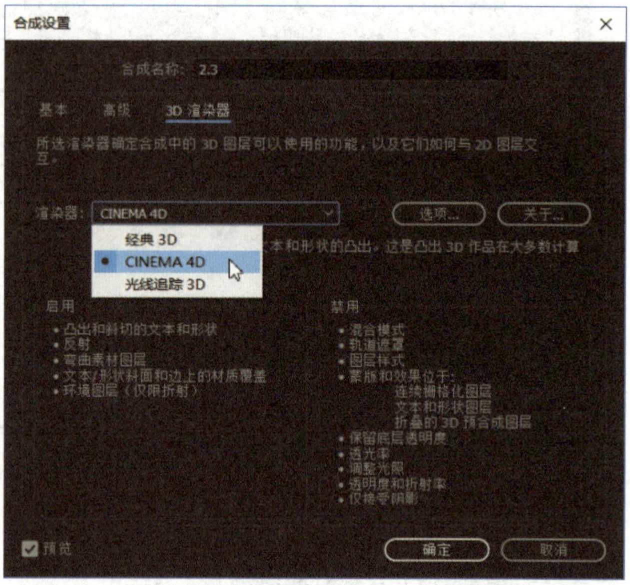

图 1-6-7　将渲染器设为“CINEMA 4D”

“几何选项”被激活使用，增加了两个新的设置参数：“弯度”和“段”。增大“弯度”参数，如图 1-6-8 所示，可以明显看到“纯色”图层有一个弧度的改变，如图 1-6-9 所示。调整“段”参数，段数越多图像越圆滑，但是会使渲染时长增加。

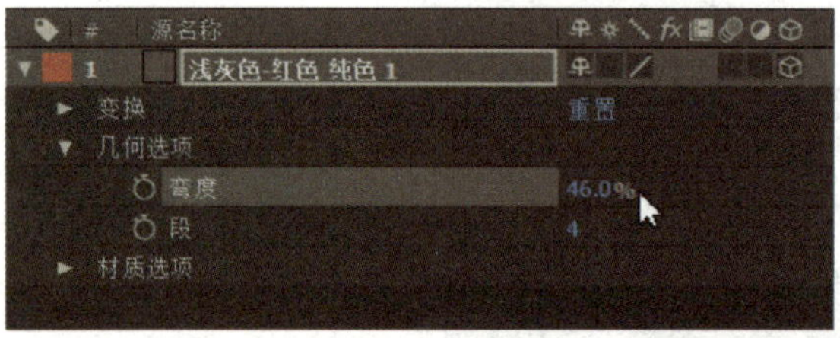

图 1-6-8　增大“弯度”参数

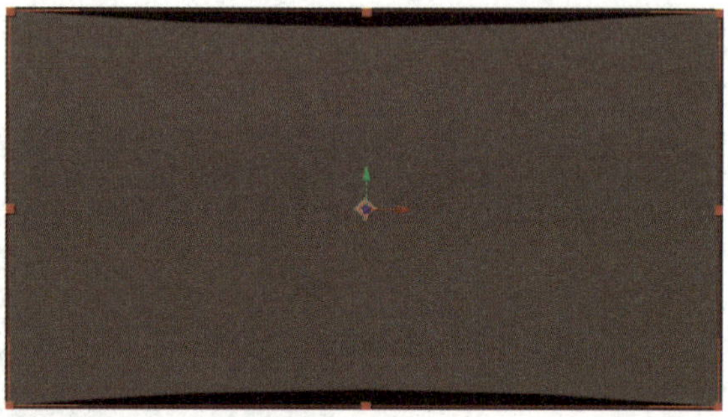

图 1-6-9　“纯色”图层有一个弧度的改变

1.6.2　3D 视图

为了丰富场景内容，让场景更有空间感，可在场景中添加文字，如图 1-6-10 所示，开启文字的 3D 开关，如图 1-6-11 所示。

（1）单击合成监视窗下方的“选择视图布局”下拉菜单，在该菜单中可以选择视图的数量和角度，如图 1-6-12 所示。如果屏幕足够大，可以选择 4 个视图，如图 1-6-13 所示；如果屏幕不够大，可以选择 2 个视图。

图 1-6-10　在场景中添加文字

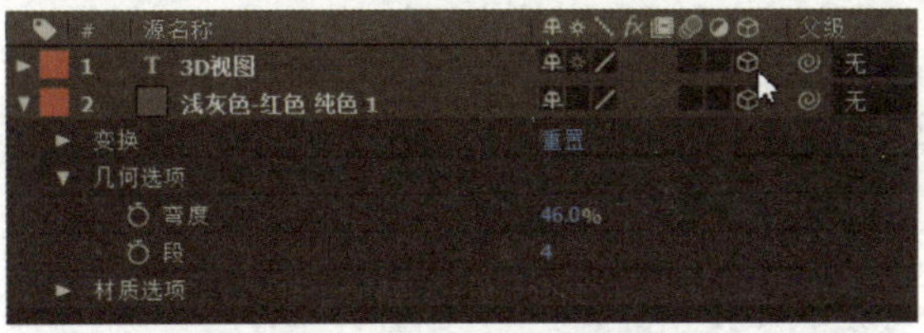

图 1-6-11　开启文字的 3D 图层

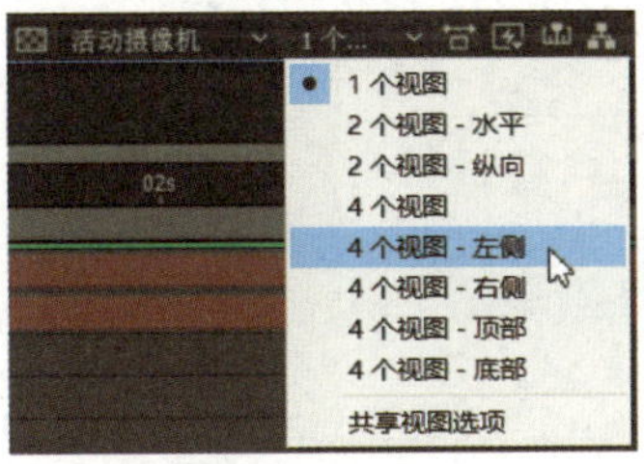

图 1-6-12　“选择视图布局”下拉列表

图 1-6-13　“4 个视图-左侧”模式

（2）单击“活动摄像机”视图，将其激活。单击合成监视窗下方的“3D 视图弹出式菜单”按钮，如图 1-6-14 所示，在下拉菜单中选择“自定义视图 1”选项，如图 1-6-15 所示。变换角度，观察场景中元素的布局，如图 1-6-16 所示。从不同角度观察 3D 场景，有助于更精确地把握元素对齐及观察图层各元素之间的位置关系。

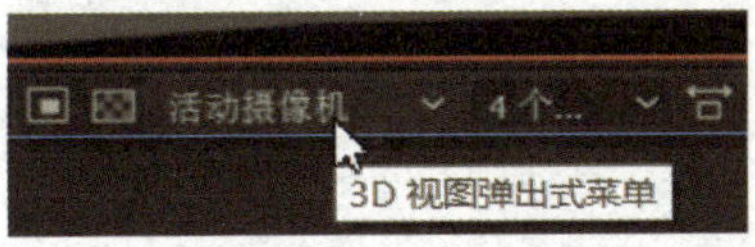

图 1-6-14　“3D 视图弹出式菜单”按钮

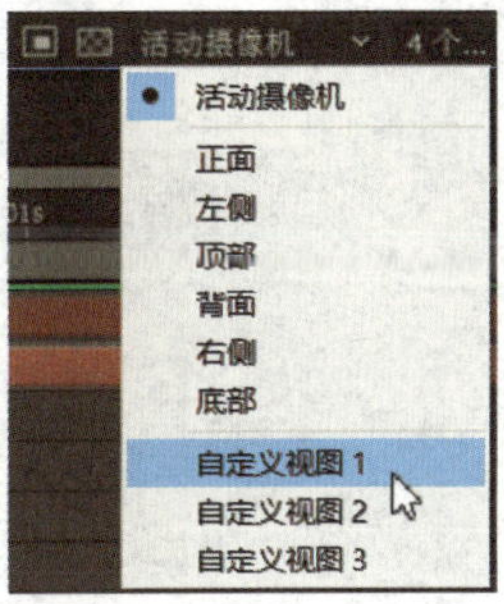

图 1-6-15　“自定义视图 1”选项

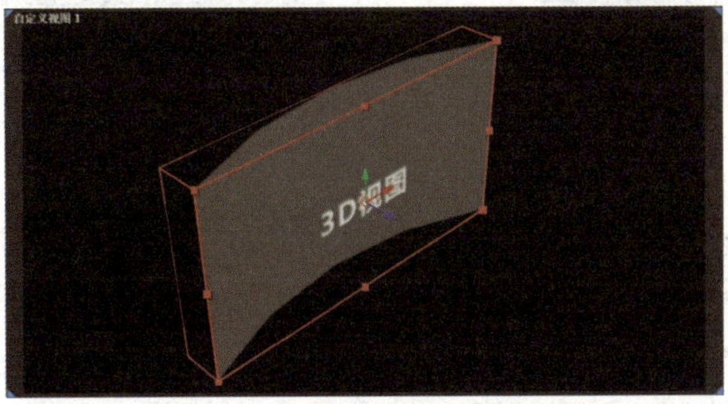

图 1-6-16　变换观察视角

1.6.3　3D 灯光

灯光可以增加场景的空间感，使各个元素之间建立起层次，以突出位置关系，增强立体感。

1. 添加灯光

在时间轴面板的空白处单击鼠标右键，在弹出的快捷菜单中选择“新建”→“灯光”选项，如图 1-6-17 所示，组合键为“Ctrl+Alt+Shift+L”。打开灯光设置面板，设置灯光“名称”为“灯光 1”，“灯光类型”下拉菜单中包括“平行”“聚光”“点”“环境”4 种类型，选择“聚光”选项，如图 1-6-18 所示，此时的画面如图 1-6-19 所示。

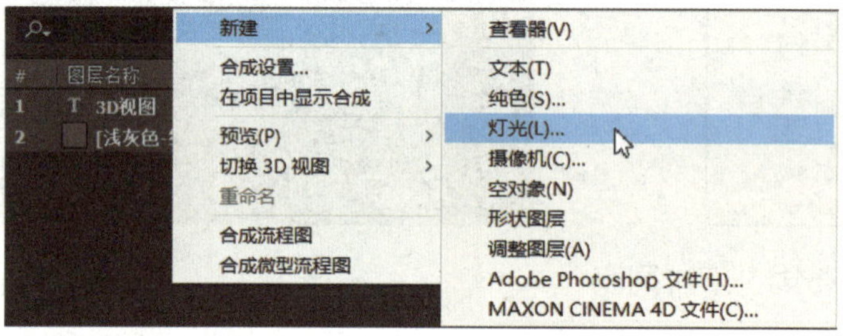

图 1-6-17　“灯光”选项

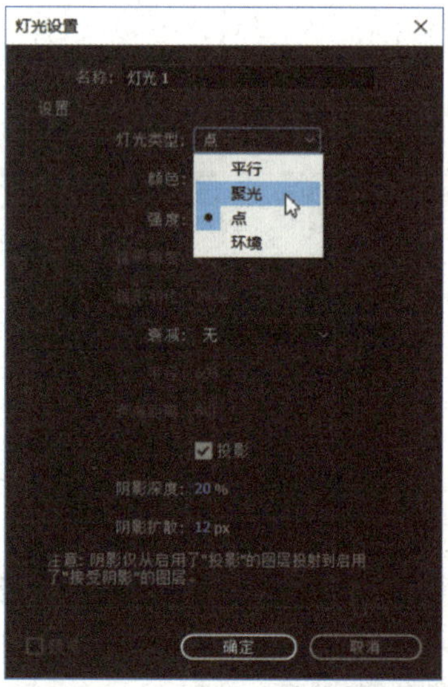

图 1-6-18　选择“聚光”选项

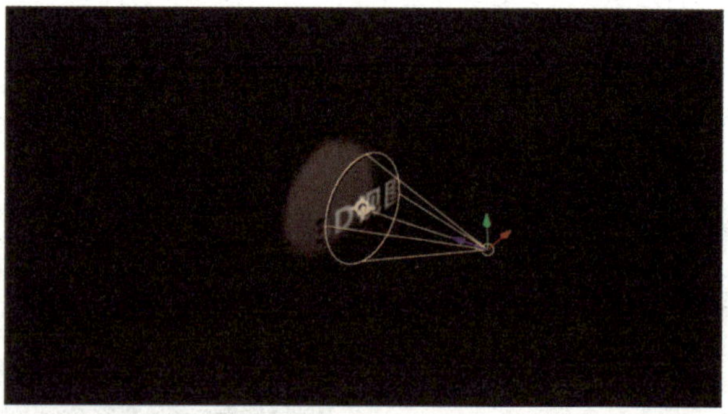

图 1-6-19　添加“聚光”灯光类型后的画面

2. 灯光类型介绍

（1）平行光。平行光是指光线之间是平行的，是一个平行的照亮方向。双击时间轴面板中的“灯光”图层，将“灯光类型”设置为“平行”，在合成监视窗中将“视图布局”选择为“2 个视图”，可以看到，平行光只有一个点和一个方向，如图 1-6-20 所示。

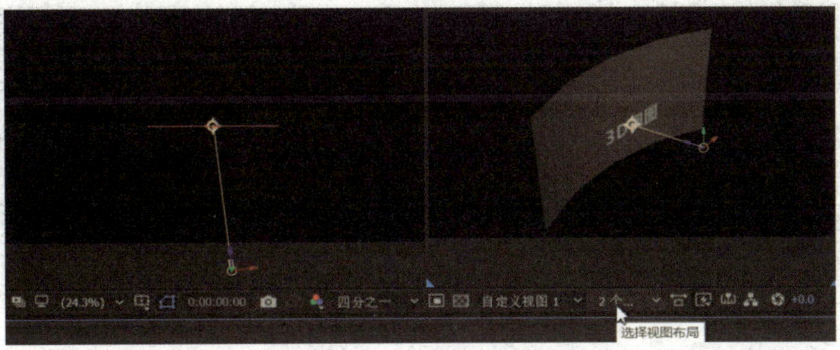

图 1-6-20　平行光只有一个点和一个方向

目标点代表着灯光照射的方向，它不会有照射范围的变化，这种光很多时候用作日光，用来模拟太阳或者照亮一面墙。

（2）聚光。双击灯光层，打开灯光设置面板，将“灯光类型”设为“聚光”，效果如图 1-6-21 所示。聚光更接近于舞台上或是平时桌子上台灯的灯光效果，照射的时候有一个衰减角度。它有一个照射范围，照射范围取决于锥形的底面积，根据这个照射范围可以调整阴影的变化。

（3）点光源。点光源并没有一个具体的照射范围，效果如图 1-6-22 所示，它是 360°发光，类似于在室内的一个灯泡或者是一根蜡烛，这样的一种灯光，它照亮整个环境，它的光会和文字呈一定角度，产生不一样的形变阴影，这一点和平行光有区别。

图 1-6-21　聚光灯效果

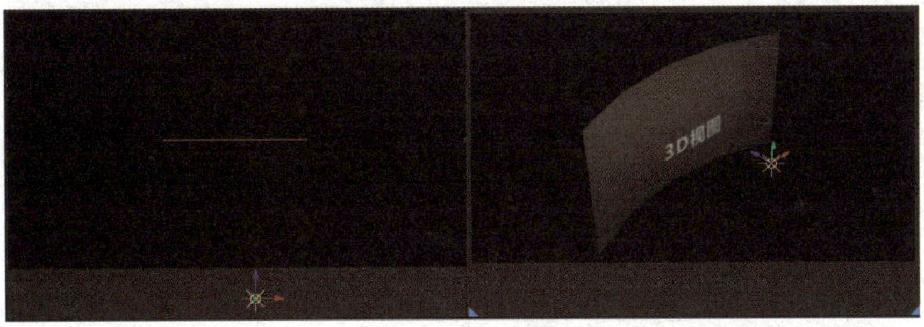

图 1-6-22　点光源效果

（4）环境光。环境光照亮的是一个整体的范围，其效果就像之前没有打灯光效果一样，如图 1-6-23 所示，它不会受到角度或者其他因素影响，只对整体环境进行提亮或加暗。

图 1-6-23　环境光效果

3. 灯光参数设置

聚光灯的参数是所有灯光类型中最全的。下面以聚光灯为例，介绍灯光的参数设置。

（1）展开“灯光”图层，在“灯光选项”下拉菜单中将灯光类型设置为“聚光”，如图 1-6-24 所示。

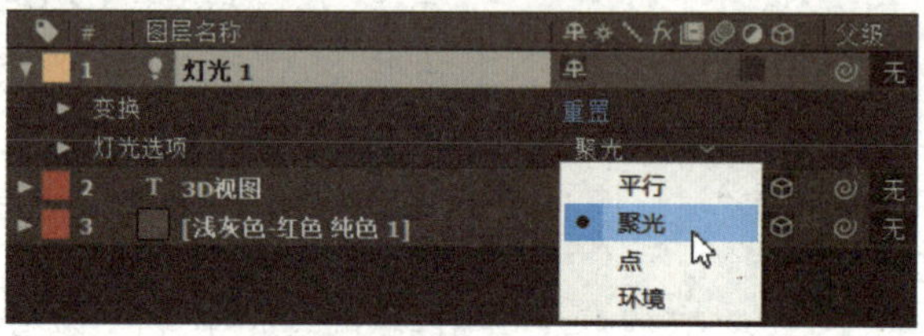

图 1-6-24　将灯光类型设置为“聚光”

（2）展开“变换”参数组，如图 1-6-25 所示。

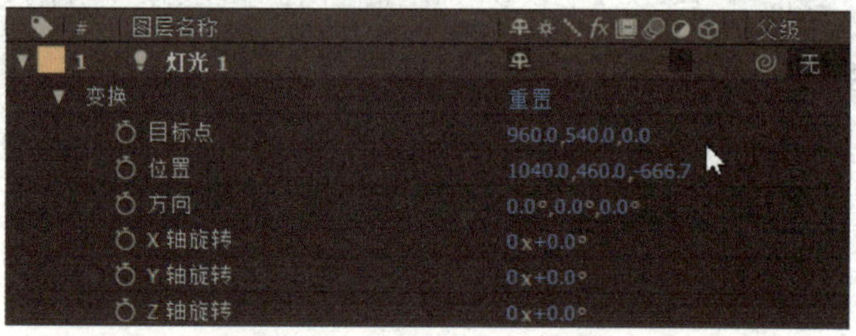

图 1-6-25　“变换”参数组

目标点：定位的是灯光照射的目标，可调整坐标点参数，也可用鼠标在合成监视窗中直接拖曳目标点。

位置：灯的位置，如果目标点和灯光同时被选中，它们是可以同步移动的。

方向及旋转：这里不做介绍，可以自己调整来观看灯光效果的变化。

（3）展开“灯光选项”参数组，如图 1-6-26 所示。

强度：代表灯光的亮度，强度越大，照亮场景的范围越大。它可以被调成负值，使得场景全黑。

颜色：指灯光自身的颜色，并不是场景的颜色。场景的颜色往往是灯光颜色和物体颜色叠加后的效果。

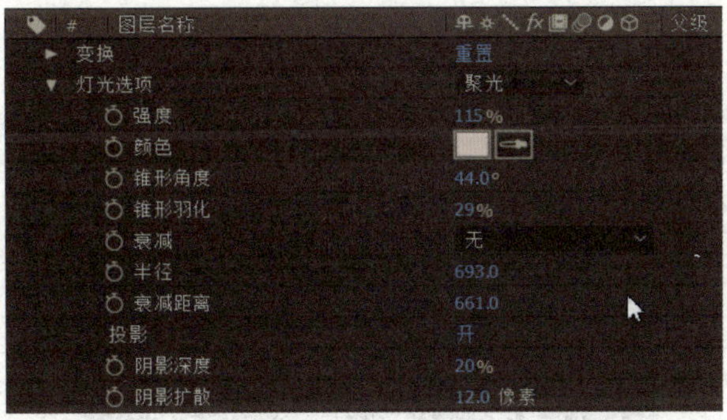

图 1-6-26 “灯光选项”参数组

锥形角度：代表照射范围，角度越大，照射的范围越大。

锥形羽化：指光斑边缘有光区和无光区之间过渡是否明显。羽化值设置成 0 时，灯光很像舞台追光灯，边界非常明显，有光的和无光的交界处就是一道硬边。如果调大羽化值，硬边就会变得柔和。

衰减：代表从灯光到目标点光线强度的变化。

半径：指灯光的衰减范围。

衰减距离：类似于羽化距离，其值为 0 时，不会有衰减的羽化。

投影：指灯光照射的所有物体的投影，如果关掉投影，就不会产生任何投影。

1.6.4 摄像机

1. 添加摄像机

在时间轴面板中的空白区域单击鼠标右键，在弹出的快捷菜单中选择“新建”→“摄像机”选项，如图 1-6-27 所示，组合键为“Ctrl+Alt+Shift+C”，打开“摄像机设置”对话框，如图 1-6-28 所示，在该对话框中可对摄像机参数进行设置。

图 1-6-27 “摄像机”选项

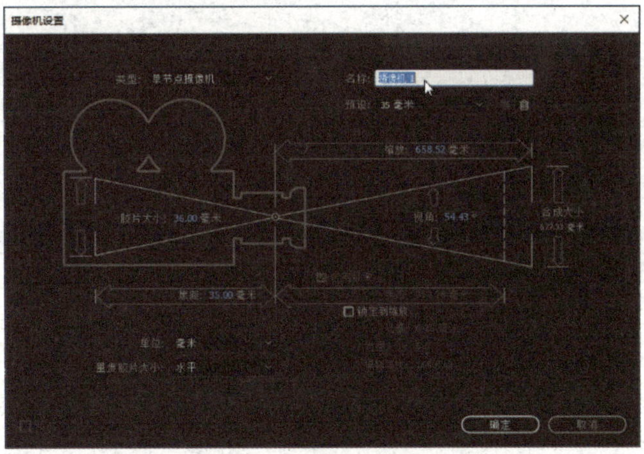

图 1-6-28 “摄像机设置”对话框

2. 摄像机类型

摄像机有两种类型：一种是单节点摄像机，另一种是双节点摄像机，如图 1-6-29 所示。

图 1-6-29　摄像机的两种类型

单节点摄像机没有目标点，需要控制摄像机的旋转、缩放、对焦，以控制摄像机拍摄的画面，如图 1-6-30 所示。

双节点摄像机有一个目标点，这个目标点可以让摄像机进行一个目标点的指向，通过调控目标点，可以让摄像机具体对准哪个目标，如图 1-6-31 所示。

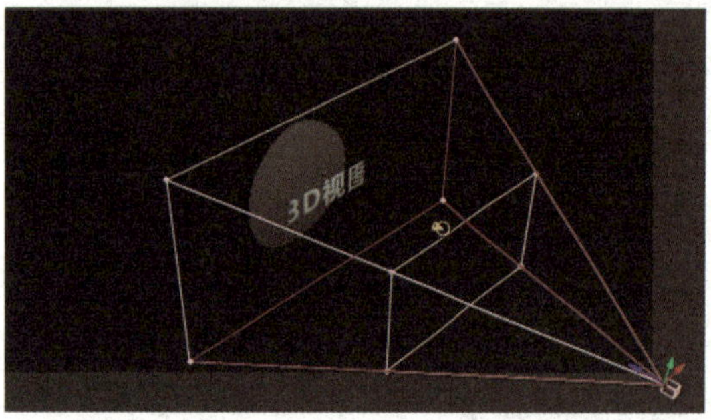

图 1-6-30　单节点摄像机

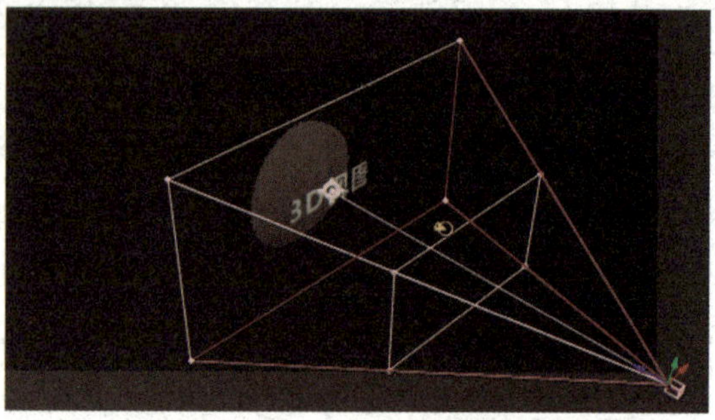

图 1-6-31　双节点摄像机

3. 摄像机参数设置

下面以双节点摄像机为例，介绍摄像机主要参数的设置。

（1）打开“摄像机选项”参数组，如图 1-6-32 所示。

（2）缩放：代表的是视角，同时也是镜头焦段的预设。例如，把焦段调成 15mm，视角就变成 100°。

（3）景深：是指沿着摄像机拍摄方向，在焦点前后影像的清晰范围。启用景深时，一般不会看到画面有太大变化，因为景深是与其他几个参数配合使用的。光圈光孔大，景深小，景深明显；镜头焦距长，景深小，景深也会比较明显。

将文字图层复制一层，让文字在三维空间里有较明显的纵深感，如图 1-6-33 所示。

启用景深后，在摄像机选项中，将光圈值调大，如图 1-6-34 所示，可以看到两层文字有不同程度的模糊，如图 1-6-35 所示。光圈值调得越大，就越模糊。

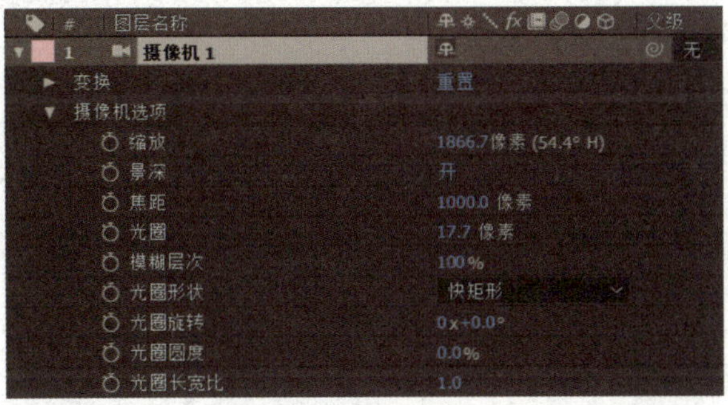

图 1-6-32 “摄像机选项”参数组

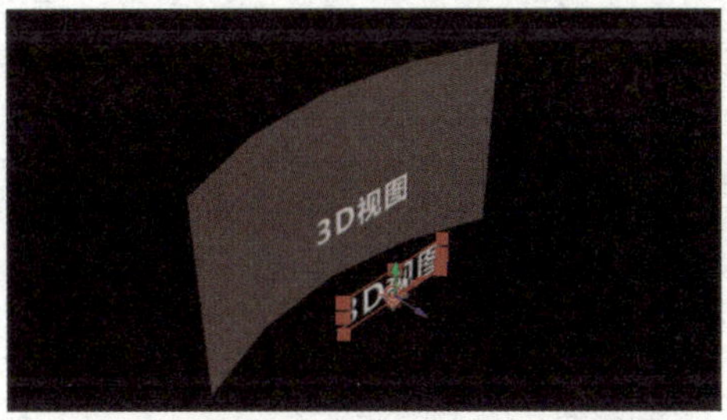

图 1-6-33 文字在三维空间里有较明显的纵深感

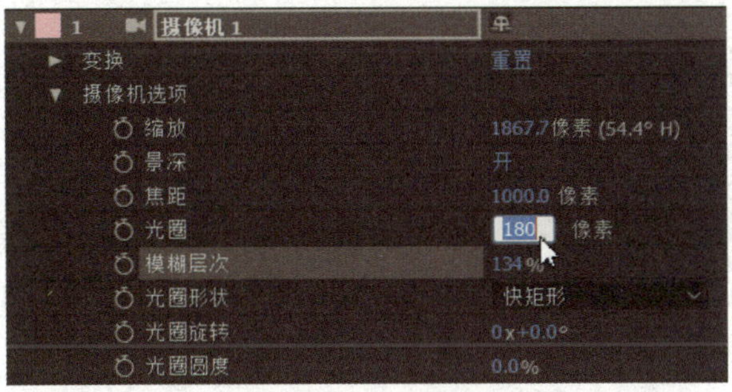

图 1-6-34 光圈值被调大

图 1-6-35 两层文字有不同程度的模糊

（4）焦距：摄像机焦点所在的位置，即图像最清晰的点，焦点所在的平面如图 1-6-36 所示。调整焦距，可以看到有些文字由清晰变模糊，聚焦点在文字之间变化，如图 1-6-37 所示。

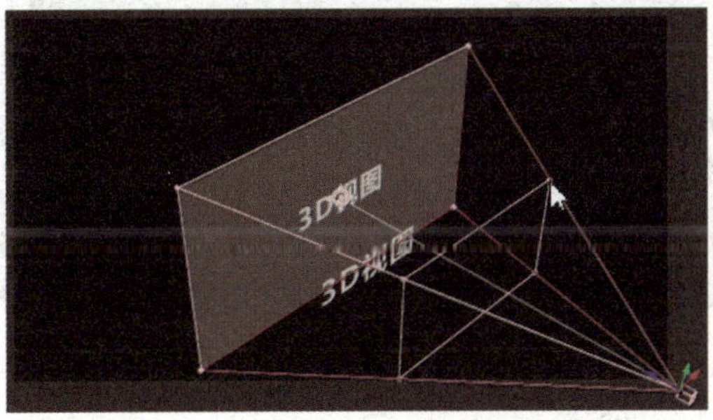

图 1-6-36 焦点所在的平面

图 1-6-37 调整焦距后文字变化

开启焦距之后，渲染就会变慢，渲染模糊会占用大量的资源，如果对景深没有要求，可以把景深关闭，这样会节省很多计算机资源。

课后检测 1.6

1．简答题

（1）3D 图层与普通图层之间的区别有哪些？

（2）聚光灯和点光源之间的区别有哪些？

（3）在场景中设置灯光和不设置灯光（采用默认设置），从视觉上看，有哪些直观的区别？

（4）摄像机景深受哪些因素影响？

2．操作题

试使用不同预设焦距设置摄像机，观察不同预设焦距对摄像机和画面的影响。

1.7 抠像

1.7.1 抠像简介

抠像又称为键控，是一种分割屏幕、让屏幕分区域显示不同内容的特技，分割屏幕的分界线多为文字、符号、复杂的图形或某种自然景物等，抠像前后对比图如图 1-7-1 所示。抠像技术的实质可以用两个字来概括：“填”和“抠”。一般来说，填入的图像为前景图像，被抠的图像是背景图像。

抠像的效果与前期拍摄的质量息息相关。最常见的抠像是“抠蓝”或“抠绿”，即在蓝屏或绿屏前方拍摄，抠像的时候替换掉蓝屏或者绿屏的背景，如图 1-7-2 所示为演播室抠蓝。

图 1-7-1　抠像前后对比图

图 1-7-2　演播室抠蓝

1.7.2 抠像分类

After Effects CC 2017 具有强大的键控功能，有多种工具可供选择，下面介绍几种常用的抠像特技。

1. CC Simple Wire Removal（简单去除钢丝工具）

CC Simple Wire Removal 特效主要是利用一种线状的模糊和替换，将画面中含有如同钢丝等线状的物件进行快速的擦除。例如，武打动作片中的演员常常需要吊威亚（Wire），利用该特效工具可快速将威亚去除，如图 1-7-3 和图 1-7-4 所示。CC Simple Wire Removal 主要是通过调整“Thickness”参数来有效去除钢丝，其主要参数如图 1-7-5 所示。

图 1-7-3　未去除钢丝

图 1-7-4　去除钢丝

图 1-7-5　CC Simple Wire Removal 的相关参数

2. Keylight（1.2）

Keylight（1.2）是最常用的抠像特效。它能够快速地抠除蓝屏或绿屏的背景，准确地控制残留在前景对象上的蓝幕或绿幕的反光，并替换成新合成的背景的环境光。它的主要参数如图 1-7-6 所示，用到最多的参数是“Screen Gain”和“Screen Matte”，根据素材的黑、白、灰情况可对参数进行适当调整。

3. 差值遮罩

差值遮罩是根据两个图层之间的差值去除背景。在源图层中，将与差值图层相似的像素变成透明，如对静态背景、固定摄像机、固定镜头和曝光的处理时，用此效果只需要一帧背景素材就可以完成对象在场景中移动的效果，如图 1-7-7 和图 1-7-8 所示。“差值遮罩”参数组中的相关参数如图 1-7-9 所示。

图 1-7-6　Keylight（1.2）相关参数

图 1-7-7　背景图和被抠图

图 1-7-8　“差值遮罩”抠像后效果

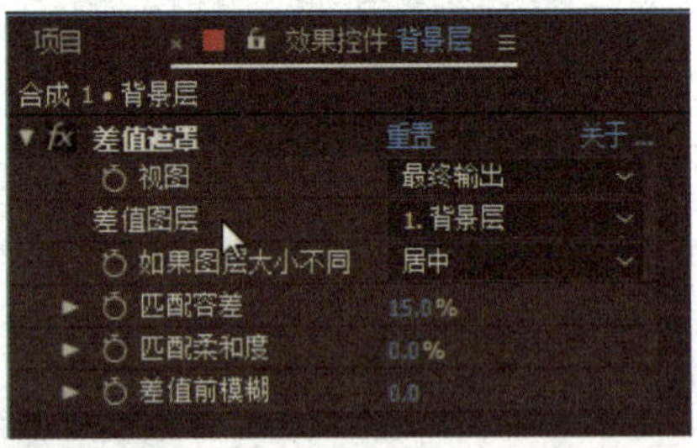

图 1-7-9　“差值遮罩”的相关参数

视图：指定观察对象。

差值图层：选择与源图层进行比较的那一层。

如果图层大小不同：居中或者伸缩以适合。

匹配容差：消除蓝色的微调器。

匹配柔和度：控制遮光的边缘。

差值前模糊：用模糊背景来消除颗粒，中和基色前景。

4. 高级溢出抑制器

该特效常用于清除掉图像边缘残留的抠像色彩。它主要通过“抑制”参数来调整颜色抑制量，以清除灯光反射到对象身上的背景色彩，主要参数如图 1-7-10 所示。

5. 抠像清除器

该特效通过“Alpha 对比度”和“强度”两个参数，对已经初步抠像的素材进一步微调，不是特别常用。“抠像清除器”的相关参数如图 1-7-11 所示。

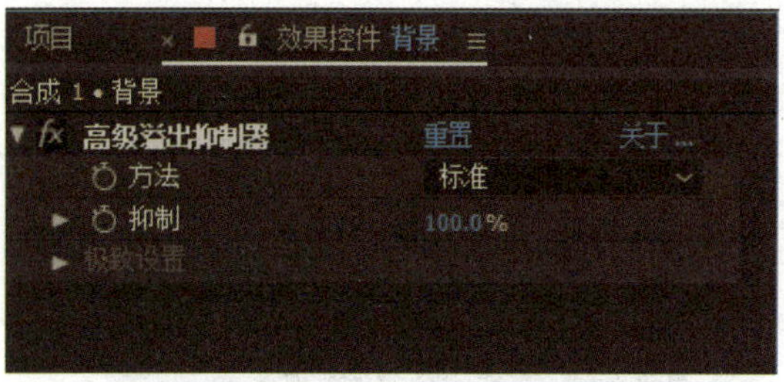

图 1-7-10 “高级溢出抑制器”的相关参数

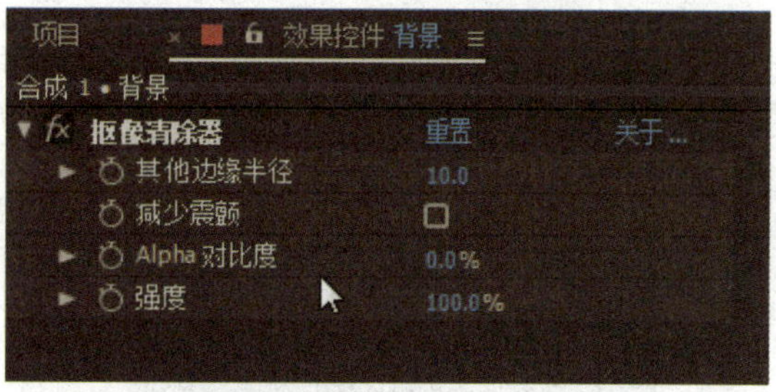

图 1-7-11 “抠像清除器”的相关参数

6. 内部/外部键

该特效借助遮内、外两个密闭遮罩的像素差异来完成抠像效果。一个遮罩用来定义抠像范围的内边缘，另一个遮罩用来定义抠像范围的外边缘，再根据两个遮罩路径进行像素差异的比较，从而完成抠像。一般常用来对毛发及轮廓的抠像。“内部/外部键”特效的相关参数如图 1-7-12 所示。

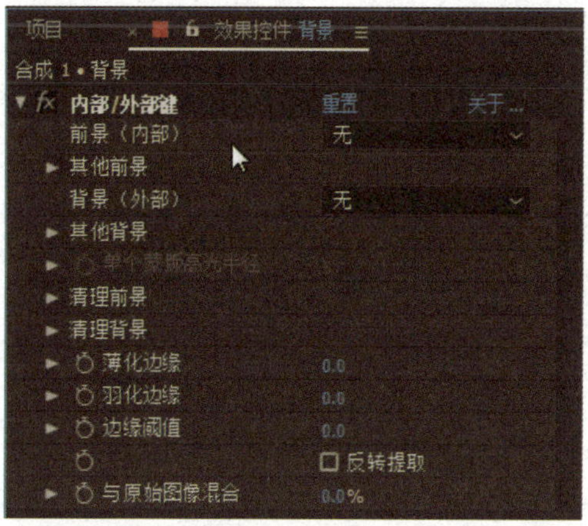

图 1-7-12 “内部/外部键”相关参数

7. 颜色差值键

颜色差值键和其他线性去背景方法的工作原理不一样，它更类似于传统的光学去背景，其原理是通过两个不同的颜色对图像进行键控，使图像产生两个遮罩，即遮罩 A 和遮罩 B。遮罩 A 使抠像颜色之外的遮罩区域透明，遮罩 B 使指定抠像颜色区域透明，然后组合这两个遮罩，得到第三个遮罩（Alpha 遮罩）。一般用在较难实现的去背景要求上，如含有类似烟雾和阴影的事物。其主要参数如图 1-7-13 所示。

8. 颜色范围

颜色范围调节颜色的方法与 Photoshop 中的色彩范围一样，当背景中含有基色的多种变化元素时，其产生的效果最佳。这种方法不如“颜色差值键”那样精确。“颜色范围”的相关参数如图 1-7-14 所示。

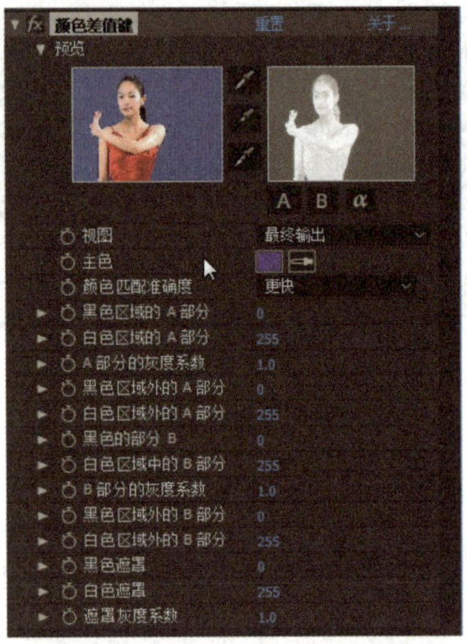

图 1-7-13　“颜色差值键”的相关参数

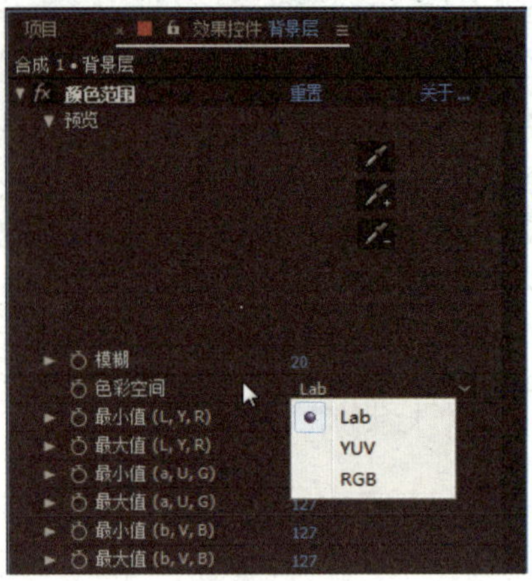

图 1-7-14　“颜色范围”的相关参数

加号吸管：选择被消除的颜色。

减号吸管：选择不被消除的颜色。

模糊：设置边缘柔化度。

色彩空间：指定去背景作用的色彩范围，包括 Lab、YUV、RGB。

最大值/最小值设置：用来扩展和堵住遮光。

课后检测 1.7

简答题

（1）抠像一般都能做什么？

（2）“高级溢出抑制器”的作用是什么？

（3）在电视剧中，你能判断出哪些画面使用了抠像特技吗？

1.8　After Effects CC 2017 快捷方式汇总

项目窗口

功　能	快 捷 方 式
新项目	Ctrl+Alt+N
打开项目	Ctrl+O
打开项目时只打开项目窗口	按住 Shift 键
打开上次打开的项目	Ctrl+Alt+Shift+P
保存项目	Ctrl+S

续表

功　能	快 捷 方 式
选择上一子项	↑
选择下一子项	↓
打开选择的素材项或合成图像	双击
在 AE 素材窗口中打开影片	Alt+双击
增加选择的子项到最近激活的合成图像中	Ctrl+ “/”
显示所选的合成图像的设置	Ctrl+K
增加所选的合成图像的渲染队列窗口	Ctrl+Shift+ “/”
引入一个素材文件	Ctrl+I
引入多个素材文件	Ctrl+Alt+I
替换选择层的源素材或合成图像	Alt+从项目面板拖曳素材项到合成图像
替换素材文件	Ctrl+H
设置解释素材选项	Ctrl+F
扫描发生变化的素材	Ctrl+Alt+Shift+L
重新调入素材	Ctrl+Alt+L
新建文件夹	Ctrl+Alt+Shift+N
记录素材解释方法	Ctrl+Alt+C
应用素材解释方法	Ctrl+Alt+V
设置代理文件	Ctrl+Alt+P
退出	Ctrl+Q

合成图像、层和素材窗口

功　能	快 捷 方 式
在打开的窗口中循环	Ctrl+Tab
显示/隐藏标题安全区域和动作安全区域	'
显示/隐藏网格	Ctrl+ “'”
显示/隐藏对称网格	Alt+ “'”
居中激活的窗口	Ctrl+Alt+ “\”
动态修改窗口	Alt+拖曳属性控制
暂停修改窗口	CapsLock
在当前窗口的标签间循环	Shift+ “,” 或 Shift+ “.”
在当前窗口的标签间循环并自动调整大小	Alt+Shift+ “,” 或 Alt+Shift+ “.”
快照（多至 4 个）	Ctrl+F5/F6/F7/F8
显示快照	F5/F6/F7/F8
清除快照	Ctrl+Alt+F5/F6/F7/F8
显示通道（RGBA）	Alt+1/2/3/4
带颜色显示通道（RGBA）	Alt+Shift+1/2/3/4
带颜色显示通道（RGBA）	Shift+单击通道图标
带颜色显示遮罩通道	Shift+单击 ALPHA 通道图标

合成图像、层和素材窗口中的编辑

功　能	快 捷 方 式
复制	Ctrl+C
剪切	Ctrl+X
粘贴	Ctrl+V
撤销	Ctrl+Z
重做	Ctrl+Shift+Z
选择全部	Ctrl+A
取消全部选择	Ctrl+Shift+A 或 F2
层、合成图像、文件夹、效果更名	Enter（数字键盘）
原应用程序中编辑子项（仅限素材窗口）	Ctrl+E

时间布局窗口中的时间缩放

功　能	快 捷 方 式
缩放到帧视图	;
放大时间	主键盘上的=
缩小时间	主键盘上的-

时间布局窗口中查看层属性

功　能	快 捷 方 式
定位点	A
音频级别	L
音频波形	LL
效果	E
遮罩羽化	F
遮罩形状	M
遮罩不透明度	TT
不透明度	T
位置	P
旋转	R
时间重映象	RR
缩放	S
显示所有动画值	U
在对话框中设置层属性值	Ctrl+Shift+属性快捷键
隐藏属性	Alt+Shift+单击属性名
弹出属性滑竿	Alt+单击属性名
增加/删除属性	Shift+单击属性名
switches/modes 转换	F4
为所有选择的层改变设置	Alt+单击层开关
打开不透明对话框	Ctrl+Shift+O
打开定位点对话框	Ctrl+Shift+Alt+A

时间布局窗口中工作区的设置

功　　能	快 捷 方 式
设置当前时间标记为工作区开始	B
设置当前时间标记为工作区结束	N
设置工作区为选择的层	Ctrl+Alt+B
未选择层时，设置工作区为合成图像长度	Ctrl+Alt+B

时间布局窗口中修改关键帧

功　　能	快 捷 方 式
设置关键帧速度	Ctrl+Shift+K
设置关键帧插值法	Ctrl+Alt+K
增加或删除关键帧（计时器开启时）或开启时间变化计时器	Alt+Shift+属性快捷键
选择一个属性的所有关键帧	单击属性名
增加一个效果的所有关键帧到当前关键帧选择	Ctrl+单击效果名
逼近关键帧到指定时间	Shift+拖曳关键帧
向前移动关键帧一帧	Alt+→
向后移动关键帧一帧	Alt+←
向前移动关键帧十帧	Shift+Alt+→
向后移动关键帧十帧	Shift+Alt+←
在选择的层中选择所有可见的关键帧	Ctrl+Alt+A
到前一可见关键帧	J
到后一可见关键帧	K
在线性插值法和自动 Bezer 插值法间转换	Ctrl+单击关键帧
改变自动 Bezer 插值法为连续 Bezer 插值法	拖曳关键帧句柄
Hold 关键帧转换	Ctrl+Alt+H 或 Ctrl+Alt+单击关键帧句柄
连续 Bezer 插值法与 Bezer 插值法间转换	Ctrl+拖曳关键帧句柄
Easy easy	F9
Easy easy 入点	Alt+F9
Easy easy 出点	Ctrl+Alt+F9

合成图像和时间布局窗口中层的精确操作

功　　能	快 捷 方 式
以指定方向移动层一个像素	箭头
旋转层 1 度	+（数字键盘）
旋转层-1 度	-（数字键盘）
放大层 1%	Ctrl++（数字键盘）
缩小层 1%	Ctrl+-（数字键盘）
移动、旋转和缩放变化量为 10	Shift+快捷键

效果控制窗口中的操作

功　　能	快 捷 方 式
选择上一个效果	↑
选择下一个效果	↓
扩展/卷收效果控制	`
清除层上的所有效果	Ctrl+ Shift+E
增加效果控制的关键帧	Alt+单击效果属性名
应用上一个喜爱的效果	Ctrl+Alt+Shift+F
应用上一个效果	Ctrl+Alt+Shift+E

合成图像和实际布局窗口中使用遮罩

功　　能	快 捷 方 式
设置层时间标记	*（数字键盘）
清除层时间标记	Ctrl+单击标记
到前一个可见层时间标记或关键帧	Alt+J
到下一个可见层时间标记或关键帧	Alt+K
到合成图像时间标记	0～9（数字键盘）
在当前时间设置并编号一个合成图像时间标记	Shift+（0～9）（数字键盘）

渲染队列窗口

功　　能	快 捷 方 式
制作影片	Ctrl+ M
增加激活的合成图像到渲染队列窗口	Ctrl+ Shift+ “/”
在队列中不带输出名复制子项	Ctrl+ D
保存帧	Ctrl+Alt+S
打开渲染对列窗口	Ctrl+Alt+O

显示窗口和面板

功　　能	快 捷 方 式
打开项目窗口	Ctrl+0
打开项目流程视图	F11
打开渲染队列窗口	Ctrl+Alt+0
打开工具箱	Ctrl+1
打开信息面板	Ctrl+2
打开时间控制面板	Ctrl+3
打开音频面板	Ctrl+4
显示/隐藏所有面板	Tab
General 偏好设置	Ctrl+"
新合成图像	Ctrl+N
关闭激活的标签/窗口	Ctrl+W
关闭激活窗口（所有标签）	Ctrl+Shift+W
关闭激活窗口（除项目窗口）	Ctrl+Alt+W

时间布局窗口中的移动

功　　能	快 捷 方 式
到工作区开始	Home
到工作区结束	Shift+End
到前一可见关键帧	J
到后一可见关键帧	K
到前一可见层时间标记或关键帧	Alt+J
到后一可见层时间标记或关键帧	Alt+K
到合成图像时间标记	主键盘上的 0～9
滚动选择的层到时间布局窗口的顶部	X
滚动当前时间标记到窗口中心	D
到指定时间	Ctrl+G

合成图像、时间布局、素材和层窗口中的移动

功　　能	快 捷 方 式
到开始处	Home 或 Ctrl+Alt+←
到结束处	End 或 Ctrl+Alt+→
向前一帧	Page Down 或←
向前十帧	Shift+Page Down 或 Ctrl+Shift+←
向后一帧	Page Up 或→
向后十帧	Shift+Page Up 或 Ctrl+Shift+→
到层的入点	I
到层的出点	O
逼近子项到关键帧、时间标记、入点和出点	Shift+拖曳子项

预示

功　　能	快 捷 方 式
开始/停止播放	空格
从当前时间点预视音频	.（数字键盘）
RAM 预视	0（数字键盘）
每隔一帧的 RAM 预视	Shift+0（数字键盘）
保存 RAM 预视	Ctrl+0（数字键盘）
快速视频	Alt+拖曳当前时间标记
快速音频	Ctrl+拖曳当前时间标记
线框预视	Alt+0（数字键盘）
线框预视时用矩形替代 alpha 轮廓	Ctrl+Alt+0（数字键盘）
线框预视时保留窗口内容	Shift+Alt+0（数字键盘）
矩形预视时保留窗口内容	Ctrl+Shift+Alt+0（数字键盘）
如未选择层，命令针对所有层	

合成图像和时间布局窗口中的层操作

功　　能	快 捷 方 式
放在最前面	Ctrl+Shift+]
向前提一级	Shift+]
向后放一级	Shift+ [
放在最后面	Ctrl+Shift+ [
选择下一层	Ctrl+ ↓
选择上一层	Ctrl+ ↑
通过层号选择层	1～9（数字键盘）
取消所有层选择	Ctrl+Shift+A
锁定所选层	Ctrl+L
释放所有层的选定	Ctrl+Shift+L
分裂所选层	Ctrl+Shift+D
激活合成图像窗口	
在层窗口中显示选择的层	Enter（数字键盘）
显示隐藏视频	Ctrl+Shift+Alt+V
隐藏其他视频	Ctrl+Shift+V
显示选择层的效果控制窗口	Ctrl+Shift+T 或 F3
在合成图像窗口和时间布局窗口中转换	
打开源层	Alt+双击层
在合成图像窗口中不拖曳句柄缩放层	Ctrl+拖曳层
在合成图像窗口中逼近层到框架边和中心	Alt+Shift+拖曳层
逼近网格转换	Ctrl+Shit+"
逼近参考线转换	Ctrl+Shift+ “；”
拉伸层适合合成图像窗口	Ctrl+Alt+F
层的反向播放	Ctrl+Alt+R
设置入点	[
设置出点	]
剪辑层的入点	Alt+[
剪辑层的出点	Alt+]
所选层的时间重映象转换开关	Ctrl+Alt+T
设置质量为最好	Ctrl+U
设置质量为草稿	Ctrl+Shift+U
设置质量为线框	Ctrl++Shift+U
创建新的固态层	Ctrl+Y
显示固态层设置	Ctrl+Shift+Y
重组层	Ctrl+Shift+C
通过时间延伸设置入点	Ctrl+Shift+，
通过时间延伸设置出点	Ctrl+Alt+，
约束旋转的增量为 45 度	Shift+拖曳旋转工具

续表

功　　能	快 捷 方 式
约束沿 X 轴或 Y 轴移动	Shift+拖曳层
复位旋转角度为 0 度	双击旋转工具
复位缩放率为 100%	双击缩放工具

合成图像、层和素材窗口中的空间缩放

功　　能	快 捷 方 式
放大	.
缩小	,
缩放至 100%	主键盘上的/或双击缩放工具
放大并变化窗口	Alt+.或 Ctrl+主键盘上的=
缩小并变化窗口	Alt+，或 Ctrl+主键盘上的-
缩放至 100%并变化窗口	Alt+主键盘上的/
缩放窗口	Ctrl+\
缩放窗口适应于监视器	Ctrl+Shift+\
窗口居中	Shift+Alt+\
缩放窗口适应于窗口	Ctrl+Alt+\
图像放大，窗口不变	Ctrl+Alt+ =
图像缩小，窗口不变	Ctrl+Alt+ -

合成图像窗口中合成图像的操作

功　　能	快 捷 方 式
显示/隐藏参考线	Ctrl+ “；”
锁定/释放参考线锁定	Ctrl+Alt+Shift+ “；”
显示/隐藏标尺	Ctrl+R
改变背景颜色	Ctrl+Shift+B
设置合成图像解析度为 full	Ctrl+J
设置合成图像解析度为 Half	Ctrl+ Shift+J
设置合成图像解析度为 Quarter	Ctrl+ Alt+Shift+J
设置合成图像解析度为 Custom	Ctrl+ Alt+J
合成图像流程图视图	Alt+F11

层窗口中遮罩的操作

功　　能	快 捷 方 式
椭圆遮罩置为整个窗口	双击椭圆工具
矩形遮罩置为整个窗口	双击矩形工具
在自由变换模式下围绕中心点缩放	Ctrl+拖曳
选择遮罩上的所有点	Alt+单击遮罩
自由变换遮罩	双击遮罩
推出自由变换遮罩模式	Enter

合成图像和实际布局窗口中的遮罩操作

功　　能	快 捷 方 式
定义遮罩形状	Ctrl+Shift+M
定义遮罩羽化	Ctrl+Shift+F
设置遮罩反向	Ctrl+Shift+I
新遮罩	Ctrl+Shift+N

工具箱操作

功　　能	快 捷 方 式
选择工具	V
旋转工具	W
矩形工具	C
椭圆工具	Q
笔工具	G
移动工具	Y
抓手工具	H
缩放工具（使用 Alt 缩小）	Z
从选择工具转换为笔工具	按住 Ctrl
从笔工具转换为选择工具	按住 Ctrl
在信息面板显示文件名	Ctrl+Alt+E

· 第 2 章 ·

初阶项目篇

项目 2.1　使用文字动画参数制作旋转文字动画

学习目标

- 掌握文字动画参数的使用方法
- 掌握文字动画与文字属性的区别
- 掌握调整文字动画的方法
- 掌握文字属性的调整方法
- 掌握应用多种动画参数的方法

项目分析

本项目为制作旋转文字动画，在制作时使用的是文字动画参数功能。该效果在文字逐字出现的基础上，增加了字符大小的变化，添加旋转效果，最后使用“不透明度”效果衔接各个字符之间的动作。本效果的实现涉及 3 种动画参数，在参数添加顺序上，体现了制作者的制作思路，也蕴藏着制作技巧。

在介绍文字动画参数应用的基础上，本项目扩展介绍了字幕样式设计的思路和方法，目的是拓宽制作思路，强化制作技巧。

效果展示

旋转文字动画效果如图 2-1-1 至图 2-1-4 所示。

图 2-1-1　旋转文字动画效果 1

图 2-1-2　旋转文字动画效果 2

图 2-1-3　旋转文字动画效果 3

图 2-1-4　旋转文字动画效果 4

操作流程

1. 启动 After Effects CC 2017 软件，进入工作界面，在项目面板的空白处双击，打开“导入文件”对话框，选择“旋转文字背景”图片，单击“导入”按钮，将背景图片导入项目面板，如图 2-1-5 所示。

2. 单击菜单栏“文件”→“保存”选项，在打开的“另存为”对话框中，将项目文件名命名为“旋转文字动画”，单击“保存”按钮，如图 2-1-6 所示。

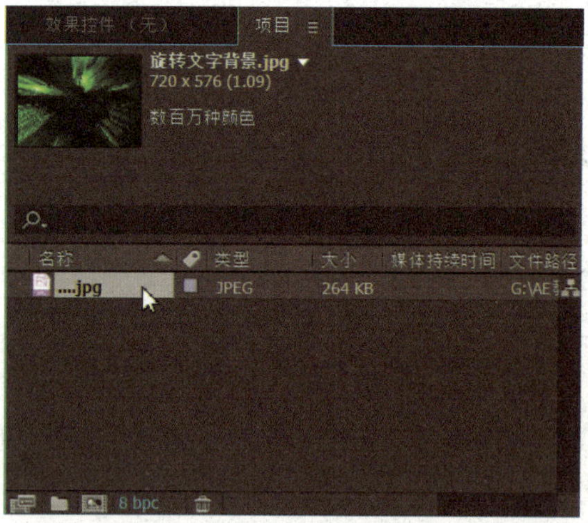

图 2-1-5　项目面板中的素材

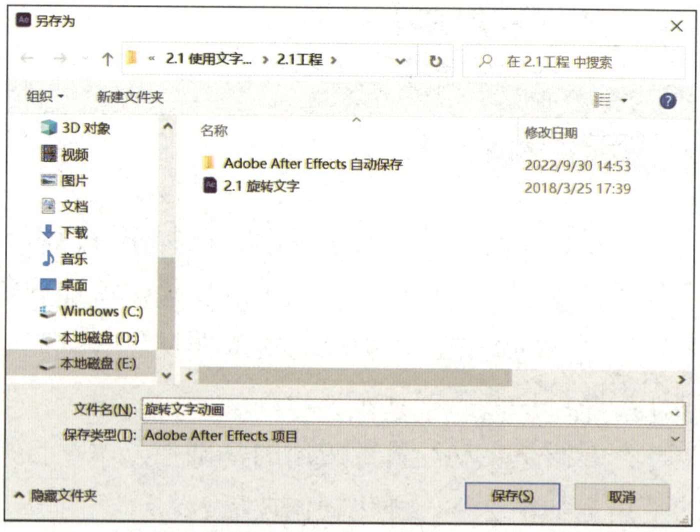

图 2-1-6　另存文件

3. 使用组合键“Ctrl+N”打开“合成设置”对话框，将“合成名称”命名为“旋转文字动画”，“预设”参数选择“PAL D1/DV 宽银幕方形像素”，“持续时间”设为“0:00:15:00”，如图 2-1-7 所示。单击“确定”按钮，新建一个合成，将图片背景素材添加到合成时间线中，此时合成监视窗中的画面如图 2-1-8 所示。

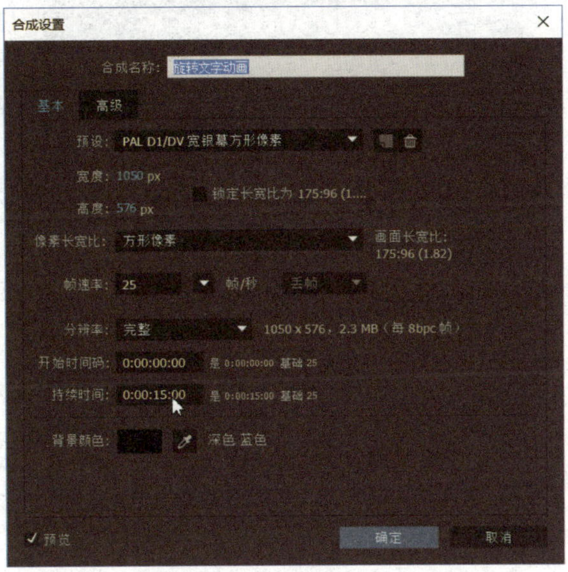

图 2-1-7 “合成设置”窗口

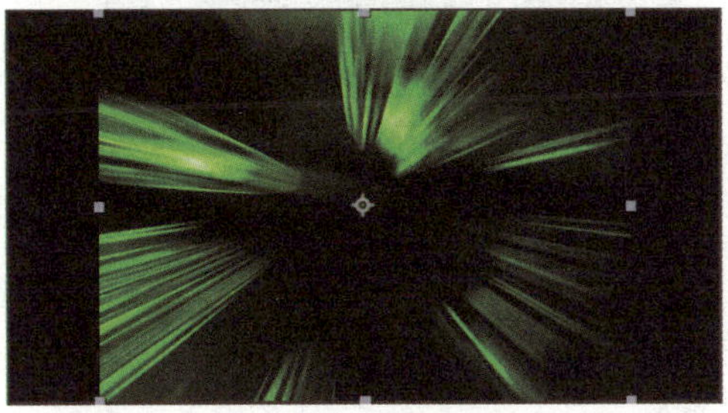

图 2-1-8 合成监视窗中的画面

4. 选中时间轴面板中“旋转文字背景.jpg”，在英文输入状态下按“S”键，打开“缩放”参数组，如图 2-1-9 所示。将“缩放”参数调整为“134”，使背景图片充满画面，如图 2-1-10 所示。

图 2-1-9 打开“缩放”参数组

图 2-1-10 背景图片充满画面

5. 单击“工具栏”中的文字工具“T”，将鼠标指针移动到合成监视窗中并单击，出现光标以后，输入文字“After Effects CC 旋转动画”，如图 2-1-11 所示。

6. 在“文字动画”前单击，将光标置于文字“After Effects CC”和“旋转动画”之间，按回车键，将文字分行，如图 2-1-12 所示。

7. 选中文字“After Effects CC”，单击字符面板中的字体下拉列表，在列表中选择“Impact”字体，如图 2-1-13 所示，改变字体后的文字效果如图 2-1-14 所示。

8. 选中文字“旋转动画”，单击字符面板中的字体下拉列表，在列表中选择“Microsoft YaHei UI”字体，在字体下方的下拉列表中选择“Bold”，设置字体加粗，如图 2-1-15 所示。

图 2-1-11　合成监视窗中的文字

图 2-1-12　将文字分行

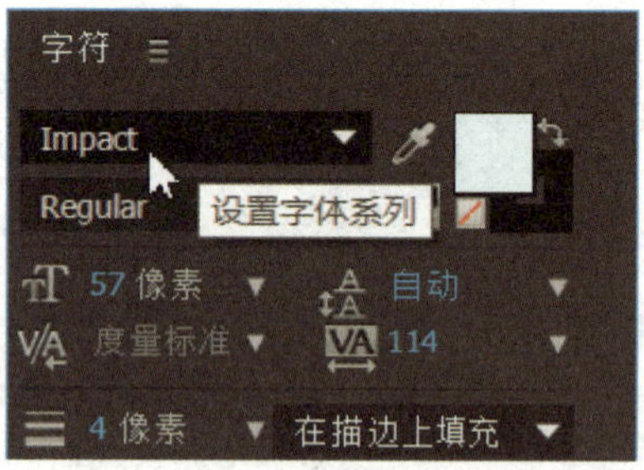

图 2-1-13　选择“Impact”字体

图 2-1-14　改变字体后的文字效果

图 2-1-15　设置文字字体

9. 选中文字中的“CC”，将字号放大，调整字符面板中的“设置基线偏移”值，如图 2-1-16 所示，重新调整文字的大小和在空间中的布局，调整完的字幕效果如图 2-1-17 所示。

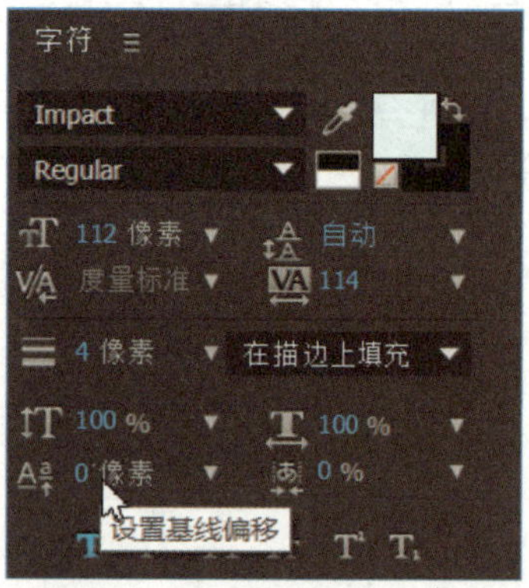

图 2-1-16　“设置基线偏移”值按钮

图 2-1-17　调整完的字幕效果

10．在时间轴面板中，单击文字图层的小三角，展开文字图层参数。在“文本”参数右侧有“动画”按钮，单击“动画”按钮的小三角，打开动画菜单，在菜单中选择“缩放”选项，如图 2-1-18 所示，“文本”参数组被自动展开，出现“缩放”参数，如图 2-1-19 所示。

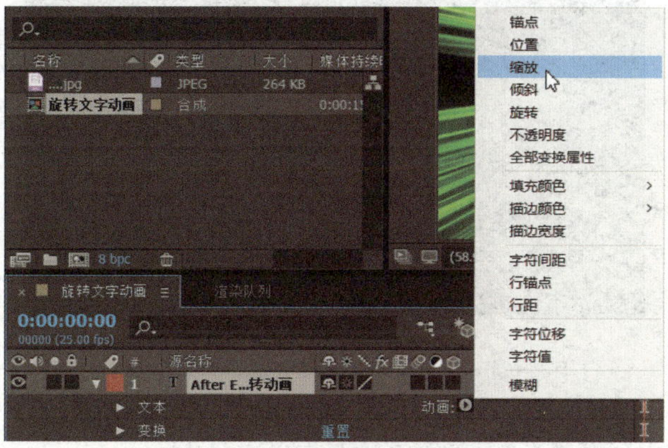

图 2-1-18 动画菜单中“缩放”选项

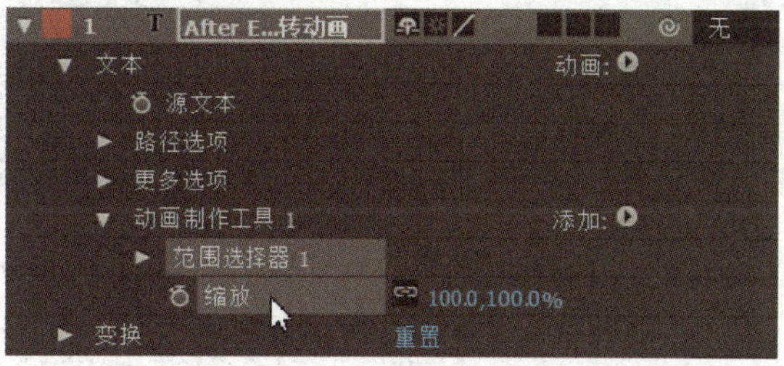

图 2-1-19 “文本”参数组中的“缩放”参数

11．将“动画制作工具 1”参数组中的“缩放”参数设置为“500.0，500.0%”，如图 2-1-20 所示。此时合成监视窗中的画面如图 2-1-21 所示。

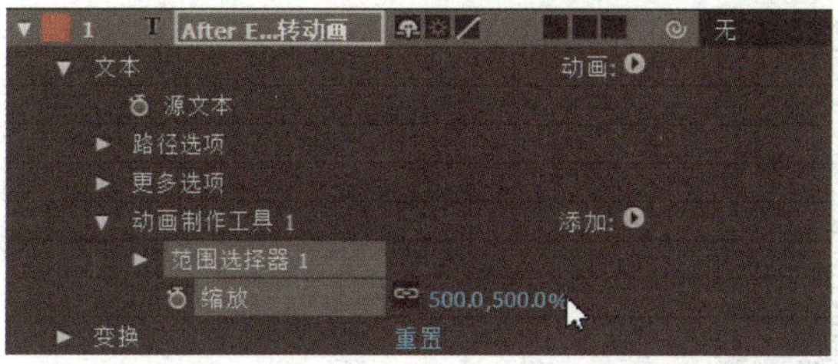

图 2-1-20 “缩放”参数设置

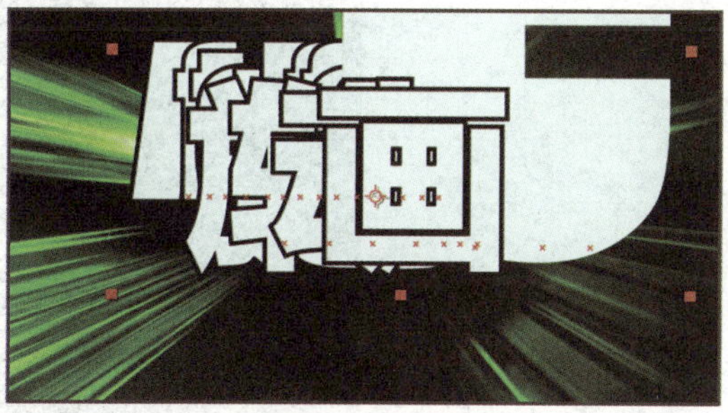
图 2-1-21 合成监视窗中的画面效果

12．单击“范围选择器 1”前的小三角，展开参数组，如图 2-1-22 所示。将“时间指示器”移动到最左端，单击“偏移”参数前的码表，此时的“偏移”参数为“0%”，如图 2-1-23 所示。

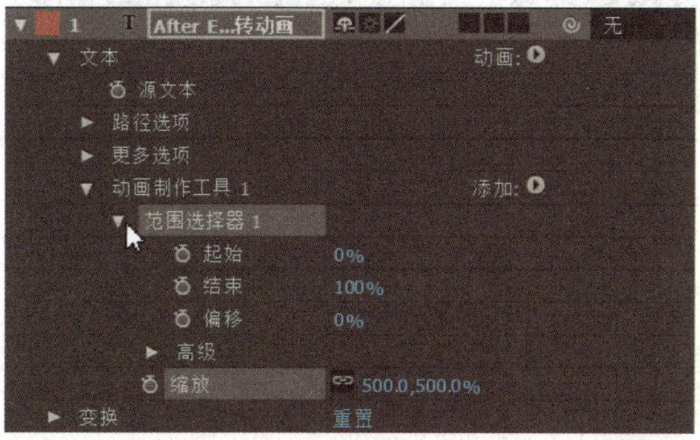

图 2-1-22 展开“范围选择器 1”参数组

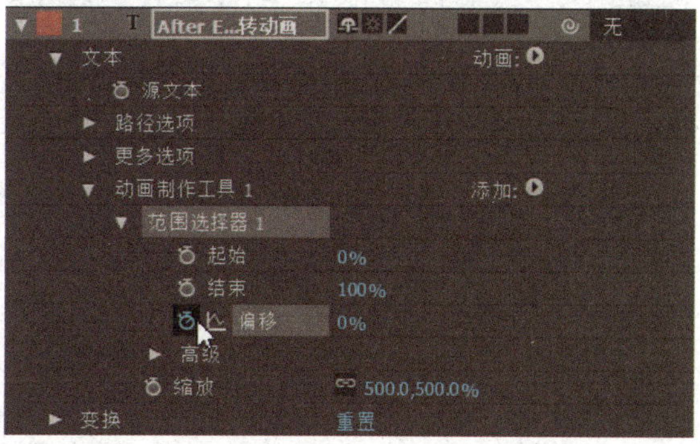

图 2-1-23 设置“偏移”参数

13．将“时间指示器”移动到 5 秒处，将“偏移”参数调整为“100%”，如图 2-1-24 所示。此时合成监视窗中的画面如图 2-1-25 所示，文字重新被显示出来。

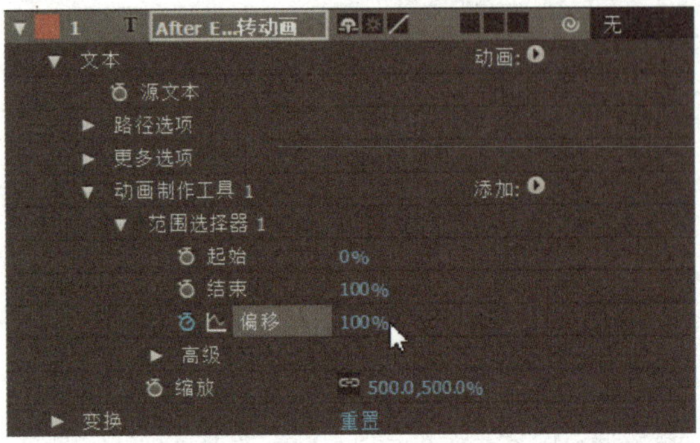

图 2-1-24　设置“偏移”参数

图 2-1-25　文字重新出现

14．单击“动画制作工具 1”右侧的小三角，打开菜单，在菜单中选择“属性”→“旋转”选项，如图 2-1-26 所示。在“动画制作工具 1”参数中出现“旋转”参数，如图 2-1-27 所示。将“旋转”参数调整为 2 圈（2x+0.0°），如图 2-1-28 所示，此时文字增加了旋转的效果。

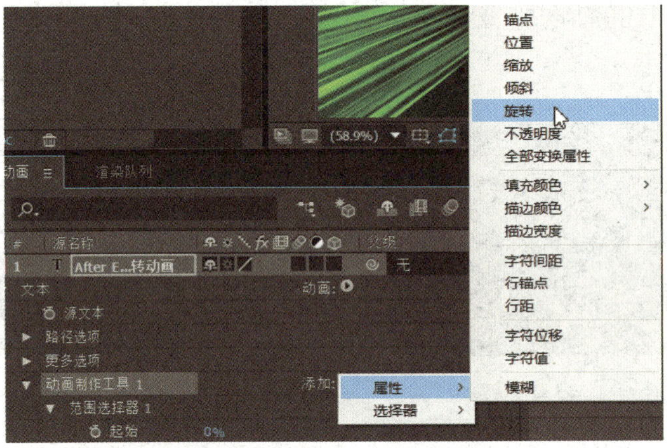

图 2-1-26　“旋转”选项

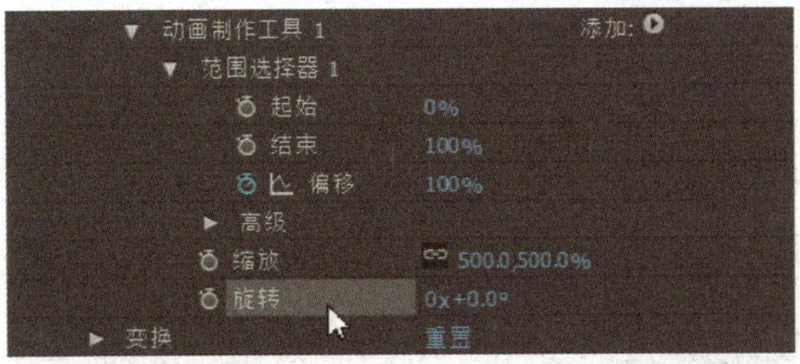

图 2-1-27　“旋转”参数

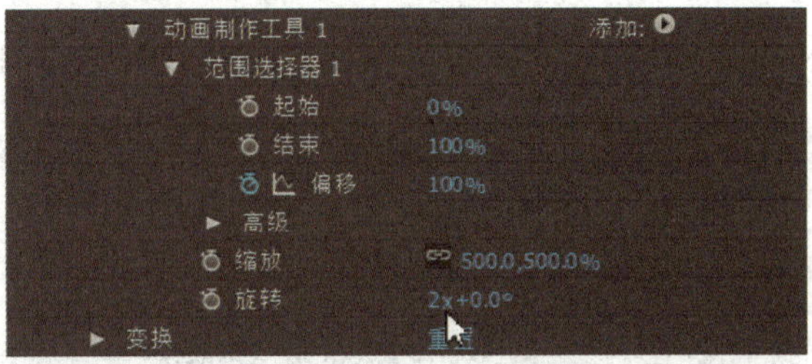

图 2-1-28　“旋转”参数调整为 2 圈

15．单击“动画制作工具 1”右侧的小三角，打开菜单，在菜单中选择“属性”→“不透明度”选项，如图 2-1-29 所示。在“动画制作工具 1”参数中出现“不透明度”参数，如图 2-1-30 所示。将“不透明度”参数调整为“0%”，如图 2-1-31 所示。

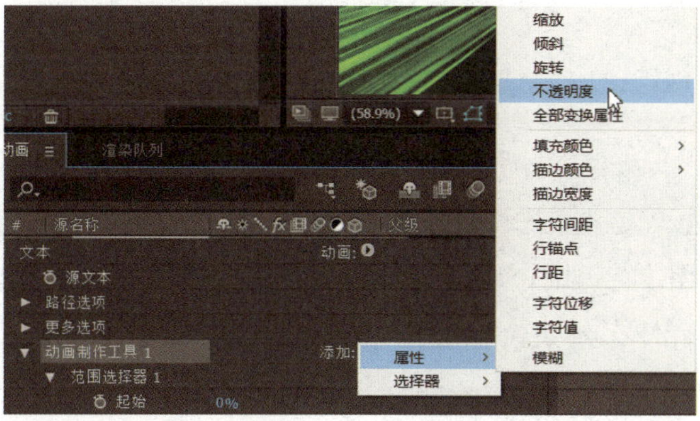

图 2-1-29　“不透明度”选项

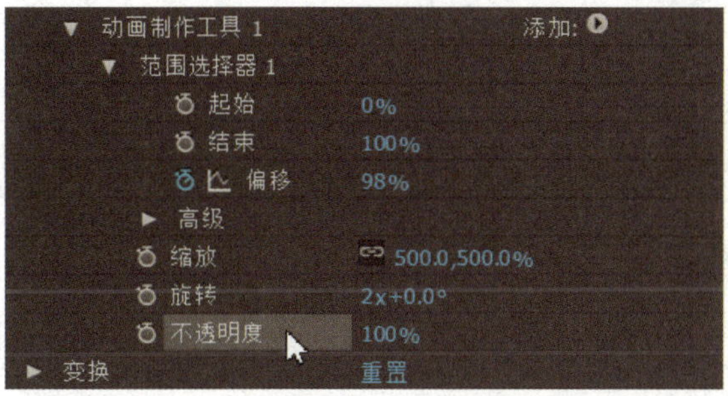

图 2-1-30　添加的“不透明度”参数

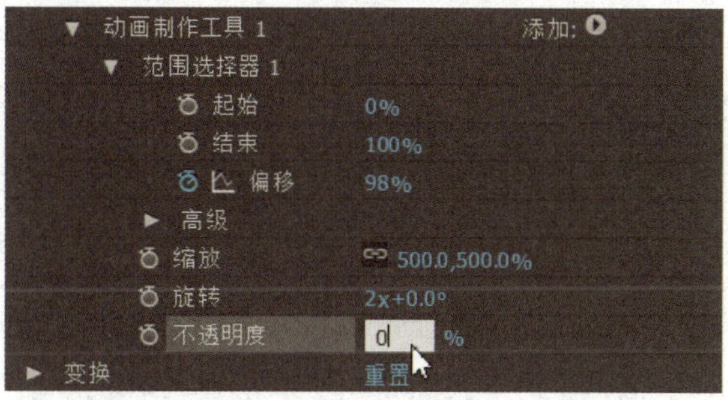

图 2-1-31　“不透明度”参数设置

16. 将“时间指示器”移动到最左端，按空格键预览，文字逐个出现，完成的旋转动画效果如图 2-1-32 所示。

图 2-1-32　旋转动画效果

项目小结

本项目包含对 3 个文字动画参数的调整，是对文字动画参数的综合使用。

本项目介绍了对文字动画参数的使用，分别使用了“不透明度”“缩放”“旋转”3 个参数。在动画设置的菜单中还有其他的参数，每个参数的效果不同，不同参数之间也有很多种组合方式。学习者可以根据自己的需要，组合出不同的动画效果，完成文字动画的创意制作。

课后检测 2.1

操作题

（1）制作一个内容为“文字样式设计”的文字，字体是“微软雅黑”，加粗，字间距设为6。

（2）本项目中在使用文字动画参数时，设置了“不透明度”、“旋转”和“缩放”3 种动画参数，其他参数项都有什么效果，自己演示一下。

项目 2.2 文字动画与镜头光晕结合制作模糊文字动画

学习目标

- 掌握 After Effects CC 2017 中模糊效果的制作方法
- 巩固文本动画制作工具的使用方法
- 掌握文本动画制作工具中的模糊参数设置
- 会利用文本动画制作工具中的偏移参数制作关键帧动画
- 会利用“镜头光晕”特效制作扫光效果

项目分析

模糊特效在 After Effects CC 2017 中是制作特效动画的一个常见的功能。利用模糊特效及相关辅助工具（如镜头光晕）可以实现丰富的文本动态效果，并且该效果常用在影视片头特效包装及字幕包装中。本项目的目的是利用文本动画制作工具中的模糊效果及镜头光晕特效，完成模糊文字的制作。

效果展示

模糊文字动画效果如图 2-2-1 至图 2-2-4 所示。

图 2-2-1 模糊文字动画效果 1

图 2-2-2 模糊文字动画效果 2

图 2-2-3　模糊文字动画效果 3

图 2-2-4　模糊文字动画效果 4

操作流程

1．启动 After Effects CC 2017 软件，创建一个名为“模糊文字”的项目文件，单击菜单栏“合成”→“新建合成”选项，创建一个“预设”参数为“HDTV 1080 25”的合成，将其命名为“模糊文字”，“持续时间”设置为“0:00:04:00”秒，“合成设置”对话框中其他相关参数的设置如图 2-2-5 所示。

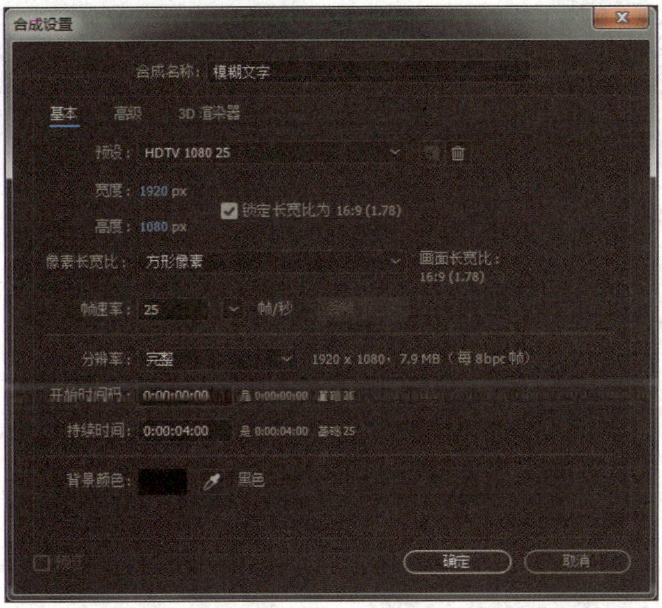

图 2-2-5　“合成设置”对话框中的参数设置

2．单击工具栏中的“横排文字工具”，在合成监视窗中单击并新建文字图层，并输入文字“Show Time”，如图 2-2-6 所示。

3．在字符面板中，设置文字字体为“Times New Roman”，字号为“150”像素，字间距（VA）为“-10”，颜色设置为“RGB（205，226，64）”，如图 2-2-7 所示。

4．选中“Show Time”文字图层，单击“文本”右侧的“动画”显示，添加文本动画，如图 2-2-8 所示。添加“缩放”“不透明度”“模糊”3 个动画，如图 2-2-9 所示。

图 2-2-6　在文字图层上输入文字

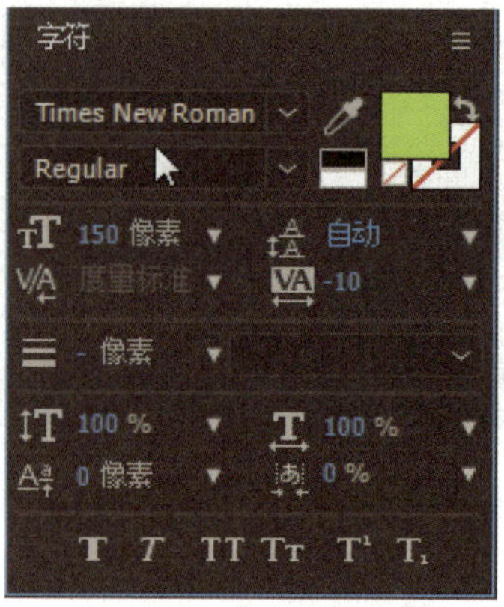

图 2-2-7　“字符”属性面板中的参数设置

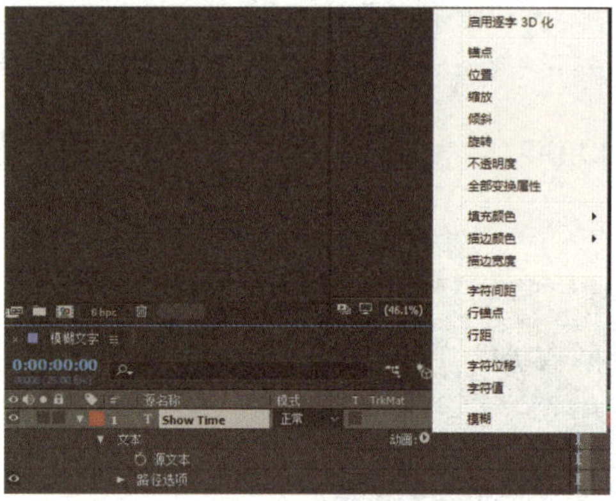

图 2-2-8　添加文本动画 1

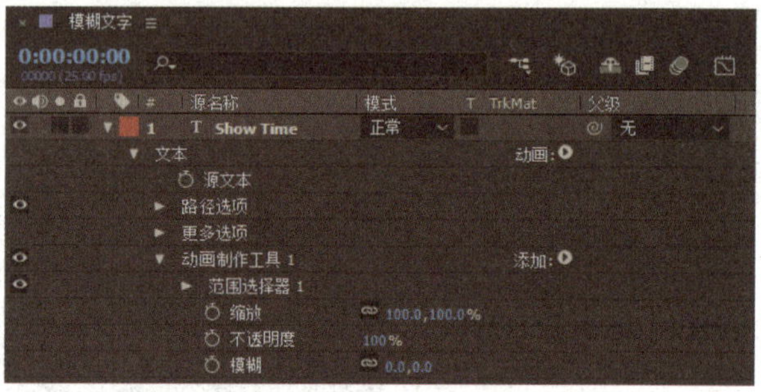

图 2-2-9　添加文本动画 2

5．分别设置“缩放”“不透明度”“模糊”3 个动画的参数，“缩放”参数设置为“290.0，290.0%”，“不透明度”参数设置为“10%”，“模糊”参数设置为“100.0，100.0”，如图 2-2-10 所示。

6．为了让文字模糊效果更好，将“锚点分组”参数设置为“行”，“分组对齐”参数设置为“0.0，-50.0%”，如图 2-2-11 所示。

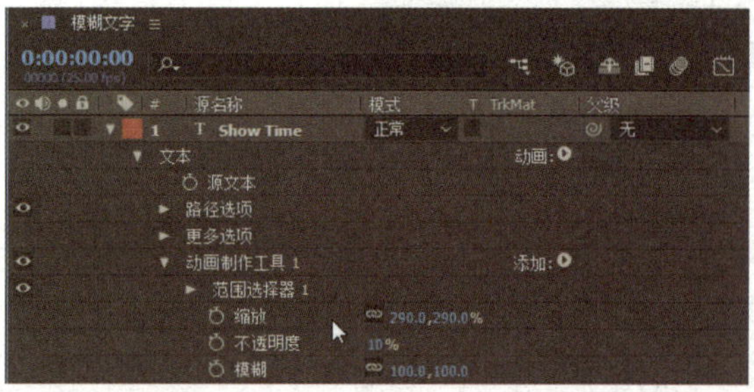

图 2-2-10　相关参数设置

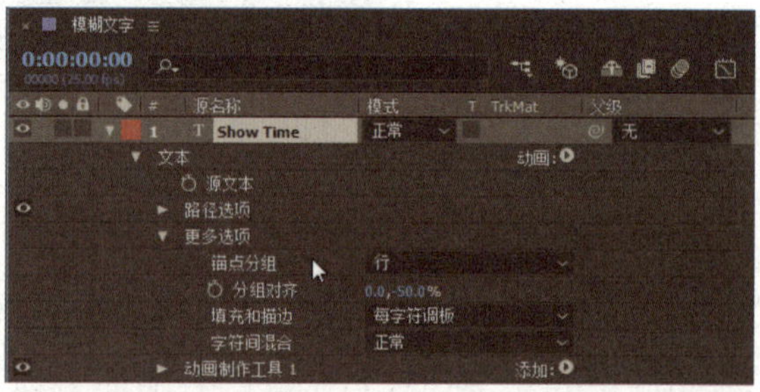

图 2-2-11　“锚点分组”和“分组对齐”参数设置

7．单击“偏移”前面的码表，设置关键帧的起始位置为 0 帧处，并设置参数为“100%”，如图 2-2-12 所示。在 1 秒 16 帧处，设置“偏移”参数为“-100%”，如图 2-2-13 所示。

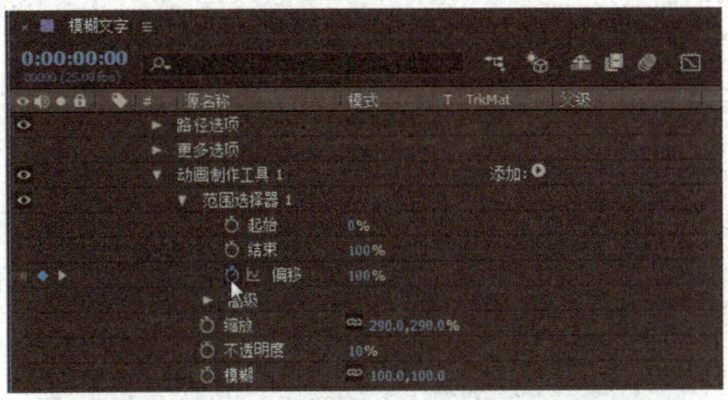

图 2-2-12　设置起点“偏移”参数

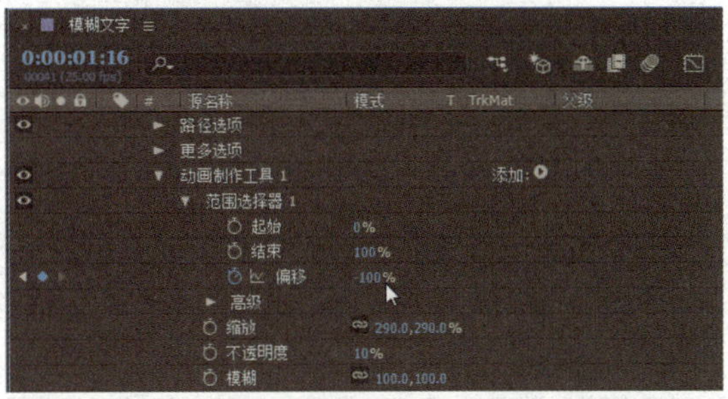

图 2-2-13　1 秒 16 帧处设置“偏移”参数

8. 上述偏移关键帧动画设置完成后，时间轴中两个关键帧位置如图 2-2-14 所示，偏移关键帧动画效果如图 2-2-15 所示。

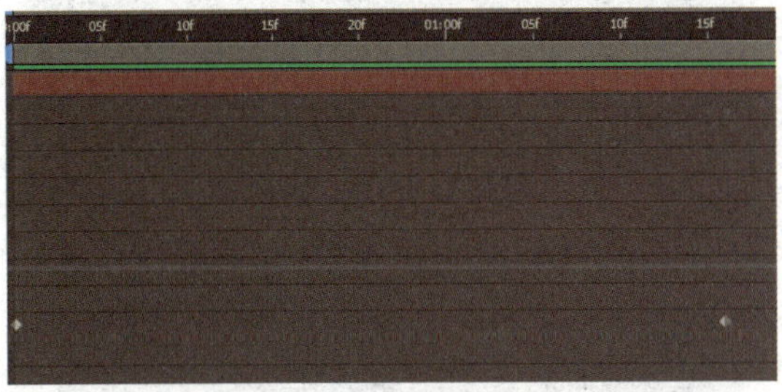

图 2-2-14　时间轴中两个关键帧位置

图 2-2-15　偏移关键帧动画效果

9. 为了实现文字从起始到结束一次模糊效果（而非循环模糊），在“高级”中设置“形状”为“下斜坡”，为了让模糊效果更柔和，调整“缓和低”参数为“90%”，如图 2-2-16 所示。

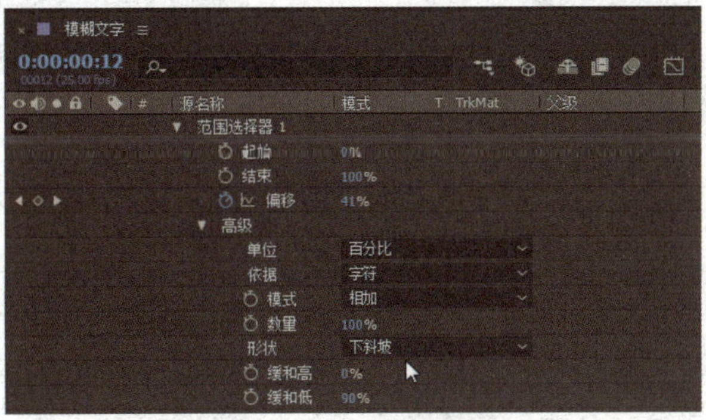

图 2-2-16　相关参数设置

10. 在时间轴空白区域单击鼠标右键，在弹出的快捷菜单中选择“新建”→“纯色”选项，如图 2-2-17 所示，新建“纯色”图层。

11. 在弹出的“纯色设置”对话框中，“名称”设置为“蓝背景”，单击“制作合成大小”按钮，颜色设置为深蓝色，单击“确定”按钮，完成背景图层新建，如图 2-2-18 所示。将其拖曳到文字图层“Show Time”下面，如图 2-2-19 所示。

12. 继续新建纯色图层，命名为“黑背景”，单击“制作合成大小”按钮，颜色设置为黑色，单击“确定”按钮，完成背景图层新建，如图 2-2-20 所示。将其拖曳到文字图层“Show Time”下面，如图 2-2-21 所示。

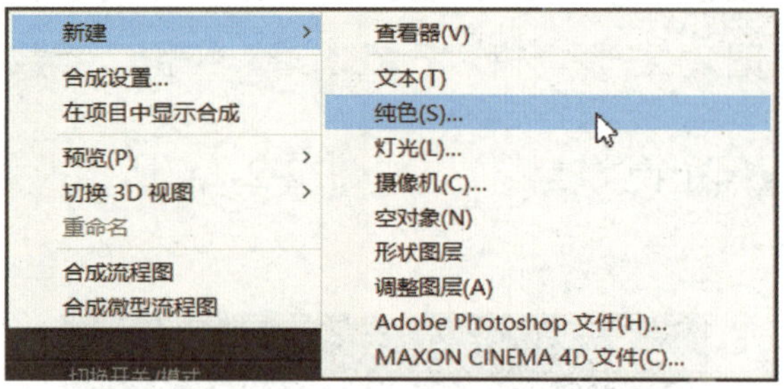

图 2-2-17　新建“纯色”图层

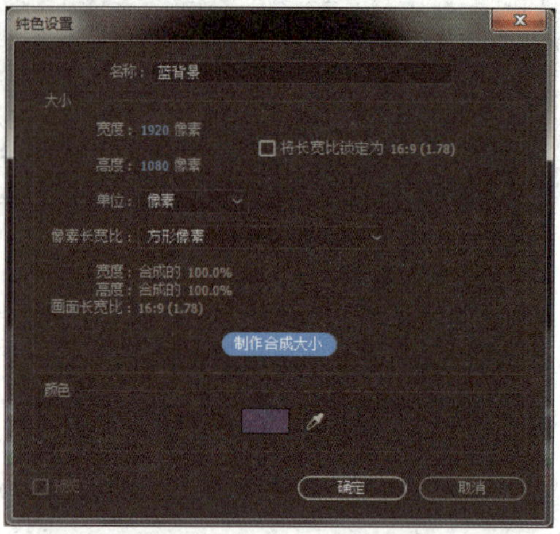

图 2-2-18　新建“蓝背景”图层

图 2-2-19　“蓝背景”图层位置

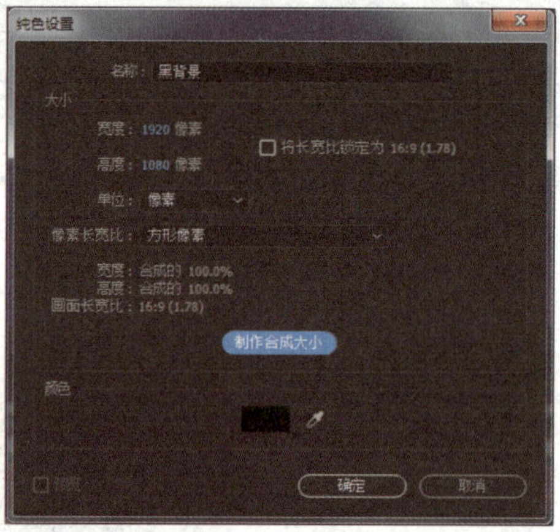

图 2-2-20　新建“黑背景”图层

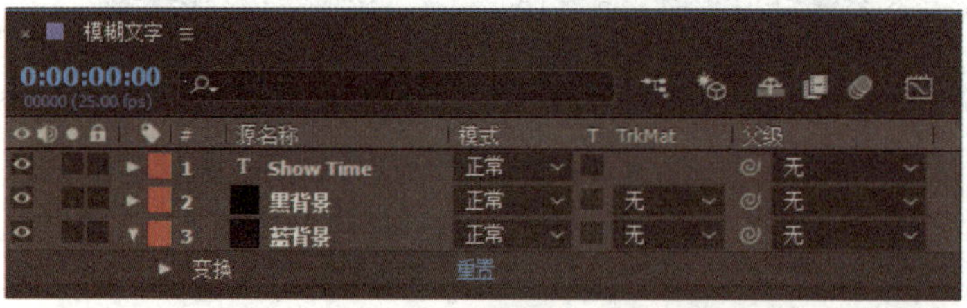

图 2-2-21　“黑背景”图层位置

13．选中“黑背景”图层，利用工具栏中的椭圆工具，如图 2-2-22 所示，在合成监视窗中添加蒙版，蒙版位置如图 2-2-23 所示。

14．在时间轴中打开“蒙版”参数组，设置相关参数。调整“蒙版羽化”参数为“150.0，150.0”像素，蒙版模式为“相减”，如图 2-2-24 所示。添加蒙版后的画面效果如图 2-2-25 所示，背景出现了由中心向四周的颜色渐变。

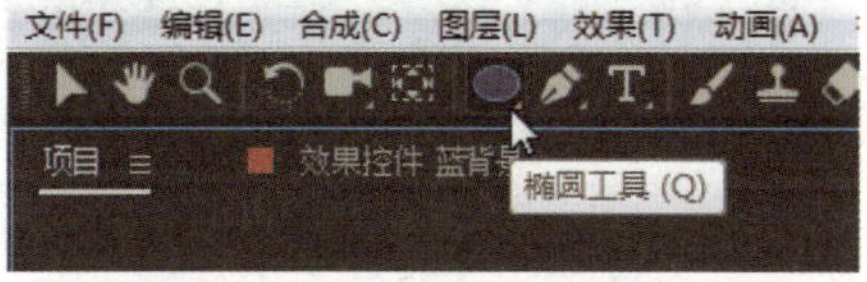

图 2-2-22 椭圆工具

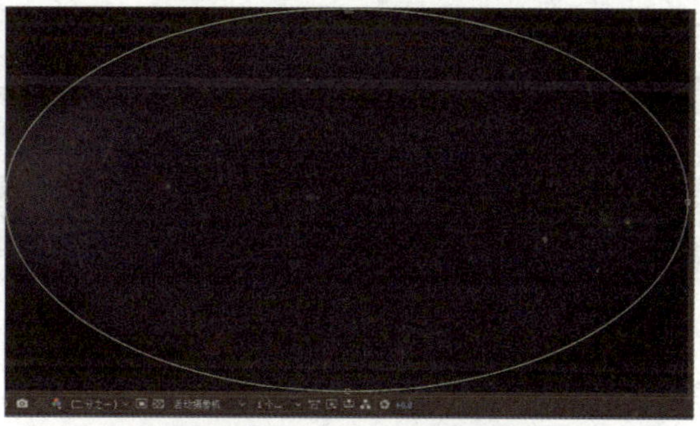

图 2-2-23 蒙版位置

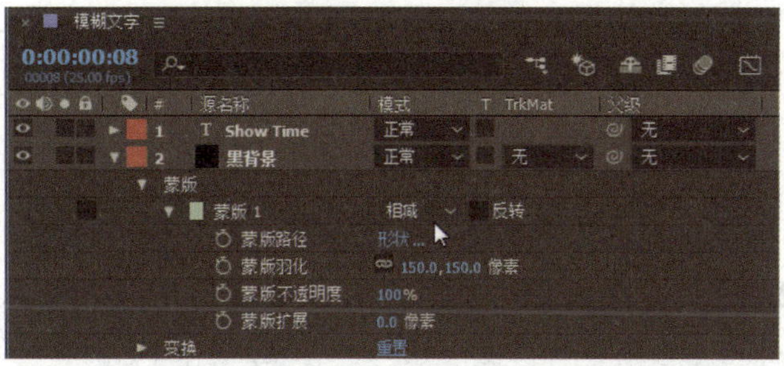

图 2-2-24 “蒙版”参数设置

图 2-2-25 添加蒙版后的画面效果

15．新建“纯色”图层，命名为“光”，单击“制作合成大小”按钮，单击“确定”按钮，如图 2-2-26 所示。单击菜单栏“效果”→“生成”→“镜头光晕”选项，添加镜头光晕效果，如图 2-2-27 所示。

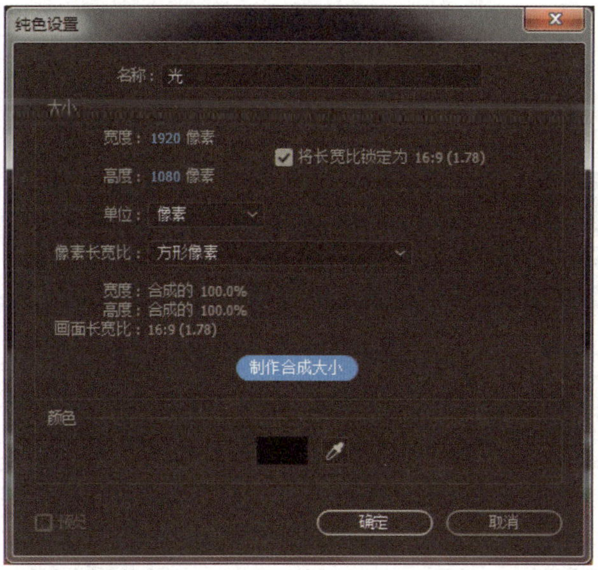

图 2-2-26 新建“光”图层

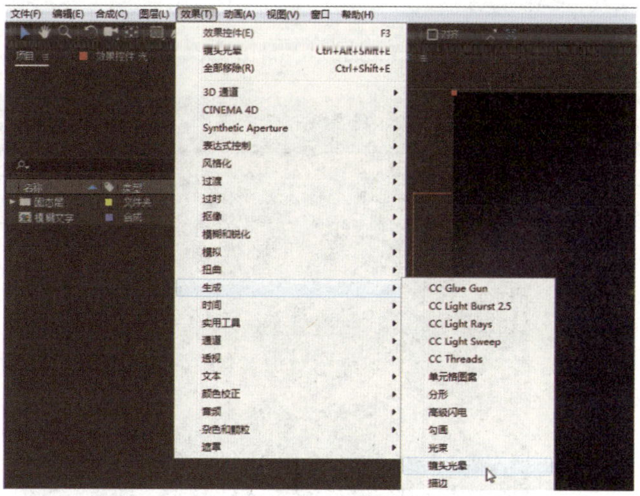

图 2-2-27 添加“镜头光晕”效果

16．调整“光”图层的图层模式为“相加”，如图 2-2-28 所示。展开“光”图层参数组，设置“镜头类型”为“105 毫米定焦”，如图 2-2-29 所示。

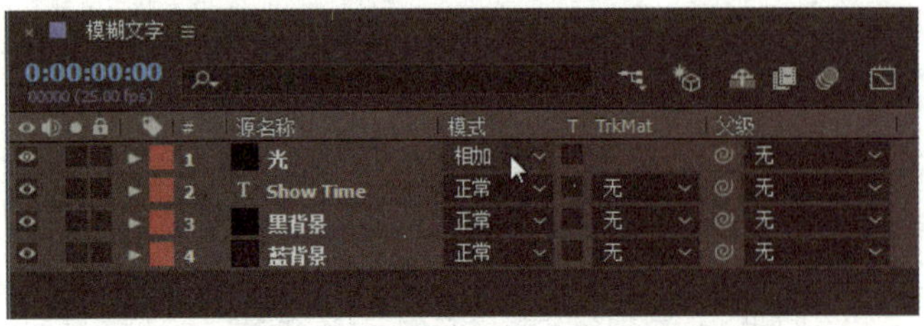

图 2-2-28　调整“光”图层模式

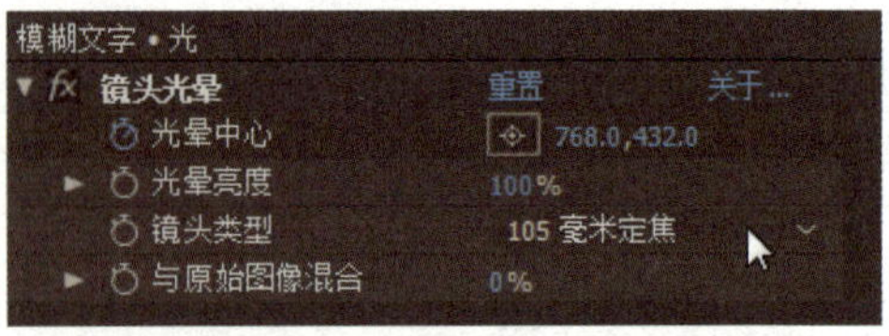

图 2-2-29　设置镜头类型

17．将时间轴中的位置标尺移动到 0 帧处，单击“光晕中心”前面的码表，为“光晕中心”设置关键帧动画，参数设置要与文字动画相匹配，让光从左向右扫过，此处“光晕中心”参数设置为“−479.0，432.0”，如图 2-2-30 所示。

18．将位置标尺调整到 1 秒 08 帧处，并设置“光晕中心”参数为“2117.0，432.0”，如图 2-2-31 所示。

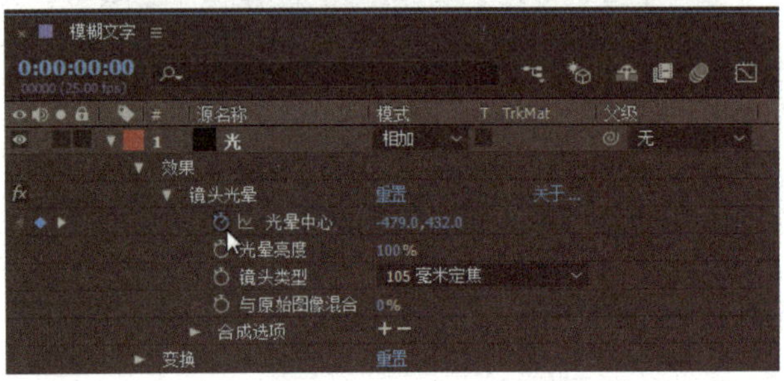

图 2-2-30　0 帧处“光晕中心”参数设置

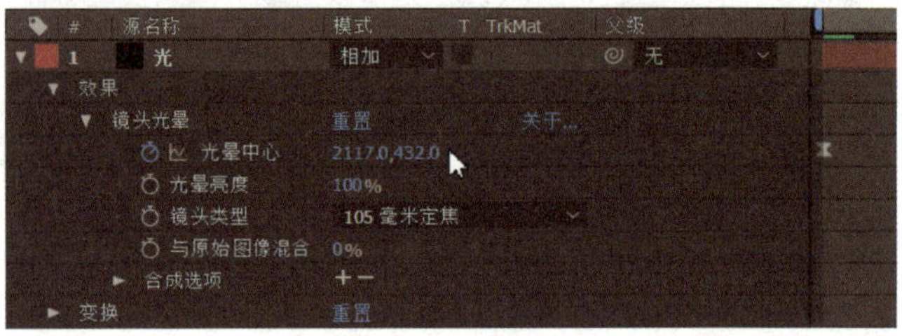

图 2-2-31　1 秒 08 帧处“光晕中心”参数设置

19．为了让光更缓和，在 0 帧和 1 秒 08 帧处的关键帧上单击鼠标右键（在关键帧菱形点处单击鼠标右键），在弹出的快捷菜单中选择“关键帧辅助”→“缓动”选项，如图 2-2-32 所示，加入缓动后的时间轴面板如图 2-2-33 所示。

图 2-2-32　选择“缓动”选项

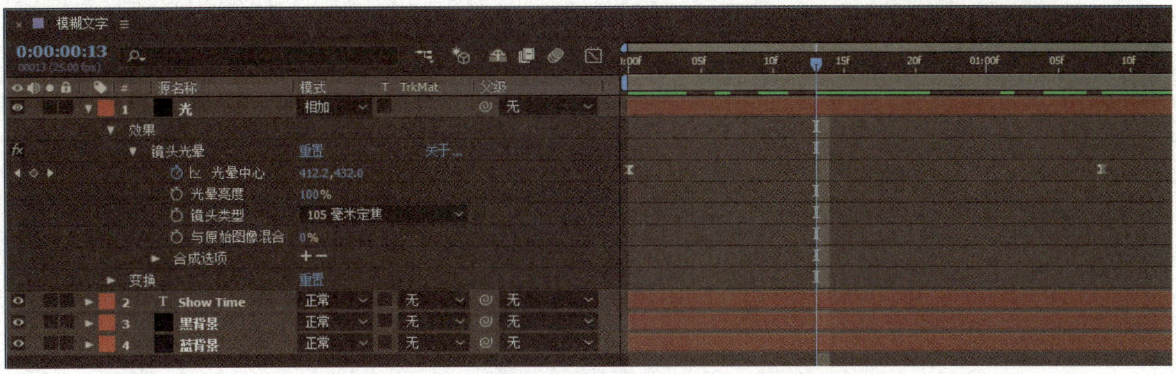

图 2-2-33 添加“缓动”后的时间轴面板

20．设置好镜头光晕的相关参数后，合成监视窗中的画面效果如图 2-2-34 所示。

图 2-2-34 镜头光晕效果

21．为了让各图层之间的效果更好地融合在一起，将文字图层“Show Time”的模式调整为“相加”，如图 2-2-35 所示。项目制作完成的效果如图 2-2-36 所示。

图 2-2-35 Show Time 图层模式调整

图 2-2-36 项目制作完成的效果

项目小结

本项目主要完成模糊文字的制作，利用模糊中的“偏移”完成了关键帧动画的制作。为了让整体效果更好，辅以镜头光晕效果，让模糊文字效果更加丰富。模糊文字的制作不只局限于本项目的做法，还可以利用“效果”菜单下的模糊特效进行处理。

课后检测 2.2

简答题

（1）在设置文字模糊效果时，本项目调整了“缓和低”参数，为什么要这样做？

（2）本项目中，在“黑背景”图层上利用工具栏中的椭圆工具来添加蒙版，该蒙版有什么作用？

（3）说一说，在本项目中“镜头光晕”特效有什么作用？

项目 2.3　制作蒙版路径动画

学习目标

- 掌握蒙版的绘制方法
- 了解使用工具调整蒙版的方法
- 会利用蒙版的属性创建动画
- 会利用“不透明度”参数制作关键帧动画

项目分析

蒙版在 After Effects CC 2017 中是制作特效动画的一个非常有用的功能。利用蒙版可以对图层制作局部再现、改变色调、限制动画范围等操作。本项目的目标是使用工具对蒙版路径属性进行调整，制作蒙版变化的动画。

效果展示

蒙版动画效果如图 2-3-1 至图 2-3-4 所示。

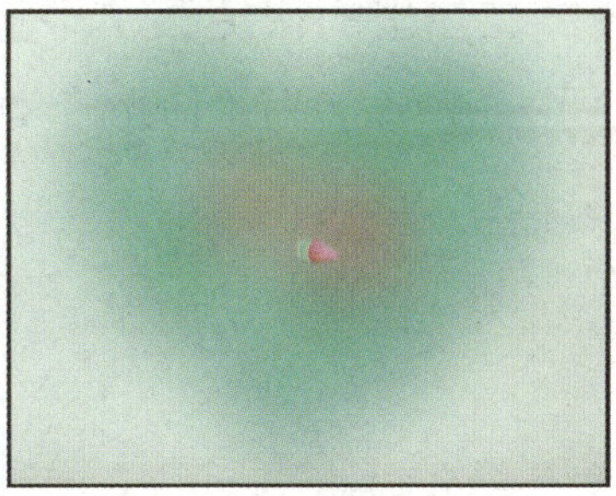

图 2-3-1　蒙版动画效果 1

图 2-3-2　蒙版动画效果 2

图 2-3-3　蒙版动画效果 3

图 2-3-4　蒙版动画效果 4

操作流程

1．启动 After Effects CC 2017 软件，进入其工作界面。单击菜单栏“文件”→“另存为”选项，或按组合键“Ctrl+Shift+S”，打开“另存为”对话框，将项目命名为“遮罩动画”，如图 2-3-5 所示。

2．在项目面板的空白处双击，打开“导入文件”对话框，选择本节素材文件夹中的两幅图片，将“导入为”选项设置成“素材”，如图 2-3-6 所示。单击“导入”按钮，将两幅 PSD 图片文件导入项目面板。

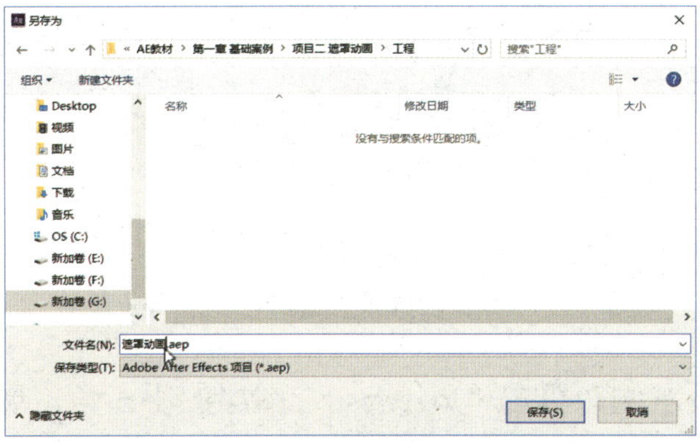

图 2-3-5　“另存为”对话框

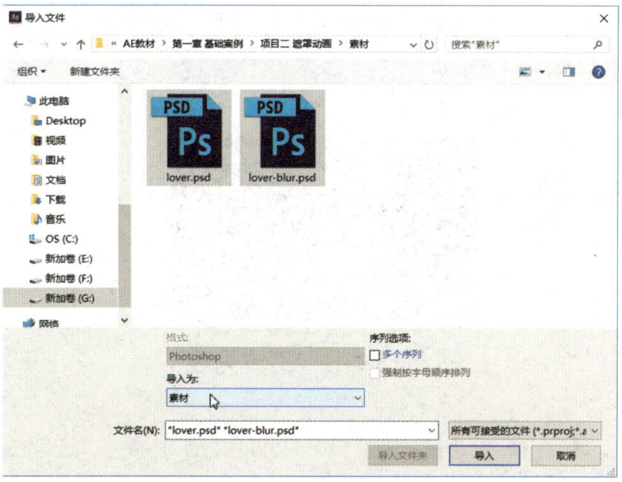

图 2-3-6　“导入文件”对话框

3．在项目面板中的“lover.psd”图层上单击鼠标右键，在弹出的快捷菜单中选择“基于所选项新建合成”选项，如图 2-3-7 所示，项目面板中多了一个名字为“lover”的合成，如图 2-3-8 所示，“lover.psd”图层也被自动添加到时间线中。

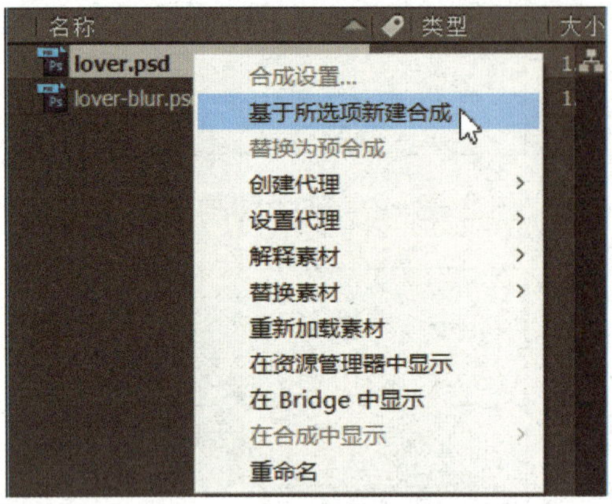

图 2-3-7　“基于所选项新建合成”选项

图 2-3-8　“lover”合成

4．将项目面板中的“lover-blur.psd”添加到时间线中，使其位于“lover.psd”图层的下方，如图 2-3-9 所示。

图 2-3-9　时间线中的图层

5．单击“lover-blur.psd”图层的锁定图层按钮，锁定图。单击“lover.psd”图层，确保该图层处于激活状态。长按工具栏中的“矩形工具”，在弹出的列表中选择“椭圆工具”选项，如图 2-3-10 所示。在合成监视窗中绘制一个圆形蒙版，如图 2-3-11 所示。

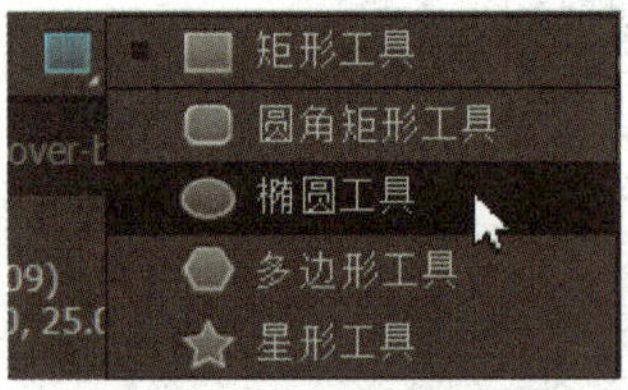

图 2-3-10　工具列表

图 2-3-11　合成监视窗中的圆形蒙版

6．在时间线中，将“时间指示器”移动到最左侧，单击“lover.psd”图层的小三角，展开“lover.psd”图层的“蒙版”参数，单击“蒙版路径”参数前的码表，如图 2-3-12 所示。给“蒙版路径”做动画，使用工具栏中箭头形的“选取工具”调整蒙版大小，使其变小，如

图 2-3-13 所示。

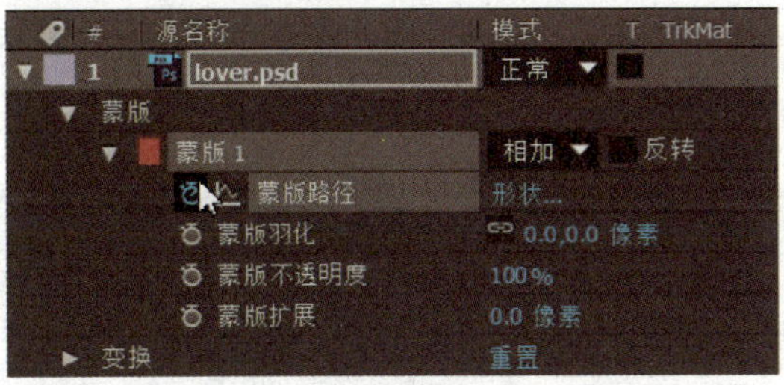

图 2-3-12　“蒙版”参数

图 2-3-13　将蒙版调小

7. 将“时间指示器”移动到 5 秒处，调整蒙版大小，使其可以显示中间的两个红色心形，如图 2-3-14 所示。

8. 将“时间指示器”移动到 12 秒处，调整蒙版大小，使其可以显示整个心形，如图 2-3-15 所示。

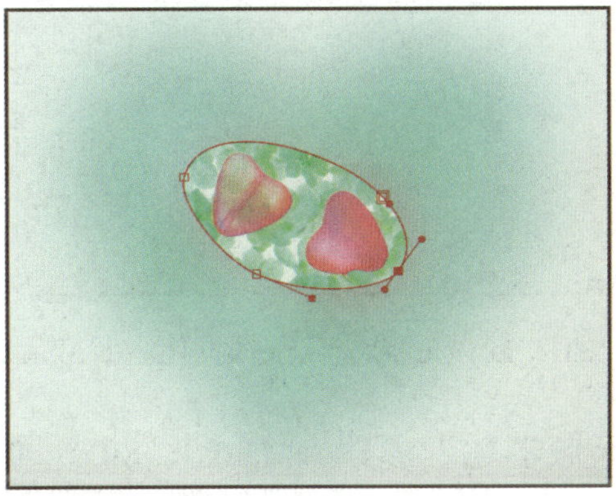

图 2-3-14　在 5 秒处调整蒙版大小

图 2-3-15　在 12 秒处调整蒙版大小

9. 用工具栏中的“选取工具”调整蒙版曲线上的控制点，调整 12 秒处蒙版的形状。在拖曳控制点时要按住 Alt 键，可以只控制一侧的形状，使蒙版与心形匹配，如图 2-3-16 所示。

图 2-3-16　蒙版与心形匹配

10．将“时间指示器”移动到最左侧，单击“蒙版羽化”选项前的码表，给“蒙版羽化”做动画。在起点处设置“蒙版羽化”参数为“0.0，0.0”像素，如图 2-3-17 所示。

11．将“时间指示器”移动到 5 秒处，单击“蒙版羽化”选项的“添加关键帧”按钮，如图 2-3-18 所示。调节“蒙版羽化”参数为“50.0，50.0”像素，如图 2-3-19 所示。此时合成监视窗中的画面如图 2-3-20 所示。

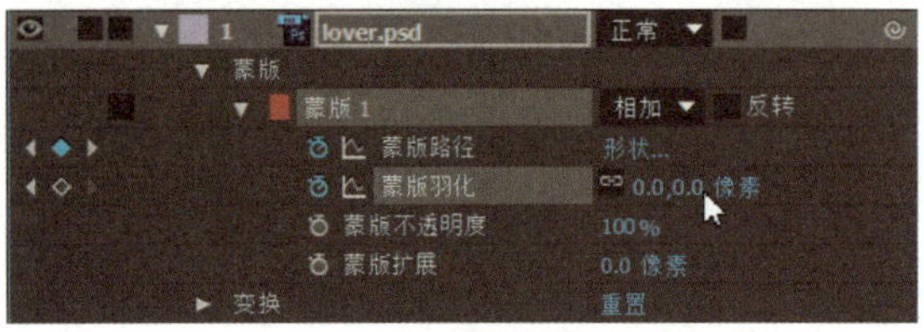

图 2-3-17　起点处的“蒙版羽化”参数

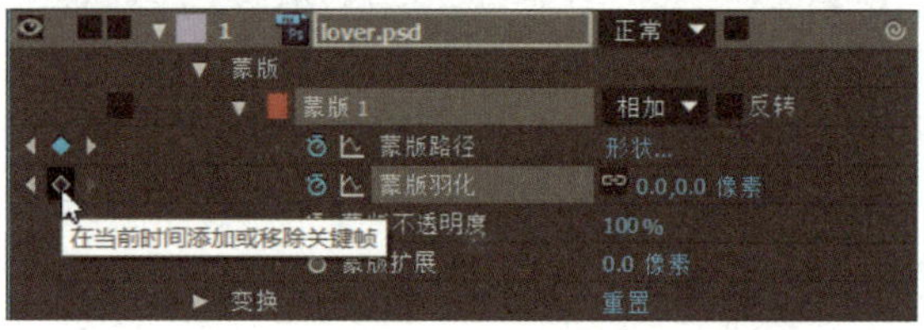

图 2-3-18　“添加关键帧”按钮

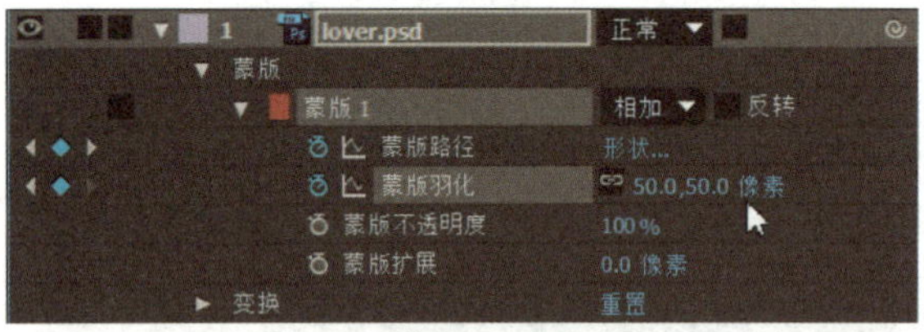

图 2-3-19　5 秒处调整“蒙版羽化”参数

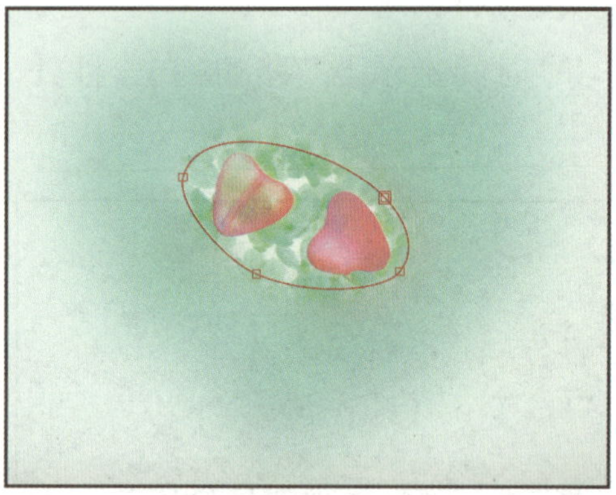

图 2-3-20　5 秒处调整“蒙版羽化”参数后的画面

12．将“时间指示器”移动到 12 秒处，调节“蒙版羽化”参数为“80.0，80.0”像素，如图 2-3-21 所示。此时合成监视窗中的画面如图 2-3-22 所示。

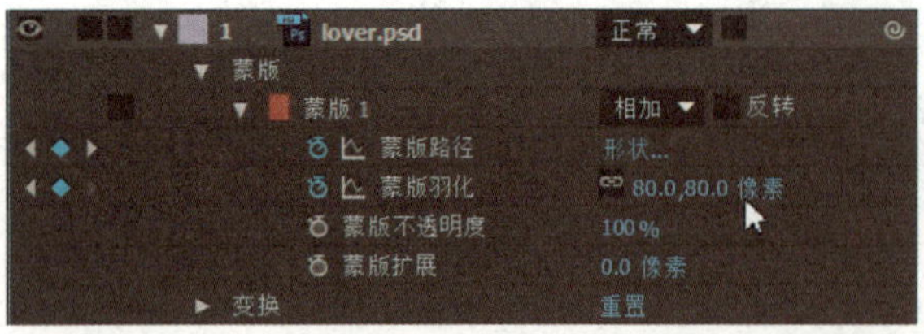

图 2-3-21　12 秒处调整“蒙版羽化”参数

图 2-3-22　12 秒处调整“蒙版羽化”参数后的画面

13．选择菜单栏“图层”→“新建”→“文本”选项，如图 2-3-23 所示，也可以用组合键“Ctrl+Alt+Shift+T”，新建一个文字图层，输入文字“LOVER”，如图 2-3-24 所示。

图 2-3-23 选择“文本”选项

图 2-3-24 输入文字“LOVER”

14. 单击工具栏中的“选取工具”，选中文字，在字符面板中将字体设置为“华文行楷”，字的颜色设置为玫红色，字的边设置为黄色，边的大小设置为“7”像素，边的填充方式为“在描边上填充”，如图 2-3-25 所示。

15. 单击文字图层，展开文字图层的“变换”参数组，将“时间指示器”移动到 5 秒处，单击“不透明度”参数前的码表，将“不透明度”参数调整为“0%”，如图 2-3-26 所示。

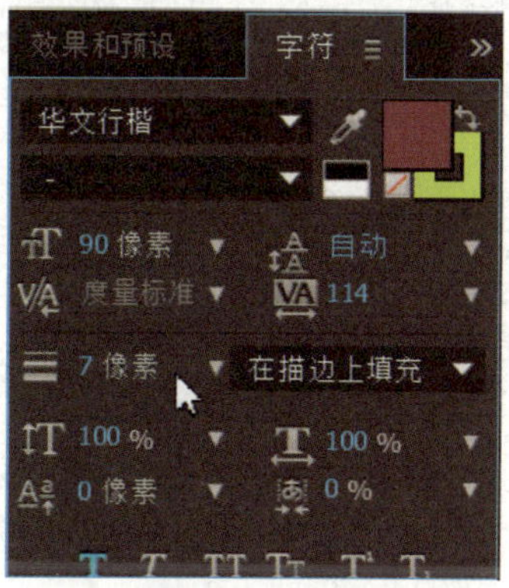

图 2-3-25 字符面板

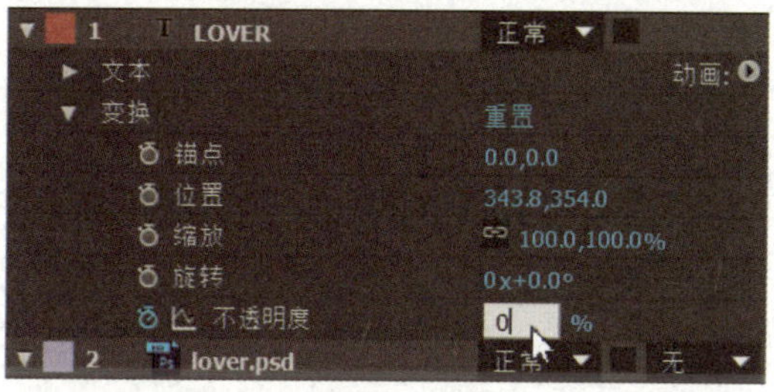

图 2-3-26 设置“不透明度”参数

16. 将“时间指示器”移动到 12 秒处，调整“不透明度”参数为“100%”，如图 2-3-27 所示，制作出字幕淡入的效果，此时合成监视窗中的画面如图 2-3-28 所示。

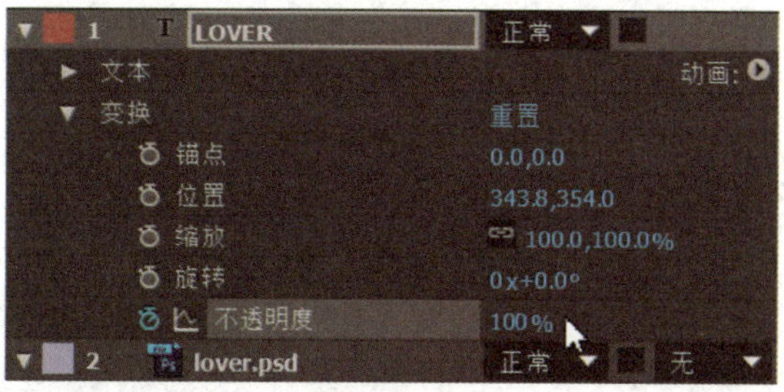

图 2-3-27 设置“不透明度”参数

图 2-3-28 合成监视窗中的画面

17. 此时字幕和画面之间的融合效果并不好，为了达到理想的效果，将文字图层的叠加模式调整为“线性光”，如图 2-3-29 所示。此时合成监视窗中的画面如图 2-3-30 所示。至此，蒙版动画制作完成。

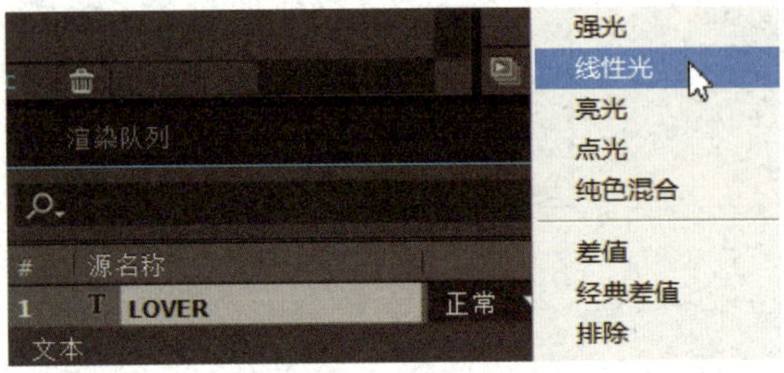

图 2-3-29　设置文字图层的叠加模式

图 2-3-30　合成监视窗中的画面

项目小结

本项目主要是巩固对蒙版的基本用法的掌握。通过控制蒙版的基本参数、生成动画、实现对蒙版形状的控制，制作蒙版形状变化的动画效果。

课后检测 2.3

简答题

（1）在拖曳控制点时，按住哪个键拖曳可以只控制一侧的形状？

（2）新建文字图层的快捷键是什么？

（3）说一说，将文字图层的叠加模式调整为“线性光”后，画面效果有哪些变化？

项目 2.4　使用父子阶层制作拉镜头

学习目标

- 了解 After Effects CC 中的父子阶层的关系
- 熟悉在图层上设置关键帧的技巧
- 掌握层与层叠加的应用技巧
- 掌握蒙版的应用技巧
- 熟悉“指数比例”选项的使用技巧

项目分析

父子阶层功能，是将父级阶层上的效果设置附加到子级阶层上，让两个图层中的图像相关联，同时具有相关的动态效果，可以制作大幅度的推、拉镜头。父子阶层功能将多个对象视作一个群组，便于控制，在获得较好效果的前提下，可以节省大量的编辑时间。

效果展示

父子阶层画面效果如图 2-4-1 至图 2-4-4 所示。

图 2-4-1　父子阶层画面效果 1

图 2-4-2　父子阶层画面效果 2

图 2-4-3　父子阶层画面效果 3

图 2-4-4　父子阶层画面效果 4

操作流程

1. 启动 After Effects CC 2017 软件，进入其工作界面，按组合键“Ctrl+Shift+S”，打开“另存为”窗口，将项目命名为“父子阶层”。在项目面板中的空白区域双击，打开“导入文件”对话框，选择本节文件夹中的素材文件，如图 2-4-5 所示。单击“导入”按钮，将文件导入项目面板，如图 2-4-6 所示。

2. 按组合键“Ctrl+N”，新建一个命名为“地球”的合成，“预设”参数选择“PAL D1/DV 宽银幕方形像素”，“持续时间”为“0:00:15:00”，具体参数设置如图 2-4-7 所示。

3. 将素材拖曳到时间线面板中，各图层的排列顺序如图 2-4-8 所示。单击除“01.jpg”“02.jpg”以外的层的眼睛状显示图标①，将图层隐藏，只显示 01.jpg 和 02.jpg 图层，如图 2-4-9 所示。

① 显示图标控制在合成监视窗中是否显示该图层的画面。

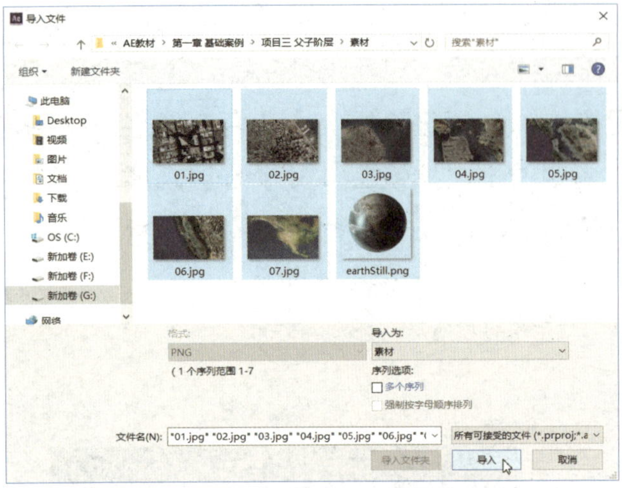

图 2-4-5　选择要导入的素材

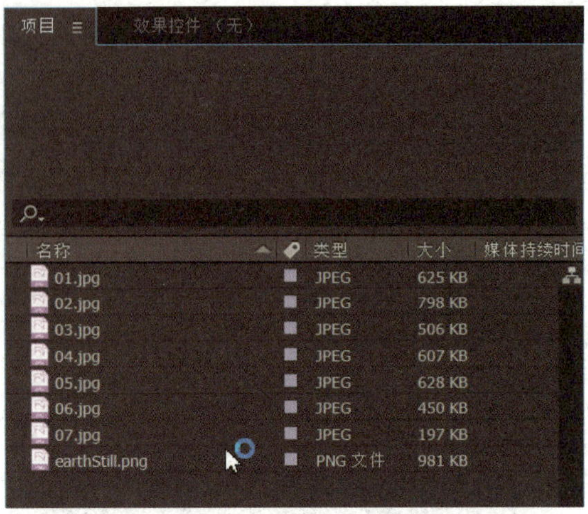

图 2-4-6　导入到项目面板中的素材

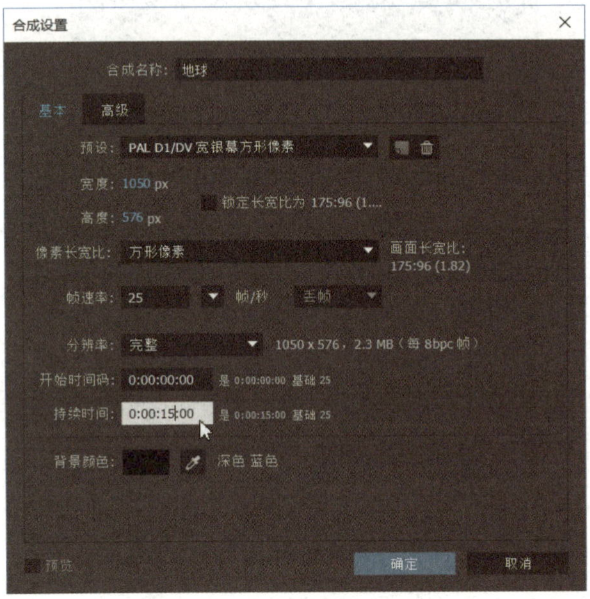

图 2-4-7　合成的相关设置

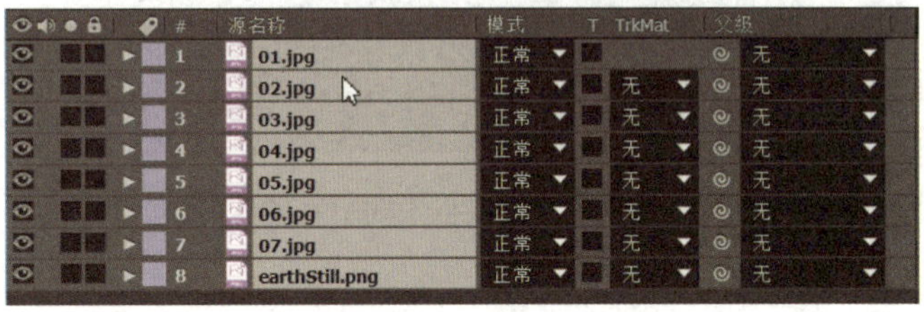

图 2-4-8　各图层的排列顺序

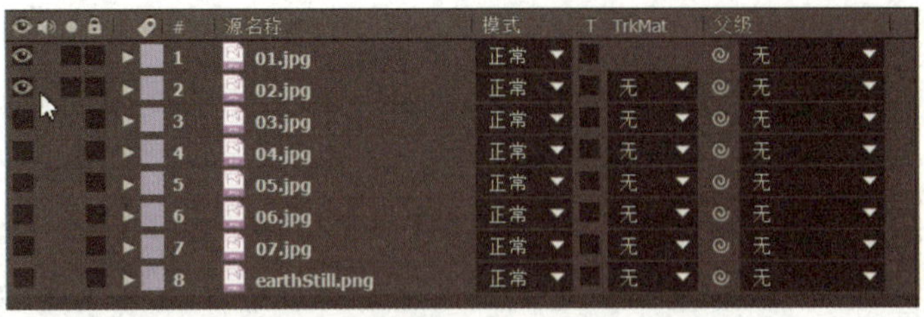

图 2-4-9　只显示 01.jpg 和 02.jpg 图层

4．单击“01.jpg”图层并将其选中，展开该层“变换”参数组，将“不透明度”参数设置为“50%”，使该层变成半透明，将“缩放”参数设置为“25.0，25.0%”，将“位置”参数设置为“437.0，273.0”，如图 2-4-10 所示。设置好参数后，“01.jpg”图层就能和“02.jpg”

图层中的画面完全重合，精确对位，如图 2-4-11 所示。

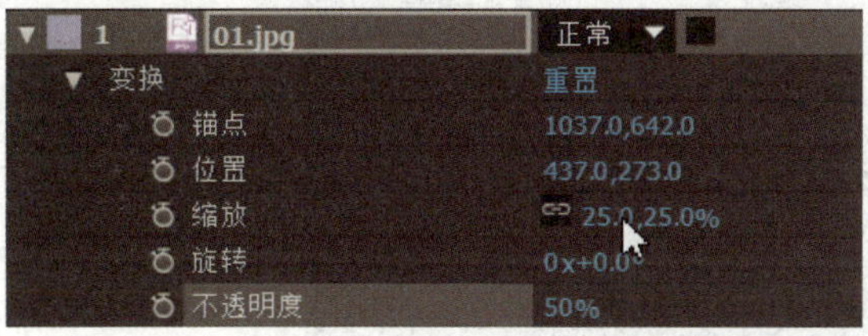

图 2-4-10 “01.jpg”图层的参数设置

图 2-4-11 图层对位处理后的画面

5. 将“01.jpg”图层与“02.jpg”图层建立父子阶层[①]。单击“01.jpg”图层“父级”栏的下拉菜单，在下拉菜单中选择“2.02.jpg”，如图 2-4-12 所示。使“01.jpg”图层成为“02.jpg”图层的子图层，保证在调整“02.jpg”图层的过程中，“01.jpg”与“02.jpg”之间已经调整好的位置及大小关系保持不变。设置好的图层如图 2-4-13 所示。

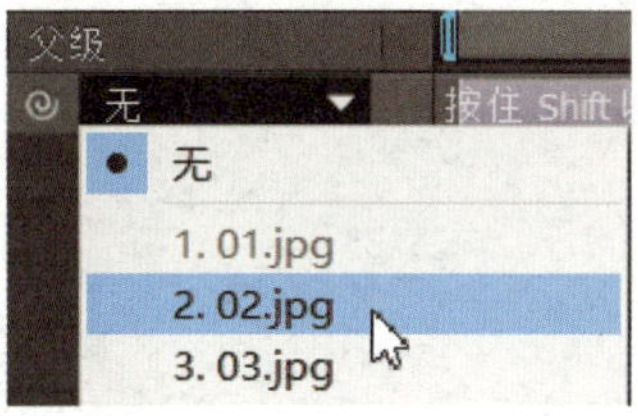

图 2-4-12 “父级”下拉菜单

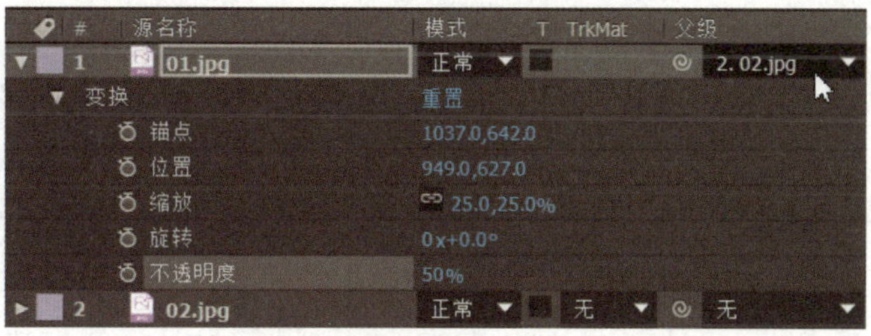

图 2-4-13 设定“01.jpg”图层与“02.jpg”图层之间的父子链接

6. 用调整“01.jpg”图层与“02.jpg”图层的方法，调整“02.jpg”图层和“03.jpg”图层的大小和位置关系。只开启“02.jpg”图层和“03.jpg”图层的显示图标，选中“02.jpg”图层，展开“变换”参数组，将其“不透明度”参数设置为“50%”，在视图中调整“02.jpg”图层的大小和位置，将“02.jpg”图层的“缩放”参数设置为“25.0，25.0%”，“位置”参数设置为“432.0，274.0”，使其和“03.jpg”图层中的画面进行对位，如图 2-4-14 所示。

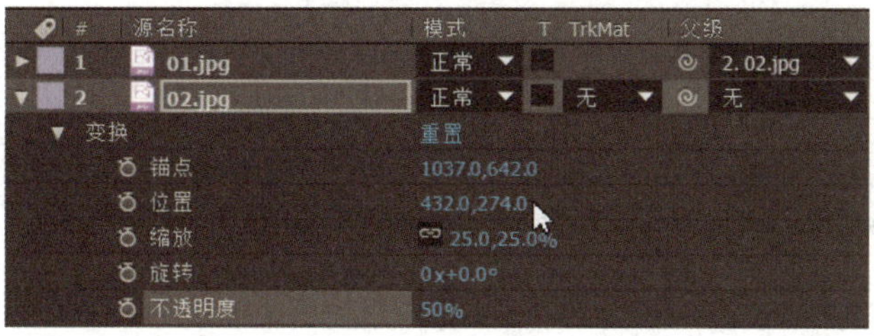

图 2-4-14 “02.jpg”图层的参数设置

7. 将“02.jpg”图层链接为“03.jpg”图层的子图层级，这样保证在调整“03.jpg”图层

① 父子阶层，在父子链接关系中任何应用于父图层级的变化都会立即影响子图层级，而针对子图层级的设置不会影响到父图层级。

的过程中，“02.jpg”图层与“03.jpg”图层之间已经调整好的位置及大小关系保持不变，如图 2-4-15 所示。

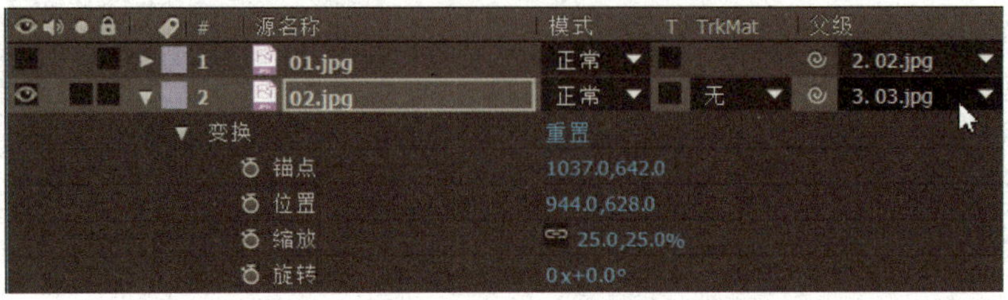

图 2-4-15　设定“02.jpg”图层与“03.jpg”图层之间的父子链接

8. 用同样的方法，调整“03.jpg”图层和“04.jpg”图层的大小和位置关系。同样只显示“03.jpg”图层和“04.jpg”图层。将“03.jpg”图层的“缩放”参数设置为“25.0，25.0%”，“位置”参数设置为“430.0，272.0”，如图 2-4-16 所示。使其和下面“04.jpg”图层中的画面进行对位。将“03.jpg”图层链接为“04.jpg”图层的子图层级，如图 2-4-17 所示。

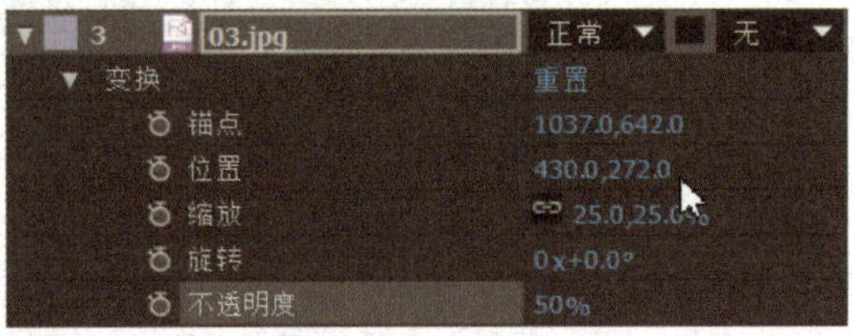

图 2-4-16　“03.jpg”图层的参数设置

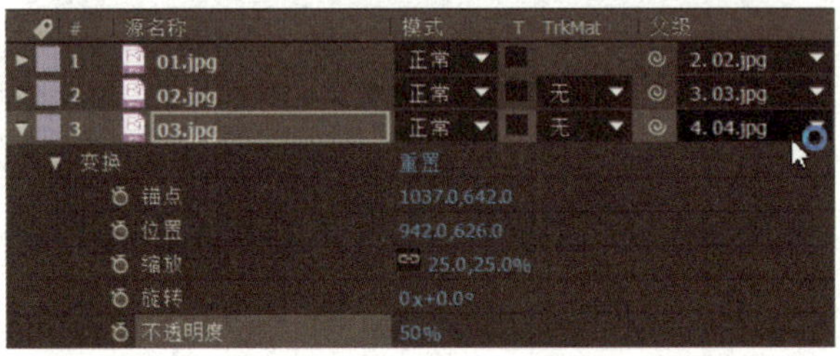

图 2-4-17　设定“03.jpg”图层与“04.jpg”图层之间的父子链接

9. 用同样的方法，将“04.jpg”图层的“不透明度”参数设置为“50%”，“缩放”参数设置为“25.0，25.0%”，“位置”参数设置为“425.0，278.0”，如图 2-4-18 所示。使其和下面“05.jpg”图层中的画面进行对位。将“04.jpg”图层链接为“05.jpg”图层的子图层级，如图 2-4-19 所示。

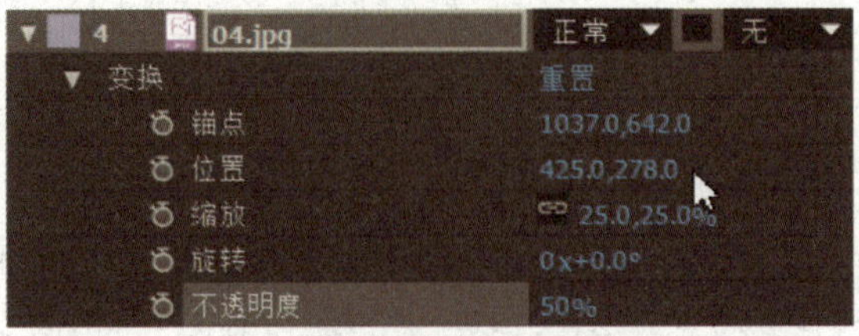

图 2-4-18　04.jpg 图层的参数设置

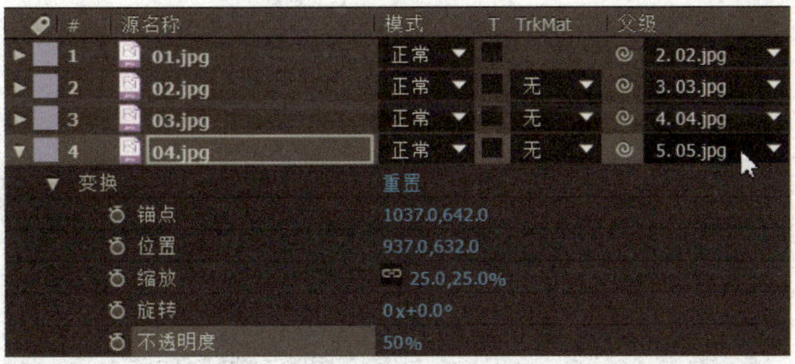

图 2-4-19 设定“04.jpg”图层与“05.jpg”图层之间的父子链接

10. 同样，调整“05.jpg”图层和“06.jpg”图层的大小和位置关系。将“05.jpg”图层的“不透明度”参数设置为“50%”，“缩放”参数设置为“12.5，12.5%”，“位置”参数设置为“410.0，275.0”，如图 2-4-20 所示。使其和下面的“06.jpg”图层中的画面进行对位。将“05.jpg”图层链接为“06.jpg”图层的子图层级，如图 2-4-21 所示。

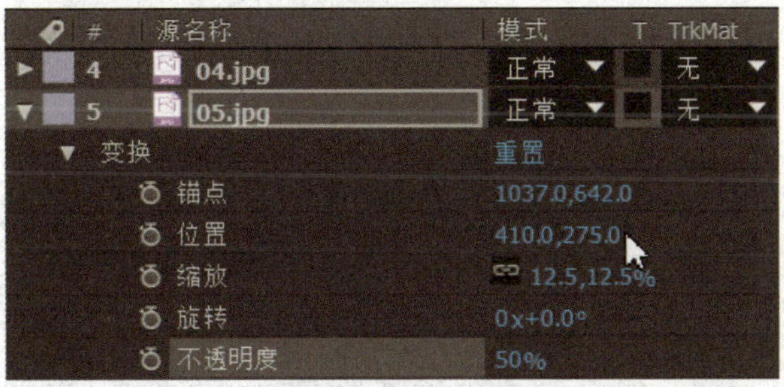

图 2-4-20 “05.jpg”图层的参数设置

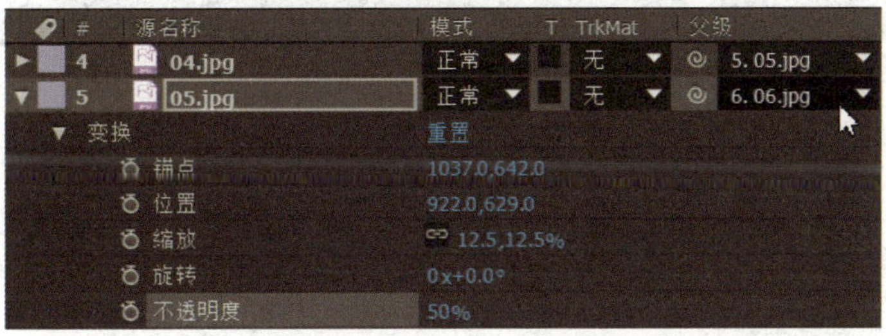

图 2-4-21 设定“05.jpg”图层与“06.jpg”图层之间的父子链接

11. 用同样的方法，调整“06.jpg”图层和“07.jpg”图层的大小和位置关系，“06.jpg”图层参数设置如图 2-4-22 所示。

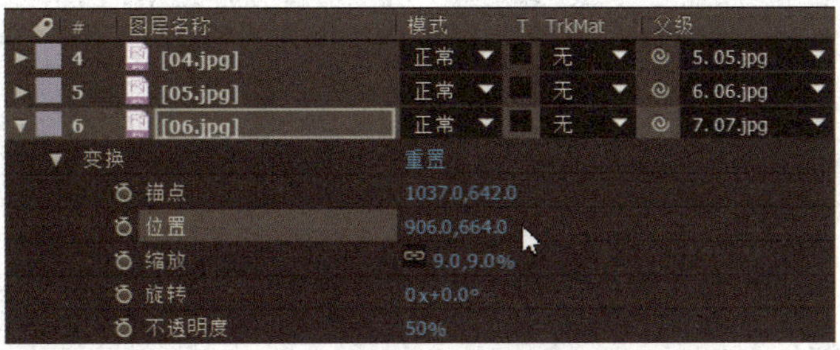

图 2-4-22 “06.jpg”图层的参数设置

12．最后调整“07.jpg”图层和“earthStill.png”图层的大小和位置关系，“07.jpg”图层参数设置如图 2-4-23 所示。

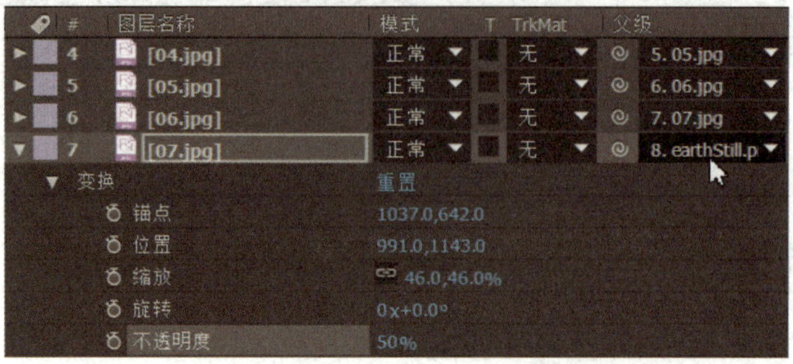

图 2-4-23　“07.jpg”图层的参数设置

13．以上调整主要是让各层之间对好位置，调整单个图层时，无须关注图层间相对位置的变化。将所有层的父子图层级进行修改，将所有的父级图层设为“01.jpg”，打开各图层的显示开关，这样只需对“01.jpg”图层进行修改就可以了，调整后的时间线面板如图 2-4-24 所示。

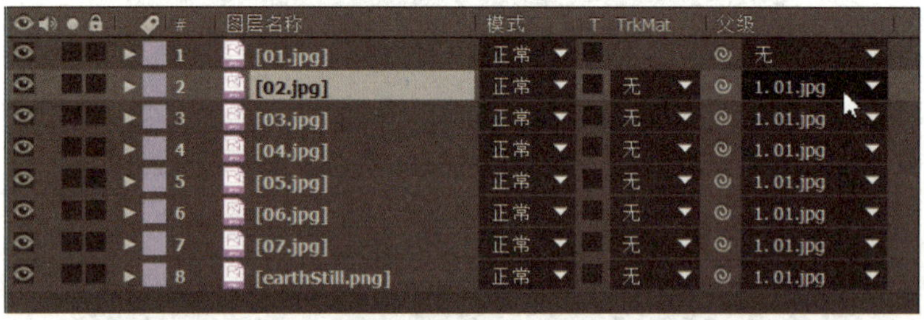

图 2-4-24　调整后的时间线面板

14．选中“01.jpg”图层，展开“变换”参数组，将其“不透明度”参数还原为“100%”，调整“位置”“缩放”“旋转”等参数，如图 2-4-25 所示。设置好初始位置的画面效果如图 2-4-26 所示。

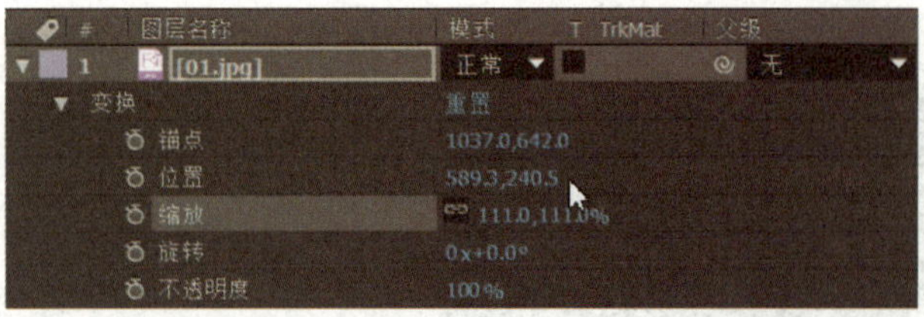

图 2-4-25　更改“01.jpg”图层的参数

图 2-4-26　初始位置的画面效果

15．为“01.jpg”图层的“缩放”参数设置关键帧，单击“缩放”参数前的码表，在起点处设置“缩放”参数为“111.0，111.0%”，如图 2-4-27 所示。在 6 秒处设置“缩放”参数为“0.0，0.0%”，如图 2-4-28 所示。

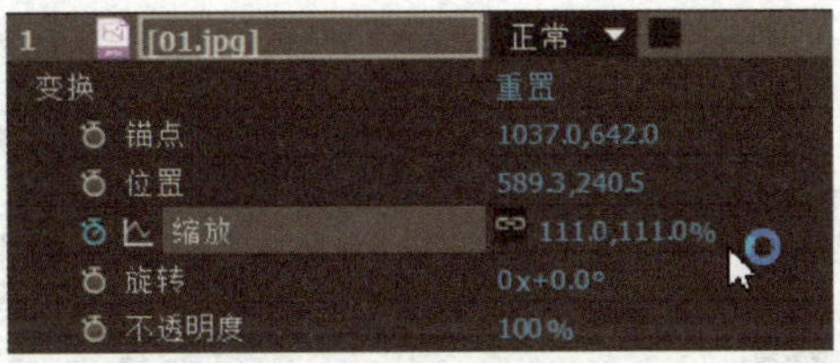

图 2-4-27　设置起点处的“缩放”参数

图 2-4-28　设置 6 秒处的“缩放”参数

16. 选中“缩放”的两个关键帧并单击鼠标右键，在弹出的快捷菜单中选择“关键帧辅助”→“指数比例”[①]选项，如图 2-4-29 所示。此时的时间线面板如图 2-4-30 所示。预览画面时已经能看到初步的效果，不过各层之间的边界还是比较明显。

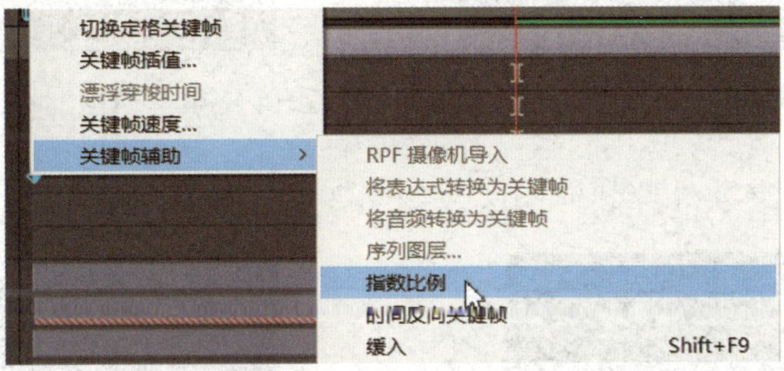

图 2-4-29　选择“指数比例”选项

图 2-4-30　执行“指数比例”后的时间线面板

17. 在时间线面板中选中“02.jpg”图层，单击工具栏中“矩形工具”右下角的下三角，在弹出的下拉菜单中选择“椭圆工具”选项，如图 2-4-31 所示。将“时间指示器”移动到 1

① “指数比例”选项只对“缩放”属性起作用，该项设置可使“缩放”关键帧动画过渡更加柔顺。

秒 05 帧处，在合成监视窗中绘制一个蒙版，使其掩盖住“02.jpg”素材的四角，如图 2-4-32 所示。

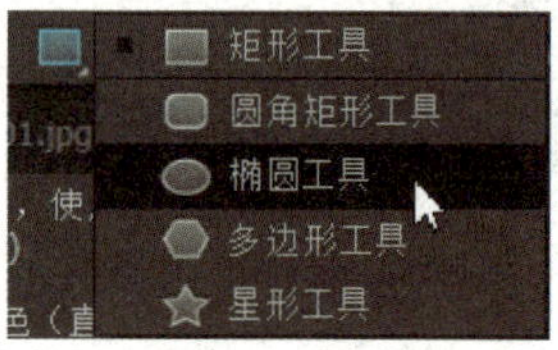

图 2-4-31　选择“椭圆工具”选项

图 2-4-32　“02.jpg”图层上的蒙版

18．展开“02.jpg”图层的“蒙版”参数组，设置“蒙版羽化”参数为“200.0，200.0”，如图 2-4-33 所示，将“02.jpg”图层的边缘和其下层很好地融合在一起，调整后的合成监视窗中的画面，如图 2-4-34 所示。

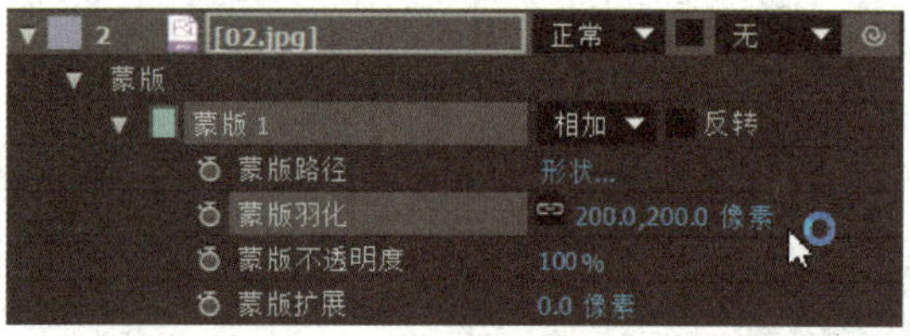

图 2-4-33　“蒙版羽化”参数设置

图 2-4-34　“02.jpg”图层和下层融合的效果

19．使用同样方法继续处理其他图层，如图 2-4-35 至图 2-4-40 所示。

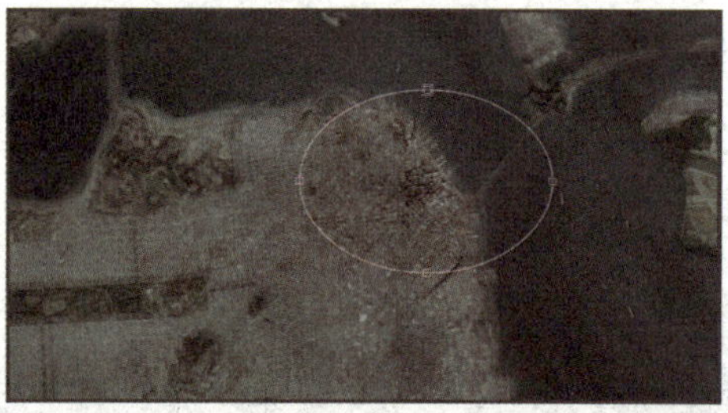

图 2-4-35　“03.jpg”图层和下层的融合效果

图 2-4-36　“04.jpg”图层和下层的融合效果

图 2-4-37　“05.jpg”图层和下层的融合效果

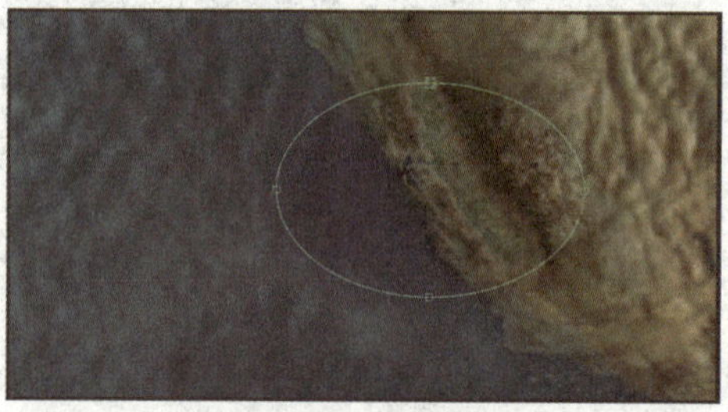

图 2-4-38　“06.jpg”图层和下层的融合效果

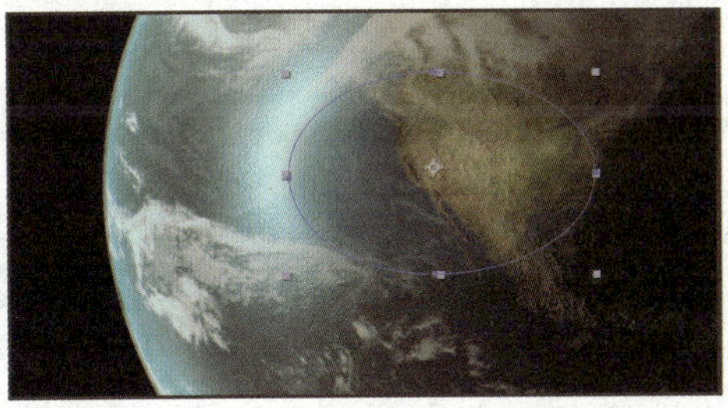

图 2-4-39 “07.jpg”图层和下层的融合效果

图 2-4-40 “earthStill.png”图层和背景的融合效果

20. 将“时间指示器”移动到最左端，单击空格键，预览制作效果。

项目小结

此项目的学习重点是理解父子阶层之间的关系。学完本项目的内容要能利用父子阶层之间的关系完成一些效果的制作。在制作本项目时，对图层进行叠加调整要认真仔细，灵活应用蒙版进行羽化边缘处理，使两个画面完美融合。本项目最终的制作效果和运动节奏息息相关，节奏不是速度，是一种韵律。通过调整两个关键帧之间的距离，能很好地控制运动的节奏，如果再搭配上合适的音乐，整个画面的效果会非常震撼。

课后检测 2.4

1. 简答题

（1）新建合成的快捷键是什么？

（2）如何能让两层画面中的同一物体完全重合？

2. 操作题

制作一个超级推镜头，镜头要从太空一直推到地球上的一栋房屋的屋顶上。

项目 2.5 制作小老鼠运动的路径动画

学习目标

- 学会通过关键帧的设置制作物体路径动画
- 掌握效果搜索的方法
- 学会使用“钢笔工具”中的“转换‘顶点’工具”，使曲线路径变直
- 掌握蒙版的绘制方法

- 会利用“位置”上的最后一个关键帧改变物体的运动时间
- 会利用“旋转”属性改变物体的运动方向

项目分析

在 After Effects CC 2017 中关键帧的设置是制作路径动画的一个非常重要的功能，它可以对路径动画做精细的调整（位置、缩放、旋转等属性）。绘制蒙版是另一种制作动画的特效功能，它可以大大减少制作动画的时间，提高工作效率。本项目的目标就是使用以上两种方法制作小老鼠的路径动画。

效果展示

小老鼠路径动画的效果如图 2-5-1 至图 2-5-4 所示。

图 2-5-1　效果图 1

图 2-5-2　效果图 2

图 2-5-3　效果图 3

图 2-5-4　效果图 4

操作流程

1. 启动 After Effects CC 2017 软件，进入其工作界面。单击菜单栏“文件”→“另存为”选项，或按组合键“Ctrl+Shift+S”，打开“另存为”对话框，将项目命名为“小老鼠路径动画”，如图 2-5-5 所示。

2. 单击“新建合成”按钮，打开“合成设置”对话框，相关参数设置如图 2-5-6 所示。

3. 在项目面板空白处双击，打开“导入文件”对话框，如图 2-5-7 所示，选择第一张图片“Tom_0001”，勾选“PNG 序列”复选项，单击“导入”按钮，将序列动画导入，然后把小老鼠 PNG 序列拖曳到刚才新建的合成中。

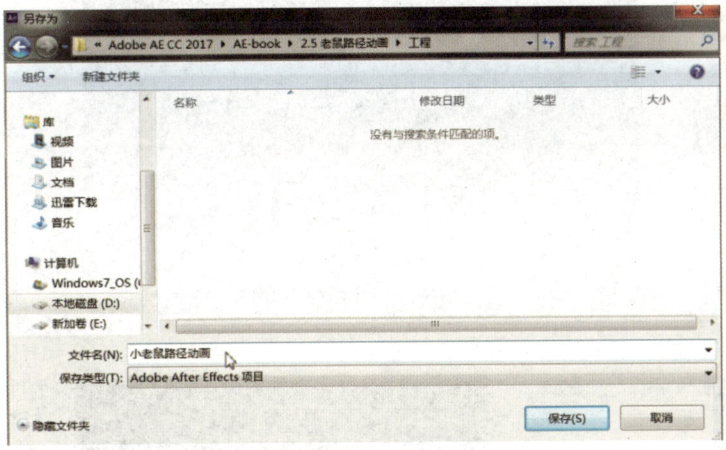

图 2-5-5 “另存为”对话框

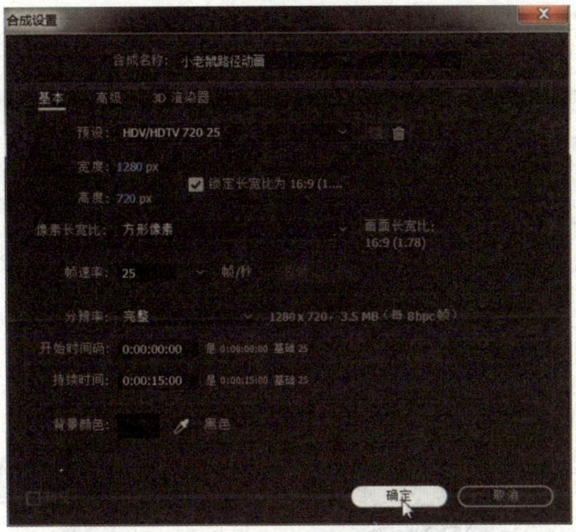

图 2-5-6 “合成设置”对话框

4．为小老鼠添加背景。在时间轴面板中按组合键“Ctrl+Y”，新建一个名字为“背景”的纯色图层，背景颜色选择黑色，如图 2-5-8 所示。

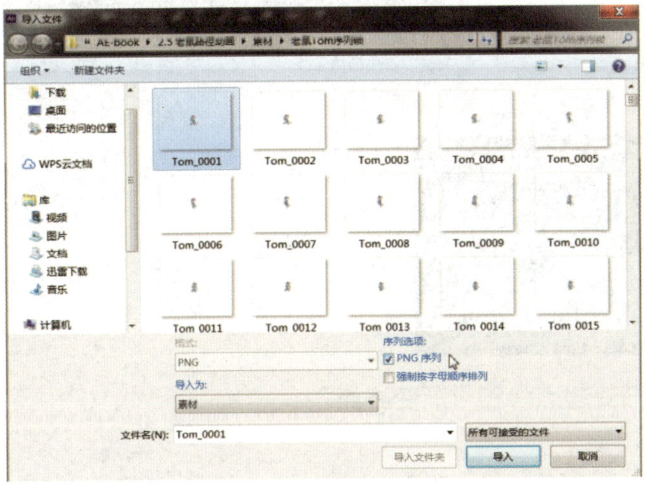

图 2-5-7 “导入文件”对话框

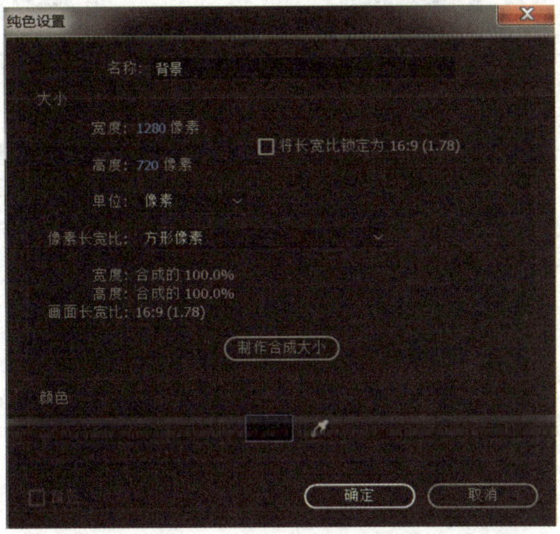

图 2-5-8 “背景”图层参数设置

5．为背景添加渐变效果。单击菜单栏“窗口”→“效果和预设”选项，调出效果和预设面板，在搜索框中输入文字“渐变”，选择“梯度渐变”选项，如图 2-5-9 所示。将其拖曳到“背景”图层上，添加“梯度渐变”后的效果如图 2-5-10 所示。

6．更改渐变效果参数。单击“背景”图层，在效果控件背景面板中，修改“起始颜色”参数，如图 2-5-11 所示；修改“结束颜色”参数，如图 2-5-12 所示；“渐变形状”选择“径向渐变”选项，如图 2-5-13 所示。

7．在效果控件面板中，单击“渐变起点”选项，将渐变起点置于图层正下方边缘位置；单击“渐变终点”选项，将渐变终点置于图层正上方边缘位置，如图 2-5-14 所示。

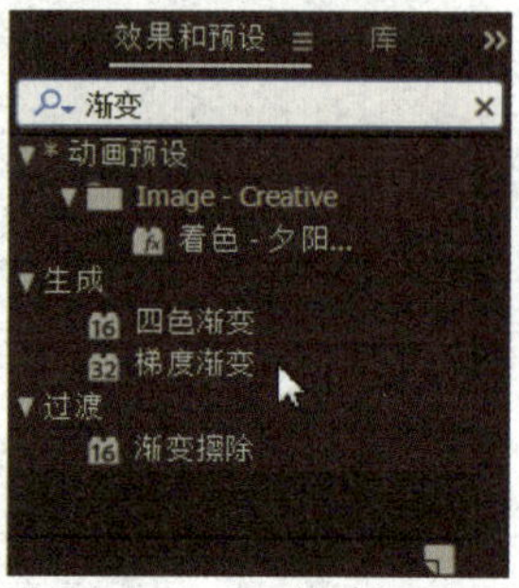

图 2-5-9 “梯度渐变”选项

图 2-5-10 添加“梯度渐变”后的效果

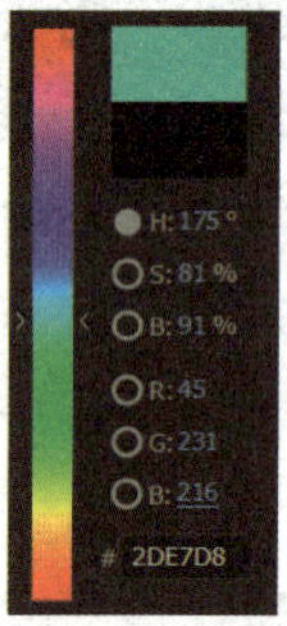

图 2-5-11 起始颜色

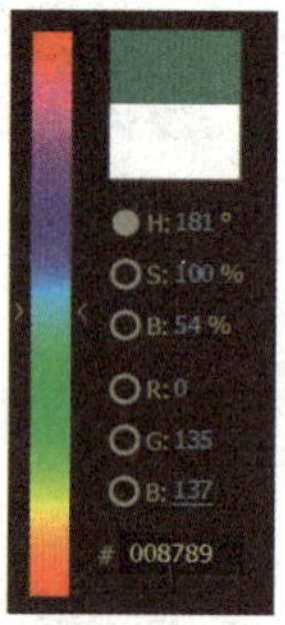

图 2-5-12 结束颜色

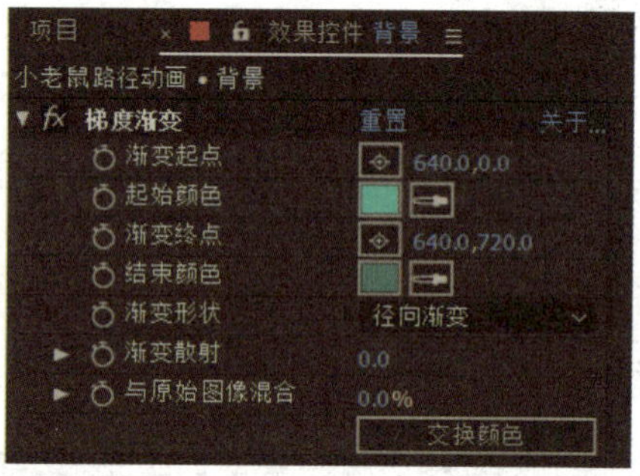

图 2-5-13 “径向渐变”选项

图 2-5-14 定位“渐变起点”和“渐变终点”

8．制作立体化木块。在时间轴面板中按组合键“Ctrl+Y”，新建一个名字为“木块”的“纯色”图层，颜色设置如图 2-5-15 所示。“纯色”图层的其他参数设置如图 2-5-16 所示。

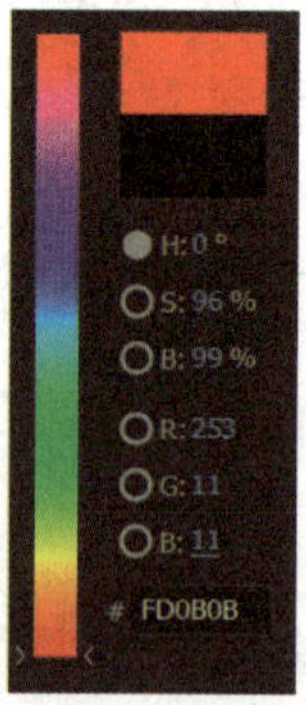

图 2-5-15 颜色设置

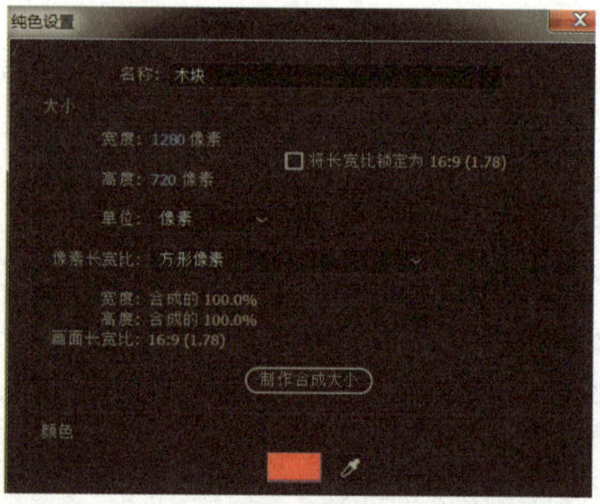

图 2-5-16 “纯色”图层的其他参数设置

9．在时间轴面板中展开“木块”图层的“变换”参数组，将“缩放”参数调整为“25.8，35.6%”，将“位置”参数调整为“634.0，594.0”，如图 2-5-17 所示。使其置于画面中央底部，如图 2-5-18 所示。

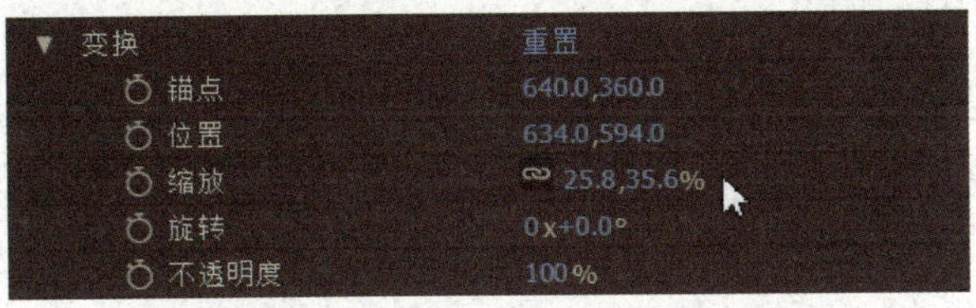

图 2-5-17　“变换”参数组

图 2-5-18　“木块”图层被置于画面中央底部

10．在效果和预设面板中搜索“边缘斜面”，如图 2-5-19 所示，并拖曳到时间轴面板中的“木块”图层上。“边缘斜面”参数组中的相关属性设置，如图 2-5-20 所示。

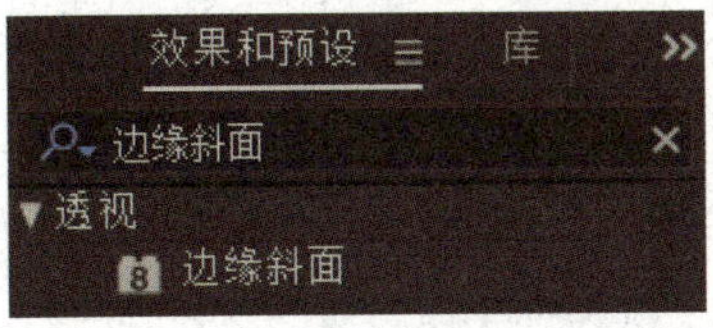

图 2-5-19　搜索“边缘斜面”

图 2-5-20　“边缘斜面”参数组

11．在时间轴面板中，调整图层顺序，从上到下分别是“小老鼠”图层、“木块”图层和“背景”图层，如图 2-5-21 所示。

图 2-5-21　图层顺序调整

12．单击“小老鼠”图层并按 A 键，展开“锚点”参数，将小老鼠锚点位置设置为“360.0，328.0”，如图 2-5-22 所示。锚点在小老鼠的脚跟处，如图 2-5-23 所示。

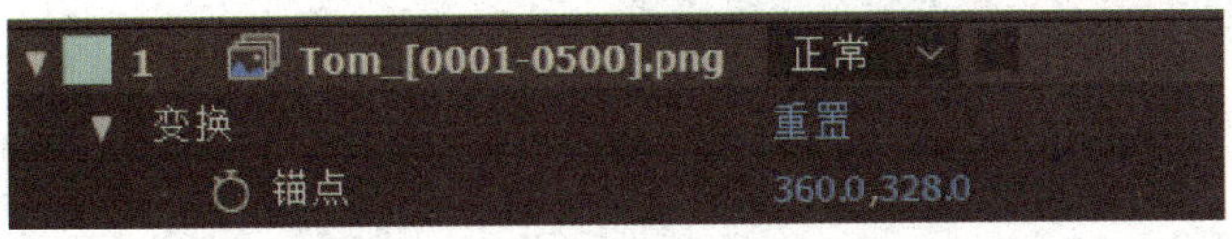

图 2-5-22　更改小老鼠的锚点位置

图 2-5-23　锚点位置

13．制作小老鼠路径动画有两种方法：一种是进行关键帧设置，一种是绘制蒙版路径。

14．下面介绍第一种方法：使用关键帧设置制作小老鼠路径动画。将时间指示器回到 0 秒处，打开小老鼠图层“位置”前的关键帧码表，在 0 秒处设置位置参数为“1216.0，714.9”，移动时间轴上的位置标尺到 2 秒处，设置“位置”参数为“800.0，714.9”，同理，3 秒处“位置”参数设置为“800.0，466.1”，4 秒处为“468.0，466.1”，5 秒处为“468.0，714.9”，7 秒处为“362.0，714.9”。完成后的路径曲线，如图 2-5-24 所示。

15．单击工具栏中的“钢笔工具”，在下拉列表中选择“转换顶点工具”，单击曲线上的任意关键点，转换顶点，将路径变直，如图 2-5-25 所示。

图 2-5-24　曲线路径

图 2-5-25　直线路径

16．小老鼠的运动路径定义好以后，还需对动画运动方向进行调整。单击小老鼠图层，在英文输入状态下按 R 键，展开“旋转”参数组，将时间轴中的位置标尺移动到 1:20 秒处，单击“旋转”前的关键帧码表，将“旋转”参数设置为 0°，2:01 秒处“旋转”参数设置为 90°，2:22 秒处为 90°，3:01 秒处为 0°，3:24 秒处为 0°，4:01 秒处为-90°，4:21 秒处为-90°，5:01 秒处为 0°，所有关键帧添加完成后的时间轴效果，如图 2-5-26 所示。此时小老鼠始终与木块表面垂直，如图 2-5-27 所示。至此，通过设置关键帧制作小老鼠的路径动画就完成了。

图 2-5-26　小老鼠层“旋转”属性上的关键帧效果

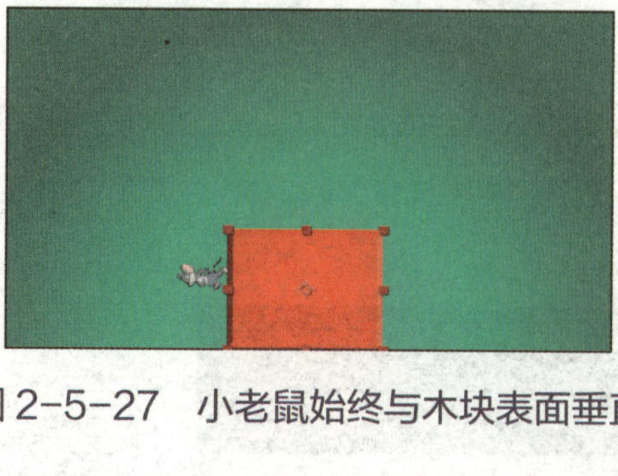

图 2-5-27　小老鼠始终与木块表面垂直

17．下面介绍第二种方法：使用绘制蒙版路径制作小老鼠路径动画。复制一份刚才做好的“小老鼠路径动画”项目文件，并命名为“小老鼠路径动画 2-蒙版路径”。

18．打开“小老鼠路径动画 2-蒙版路径”项目文件，框选小老鼠层“位置”属性上的所有关键帧，如图 2-5-28 所示。按 Delete 键删除关键帧，如图 2-5-29 所示。

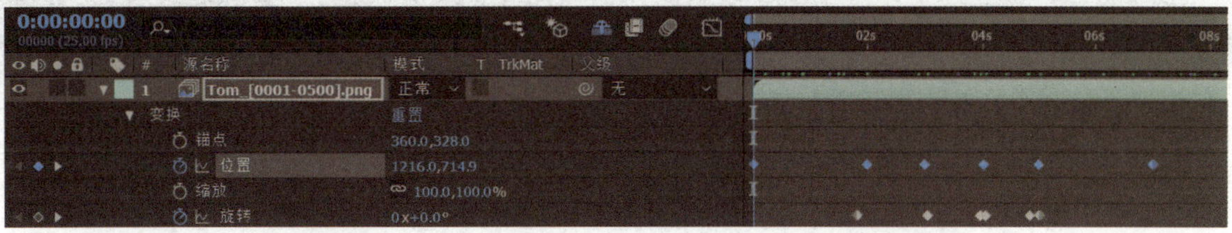

图 2-5-28　框选“位置”属性上的所有关键帧

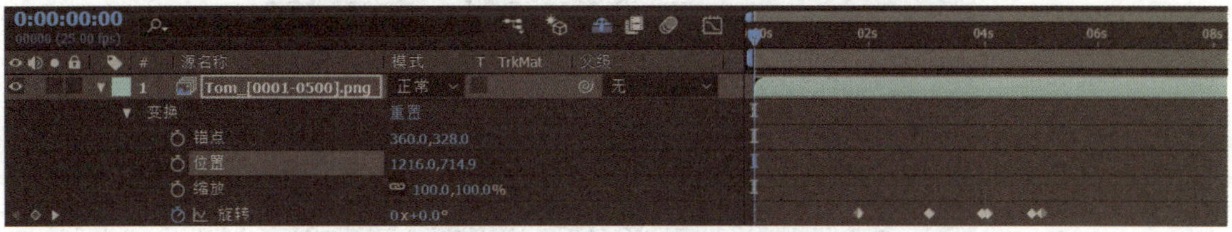

图 2-5-29　删除关键帧

19．单击“背景”图层，选择工具栏中的“钢笔工具”，沿着窗口边缘，绘制小老鼠的运动路径，绘制时按住 Shift 键，使路径保证水平，如图 2-5-30 所示。

20．单击“背景”图层并按 M 键，展开蒙版参数组，如图 2-5-31 所示。选中“蒙版路径”选项，按组合键“Ctrl+C”，复制蒙版 1 的“蒙版路径”。

图 2-5-30　绘制路径

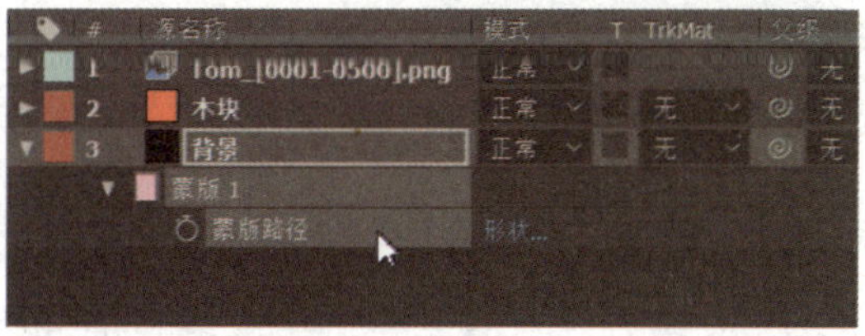

图 2-5-31　展开“背景”图层蒙版参数组

21．将时间指示器移到 0 帧，选中“小老鼠”图层，展开该图层的“变换”参数组，选中“位置”参数，按组合键“Ctrl+V”，粘贴到“小老鼠”图层中的“位置”属性上，如图 2-5-32 所示。

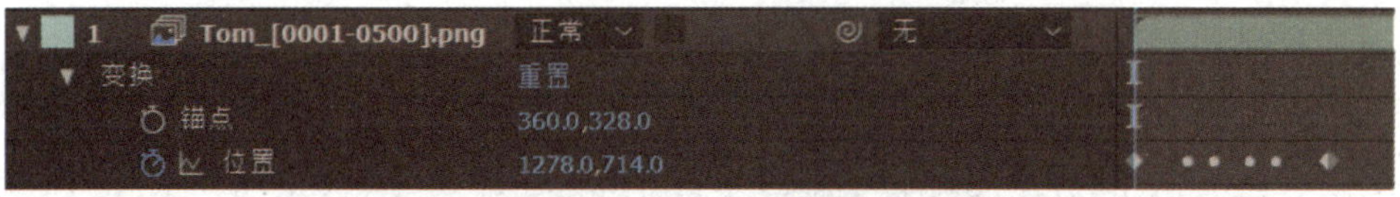

图 2-5-32　粘贴“蒙版路径”

22．选择“小老鼠”图层“位置”上的最后一个关键帧，向右拉动，即可调整小老鼠的运动时间，如图 2-5-33 所示。

图 2-5-33　调整小老鼠的运动时间

23．根据小老鼠的运动路径，拖曳“旋转”属性面板上的关键帧，达到最佳运动效果即可，如图 2-5-34 所示。至此，小老鼠路径动画制作完成。

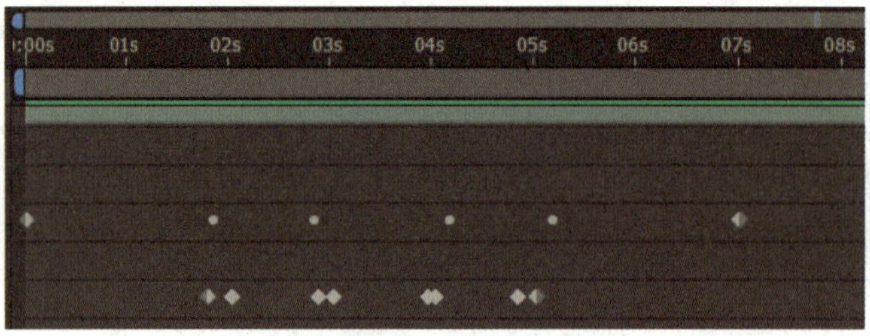

图 2-5-34　“旋转”属性面板上的关键帧

项目小结

本项目主要是通过设置关键帧和绘制蒙版这两种方法制作物体的路径动画。掌握创建关键帧和绘制蒙版的基本方法，通过控制“位置”“旋转”等基本属性，改变物体的路径和运动方向，制作出较为复杂的动画效果。

课后检测 2.5

简答题

（1）新建纯色层的快捷键是什么？

（2）如何制作一个渐变色的背景画面？

（3）“边缘斜面”特效有什么作用？

（4）两种制作小老鼠路径动画的方法有什么区别？

实训练习：路径动画

项目分析

本项目的目标是制作“瓢虫”动画，让对象沿着路径运动。为对象的“位置”“比例”“旋转”和“透明度”等属性创建关键帧，调整不同时间点处关键帧的参数，使对象产生运动变化，这是 After Effects CC 2017 中最基本的动画特效编辑方式。

效果展示

路径动画效果如图 2-5-35 至图 2-5-38 所示。

图 2-5-35　路径动画效果 1

图 2-5-36　路径动画效果 2

图 2-5-37　路径动画效果 3

图 2-5-38　路径动画效果 4

· 第 3 章 ·

中阶项目篇

项目 3.1 唯美 MV 效果的制作

学习目标

- 掌握修饰画面的基本思路和技巧
- 熟悉“色相/饱和度”“曲线”“颜色平衡”等特效的功能
- 掌握“蒙版”的绘制技巧

项目分析

唯美的 MV 画面要求制作精美，具有很好的色彩层次，人物肤色细腻，画面整体感觉清新、自然，营造出温馨浪漫的意境。制作过程中需要使用“色相/饱和度”特效，调整不同通道的颜色饱和度、亮度，使用“曲线”调整画面的亮度和层次，配合固态层的叠加方式，完成最终效果的制作。

效果展示

唯美 MV 画面效果如图 3-1-1 至图 3-1-4 所示。

图 3-1-1　唯美 MV 画面效果图 1

图 3-1-2　唯美 MV 画面效果图 2

图 3-1-3　唯美 MV 画面效果图 3

图 3-1-4　唯美 MV 画面效果图 4

操作流程

1. 创建一个“预设”为“PAL D1/DV 宽银幕方形像素”的合成，将其命名为“唯美 MV”，设置持续时间为“0:00:03:00”，如图 3-1-5 所示。

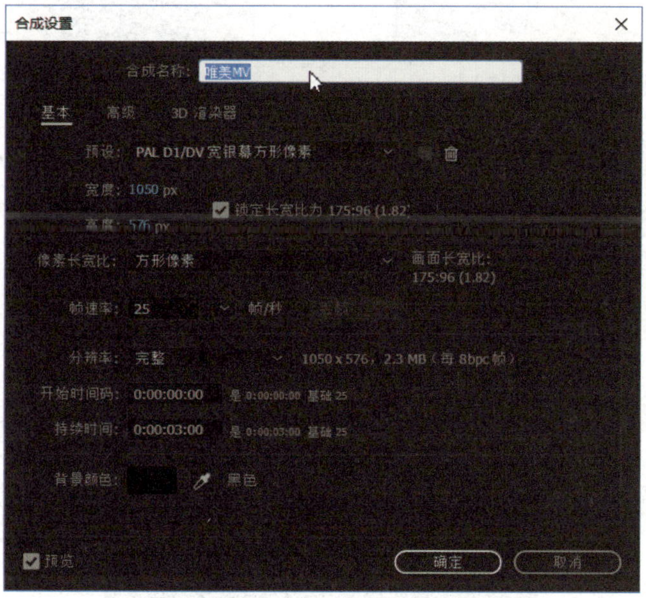

图 3-1-5　新建一个名为“唯美 MV”的合成

2. 将本项目素材文件夹中的文件导入，并将其添加到时间线面板中，用鼠标移动素材，调整素材在时间线上的位置①，如图 3-1-6 所示。该素材开始阶段人物略虚，调整后可以不从

① 该素材的长度大于 3 秒，可以用鼠标拖曳素材，改变素材在时间线上的位置。

素材的起始点开始播放，实际上是使用后半段素材，如图 3-1-7 所示。

图 3-1-6　在时间线中调整素材的位置

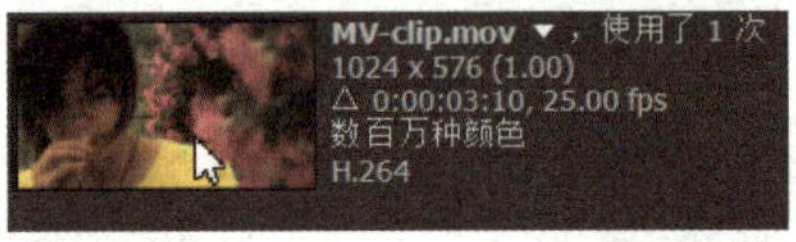

图 3-1-7　素材的相关信息

3．此时合成监视窗左、右两边有黑边①，单击时间线上的素材，合成监视窗中的画面出现多个控制点，如图 3-1-8 所示。鼠标拖曳画面角上的控制点，使画面充满屏幕，如图 3-1-9 所示。

图 3-1-8　画面四周出现控制点

图 3-1-9　画面充满屏幕

4．选择“素材”图层，单击“效果”→“颜色校正”→“色相/饱和度”选项，给素材添加“色相/饱和度”特效。在特效设置中将通道控制调整为“红色”②，进入红色通道，设置“红色饱和度”参数为“-45”，如图 3-1-10 所示。

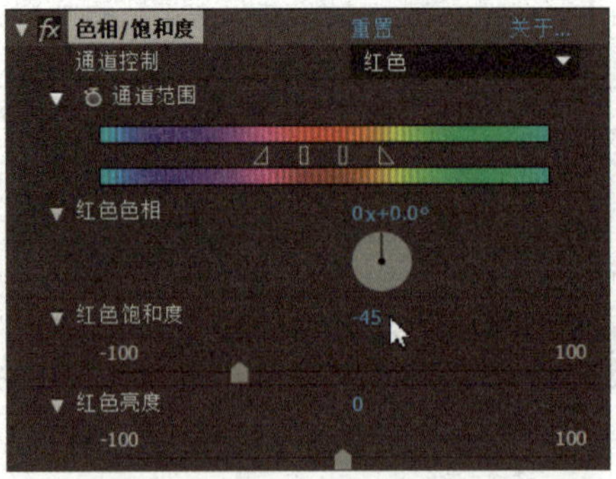

图 3-1-10　降低红色通道的颜色饱和度

① 黑边是由于素材格式和所建合成的格式不匹配造成的。

② 通过添加“色相/饱和度”特效滤镜，可以分别对单个颜色通道进行调色，从而单独控制某一区域的颜色饱和度、亮度等，这种调色方法是最常用的。

5. 进入黄色通道，设置“黄色饱和度”参数为“-30”，如图 3-1-11 所示。进入绿色通道，设置“绿色饱和度”参数为“-38”，如图 3-1-12 所示。进入青色通道，设置“青色亮度”参数为“-15”，如图 3-1-13 所示。进入蓝色通道，设置“蓝色饱和度”参数为“75”，如图 3-1-14 所示。

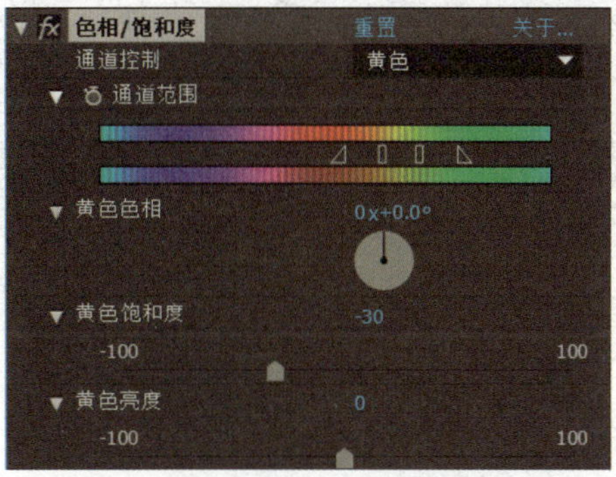

图 3-1-11　降低黄色通道的颜色饱和度

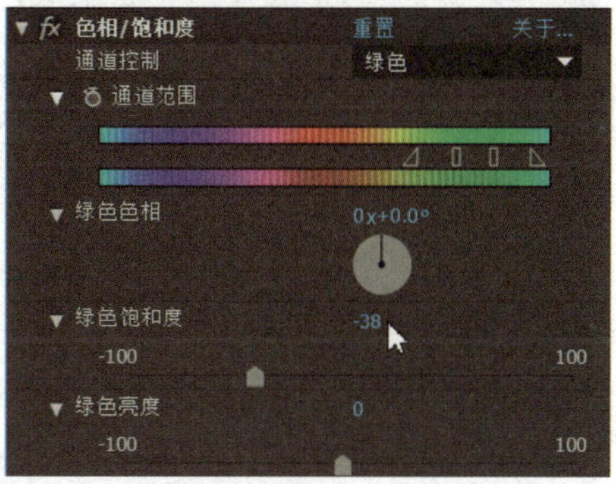

图 3-1-12　降低绿色通道的颜色饱和度

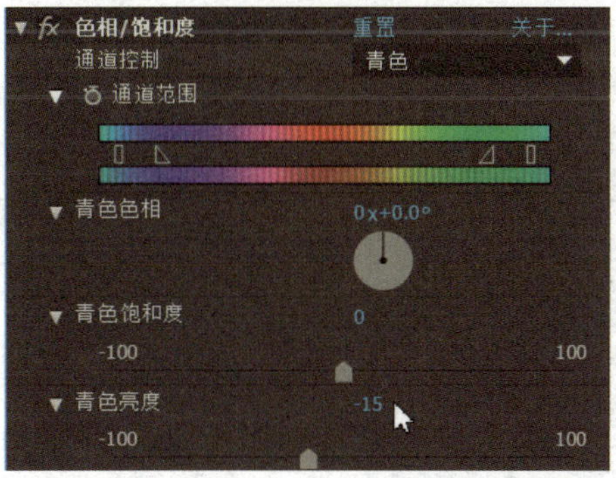

图 3-1-13　降低青色通道的亮度

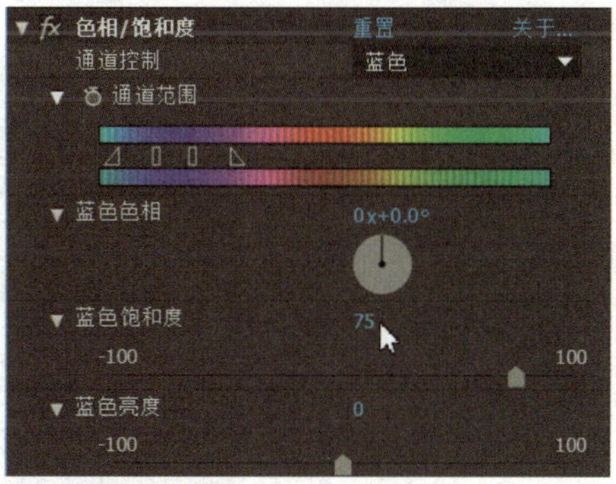

图 3-1-14　提升蓝色通道的颜色饱和度

6. 经过调整后，画面如图 3-1-15 所示，画面中人的脸部略暗。

图 3-1-15　合成监视窗中的画面

7. 单击菜单栏“效果”→“颜色修正”→“曲线”选项[①]，调整亮度曲线，如图 3-1-16 所示，改善画面亮度后的效果如图 3-1-17 所示。

---

① 该步骤也可以提前，在调整颜色饱和度之前完成。

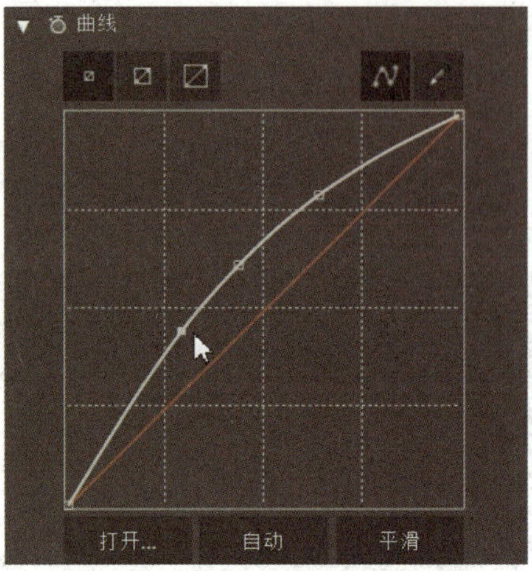

图 3-1-16　调整亮度曲线

图 3-1-17　曲线调整后的画面

8．单击菜单栏“图层”→“新建”→“纯色层”选项，创建一个“纯色 1”图层①，设置颜色为墨绿色，如图 3-1-18 所示。

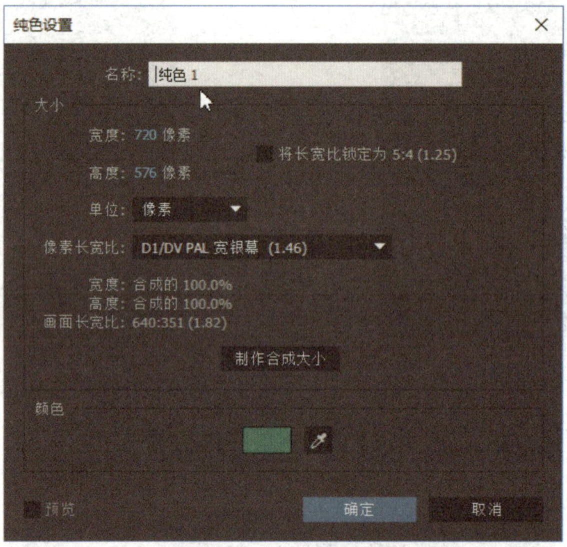

图 3-1-18　新建一个墨绿色的“纯色 1”图层

9．选择新建的“纯色 1”图层，将“模式”设置成“叠加②”，如图 3-1-19 所示。

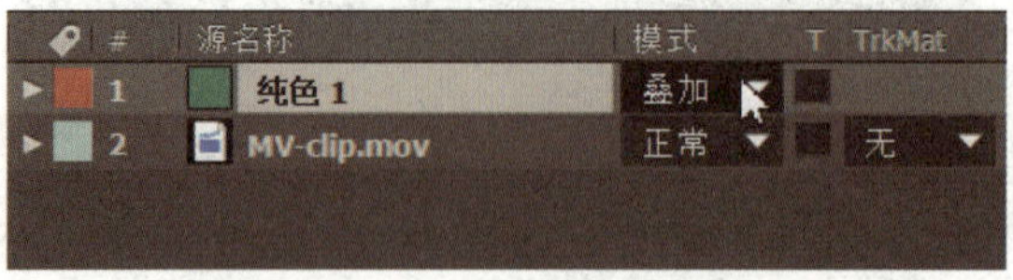

图 3-1-19　将“纯色 1”图层叠加方式设置为“叠加”

① 组合键为“Ctrl+Y”。

② 该模式颜色在现有像素上叠加，同时保留基色的明暗对比，不提基色，但基色与其相混以反映原色的明暗度。该模式对中间色调影响明显，对高亮区和暗区影响不大。

10．按快捷键 T，打开“不透明度”属性，将“不透明度”参数设置为“30%”，如图 3-1-20 所示。此时的画面效果如图 3-1-21 所示。

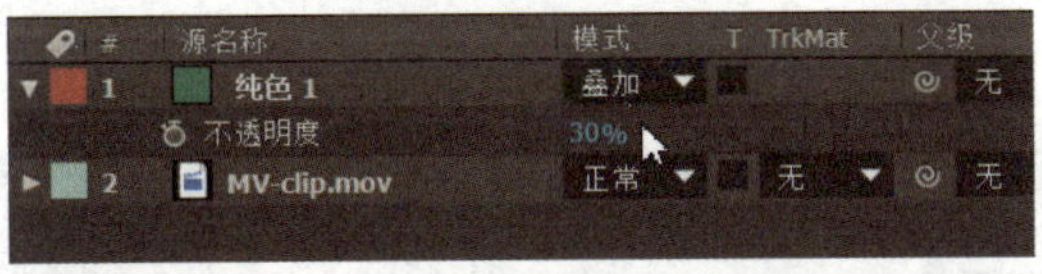

图 3-1-20　设置“不透明度”参数

图 3-1-21　调整“不透明度”后的画面效果

11．单击菜单栏“图层”→“新建”→“调整图层”选项，创建一个“调整图层 1”①，如图 3-1-22 所示。

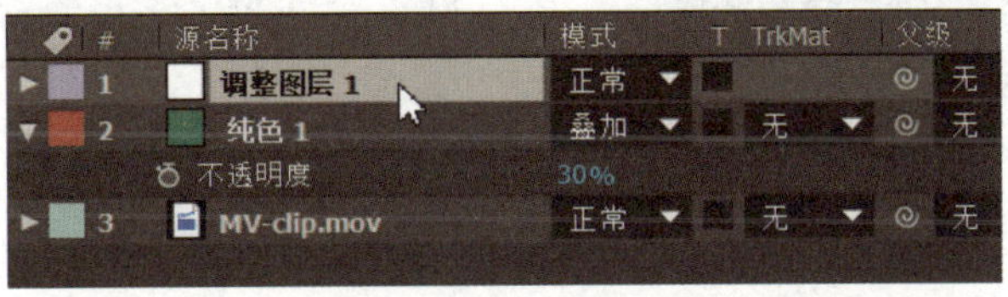

图 3-1-22　在图层上方新建一个“调整图层”

12．单击“调整图层 1”，向其添加“效果”→“颜色校正”→“颜色平衡”特效，打开效果控件面板，将“阴影红色平衡”参数设置为“-20.0”，“阴影绿色平衡”参数设置为“6.0”，“阴影蓝色平衡”参数设置为“14.0”，“中间调红色平衡”参数设置为“28.0”，“中间调绿色平衡”参数设置为“-18.0”，“中间调蓝色平衡”参数设置为“15.0”，“高光红色平衡”参数设置为“-12.0”，“高光绿色平衡”参数设置为“5.0”，“高光蓝色平衡”参数设置为“-11.0”，如图 3-1-23 所示。调整的画面效果如图 3-1-24 所示。

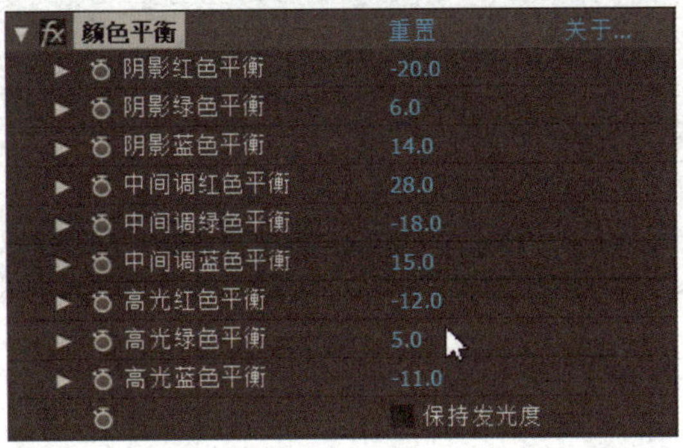

图 3-1-23　“颜色平衡”特效的参数设置

图 3-1-24　调整后的画面效果

① 组合键为“Ctrl+Alt+Y”。给“调整图层”加特效会影响其下的所有图层，也就是在各图层间产生相同的效果，因此，使用“调整图层”可减少重复设置特效所带来的麻烦。

13．单击“调整图层 1”，向其添加“效果”→“颜色校正”→“曲线”特效，打开效果控件面板，调节曲线，改善画面层次，曲线图如图 3-1-25 所示。调整后的画面效果如图 3-1-26 所示。

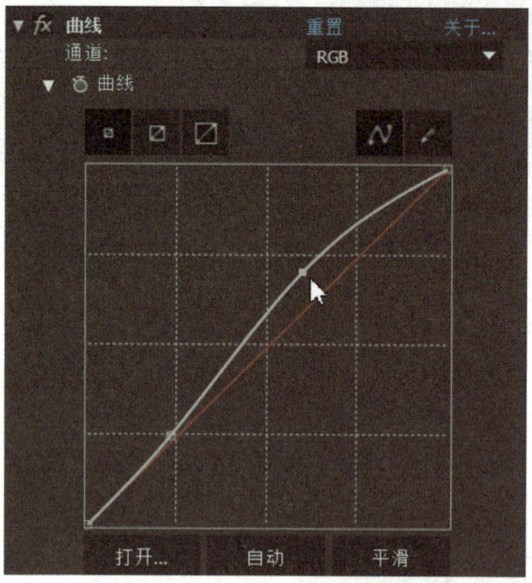

图 3-1-25　曲线图

图 3-1-26　调整后的画面效果

14．按组合键“Ctrl+Y”，创建一个“纯色 1”图层，设置颜色为黑色，如图 3-1-27 所示。使用“椭圆工具”为该纯色图层绘制椭圆形蒙版，如图 3-1-28 所示。

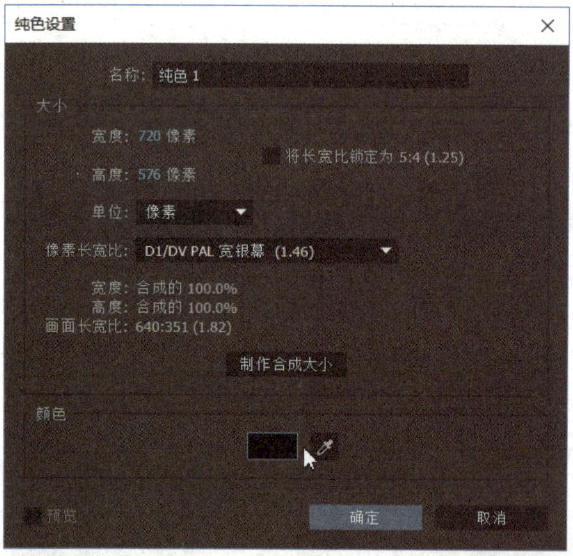

图 3-1-27　新建一个黑色“纯色 1”图层

图 3-1-28　绘制椭圆形“蒙版”

15．展开“蒙版”参数组，选中“反转”选项，设置“蒙版羽化”参数为“185.0，185.0 ”像素，如图 3-1-29 所示。设置“纯色 1”图层的叠加模式为“变亮①”，如图 3-1-30 所示。

① 依据亮度实现上下层的叠加。

16. 本项目最终画面效果，如图 3-1-31 所示。

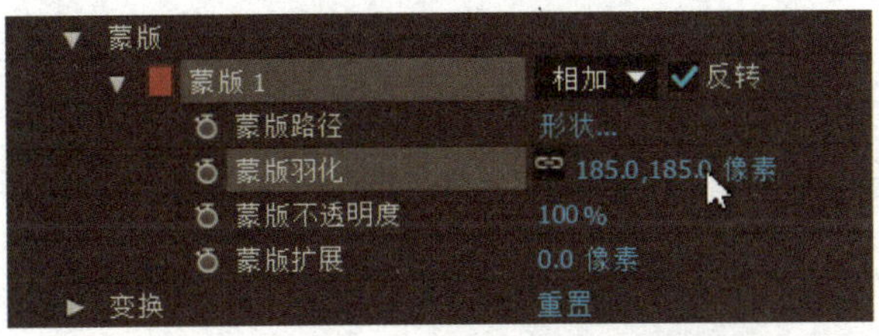

图 3-1-29 “蒙版”参数设置

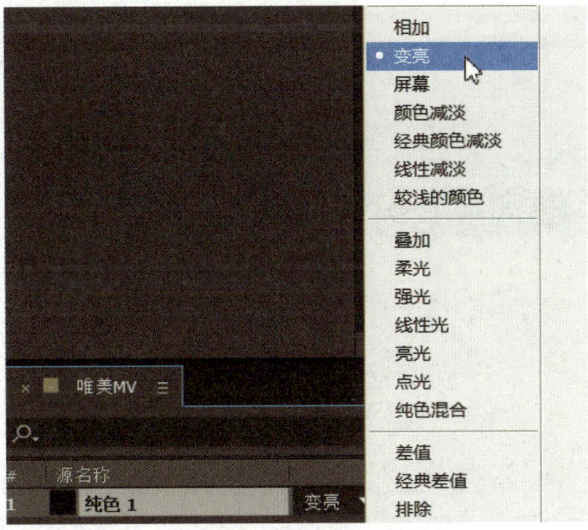

图 3-1-30 设置图层的叠加模式

图 3-1-31 最终画面效果

项目小结

本项目主要学习常用调色特技，通过不同特技之间的配合，形成符合主题需要的画面风格。影片主题不同，画面风格就会有所区别。若要形成其他类型的画面风格，可参照本项目的调整思路，只是各特效的参数与本项目中的会有所区别。

课后检测 3.1

简答题

（1）打开图层“不透明度”属性的快捷键是什么？

（2）新建“调节层”的快捷键是什么？“调节层”有哪些作用？

（3）很多影视片都有自己的色彩风格，思考一下，如何通过颜色调整使画面呈现暖色调？如何通过颜色调整使画面呈现冷色调？

项目 3.2　水墨画效果的制作

学习目标

- 了解颜色调整的基本思路和技巧
- 熟悉“查找边缘”“色相/饱和度”“曲线”“高斯模糊”特效的功能
- 熟悉“基本文字”特效的使用方法
- 掌握“层”和“叠加”的应用技巧

项目分析

水墨画被视为中国传统绘画，是国画的代表。基本的水墨画，仅有水与墨，黑色与白色；进阶的水墨画，有工笔花鸟画，色彩缤纷。水墨画效果制作是对画面进行调整，使画面具有水墨画风格。制作过程中需要用到“查找边缘”“色相/饱和度”“曲线”“高斯模糊”特效，通过设定相应参数，配合叠加方式，完成效果制作。

效果展示

为了更好地展现水墨画效果，这里提供了 4 幅水墨画效果图，如图 3-2-1 至图 3-2-4 所示。其中，图 3-2-4 是本项目要制作的效果。

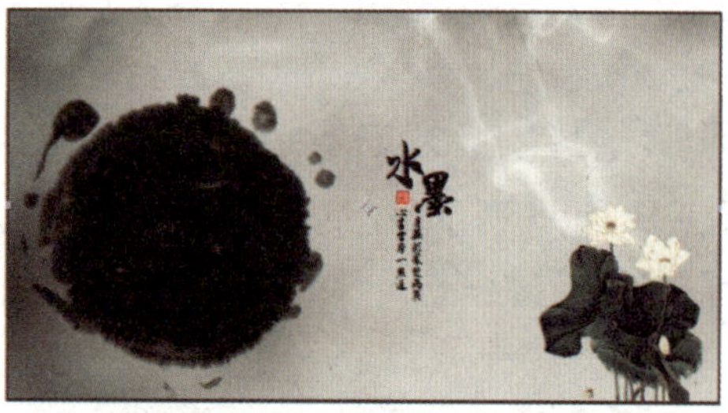

图 3-2-1　水墨画效果图 1

图 3-2-2　水墨画效果图 2

图 3-2-3　水墨画效果图 3

图 3-2-4　水墨画效果图 4

操作流程

1．新建一个名称为“水墨画效果”的项目。在项目中创建一个“预设”为“PAL Dl/DV宽银幕方形像素”的合成，将其命名为“水墨画”，设置持续时间为“0:00:10:00”，如图3-2-5所示。

2．双击项目面板中的空白区域，打开“导入文件”对话框，将本项目文件夹中的素材导入，将“山水01.jpg”添加到时间线面板中。此时合成监视窗的画面如图3-2-6所示。

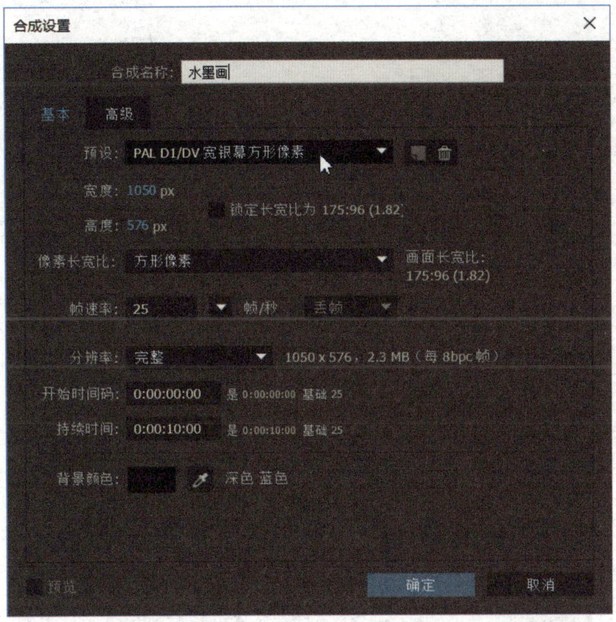

图3-2-5 “水墨画”合成的相关设置

图3-2-6 添加素材后的合成监视窗画面

3．选中“山水01”图层，在英文输入状态下按S键，打开“缩放”参数栏，设置“缩放”参数为“82.0，82.0%”，如图3-2-7所示。此时合成监视窗的画面如图3-2-8所示。

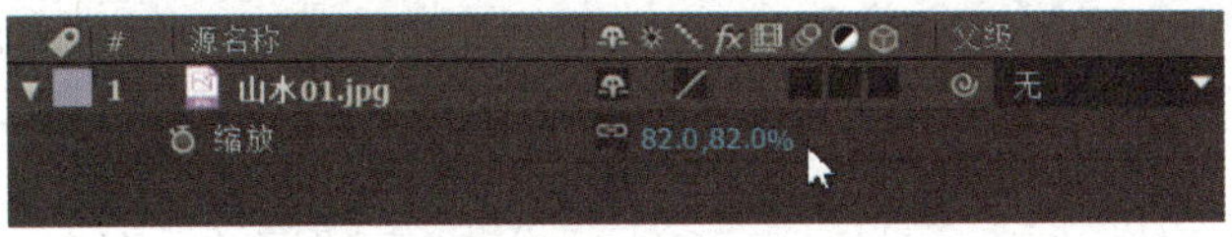

图3-2-7 设置“缩放”参数值

图3-2-8 缩放后的合成监视窗画面

4．选中“山水 01”图层，单击菜单栏“效果”→“风格化”→“查找边缘”选项，特效参数保持默认状态，此时的画面效果如图3-2-9所示。

5．单击菜单栏“效果”→“颜色修正”→“色相/饱和度”选项，如图3-2-10所示，为

"山水 01"图层应用"色相/饱和度"特效。在效果控制面板中，设置"主饱和度"[①]参数为"-100"，如图 3-2-11 所示，此时的画面效果如图 3-2-12 所示。

图 3-2-9　应用了"查找边缘"特效的画面

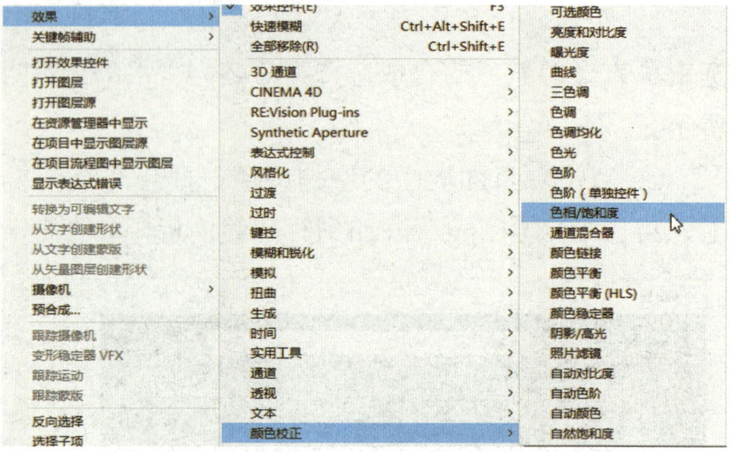

图 3-2-10　"色相/饱和度"选项

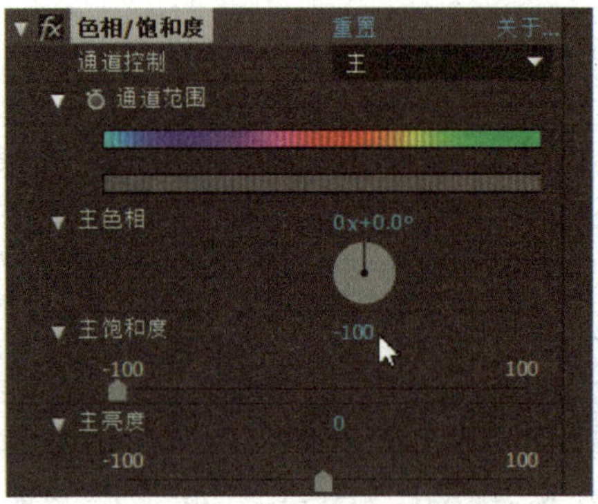

图 3-2-11　"主饱和度"参数设置

图 3-2-12　调整"主饱和度"后的画面

6. 选中"山水 01"图层，单击菜单栏"效果"→"颜色校正"→"曲线"选项，为其添加"曲线"[②]特效。进入"曲线"特效设置面板，设置曲线形状参数，如图 3-2-13 所示。添加"曲线"特效的目的是去除混乱的杂点，加深图片的边缘线，让亮的地方更亮，暗的地方更暗。完成曲线调整后的画面，如图 3-2-14 所示。

① 饱和度是指色彩的鲜艳程度，也称色彩的纯度。饱和度决定了颜色中含色成分和消色成分（灰色）的比例。饱和度越大，含色成分越大；饱和度越小，消色成分越大。

② 使用曲线进行颜色校正可以获得更大的自由度，在曲线上添加控制点，通过调整切线句柄，在定义好的颜色范围内可以进行更精确、更复杂地调整。同时，曲线调整具有强大的交互性，可以实时查看曲线外形和图像效果之间的关联。默认曲线是一根倾角为 45°的直线。这表示源图像中的颜色输入值和校正后的颜色输出值是相等的。在曲线图表中，0～85 的参数范围影响图像的阴影部分，86～170 的参数范围影响图像中间色调的区域，171～255 的参数范围影响图像的高亮区域。

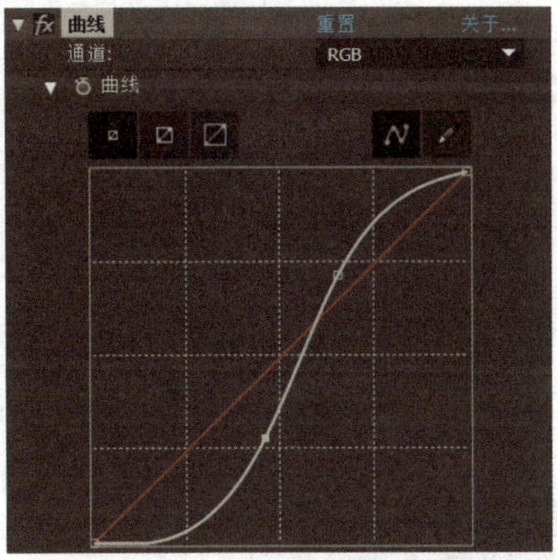

图 3-2-13　设置曲线形状参数

图 3-2-14　曲线调整后的画面

7．选中“山水 01”图层，按组合键“Ctrl+D”，将其复制一层，如图 3-2-15 所示。单击时间线面板下方的“切换开关/模式”，将上层的叠加模式设置为“相乘”①，如图 3-2-16 所示。此时的合成监视窗画面效果如图 3-2-17 所示。

图 3-2-15　复制“山水 01”图层

图 3-2-16　叠加方式设置为“相乘”

图 3-2-17　画面效果

8．选中底层的“山水 01”图层，为其添加“效果”→“模糊和锐化”→“高斯模糊”特效，进入效果控件面板，设置“模糊度”参数为“40.0”，如图 3-2-18 所示。调整后的画面如图 3-2-19 所示。

9．新建一个合成，将其命名为“水墨画 02”，参数和“水墨画”一样，将“宣纸.jpg”添加到合成“水墨画 02”中，如图 3-2-20 所示。

---

① 相乘模式是一种减色的混合模式，将基色与混合色相乘形成一种光线透过两张叠加在一起的幻灯片的效果。其中，任何颜色与黑色相乘的结果都是黑色，任何颜色和白色相乘都保持原色不变。

图 3-2-18　设置“模糊度”参数

图 3-2-19　调整“模糊度”后的画面

图 3-2-20　“宣纸.jpg”添加到合成“水墨画 02”中

10．选中“宣纸”图层，在英文输入状态下按 S 键，打开“缩放”参数栏，设置“缩放”参数为“133.0，133.0%”，如图 3-2-21 所示。此时缩放后的画面如图 3-2-22 所示。

图 3-2-21　“缩放”参数设置

图 3-2-22　缩放后的画面

11．将合成“水墨画”也添加到合成“水墨画 02”中，位置在“宣纸”图层之上，叠加模式设置为“相乘”，如图 3-2-23 所示，叠加后的画面如图 3-2-24 所示。

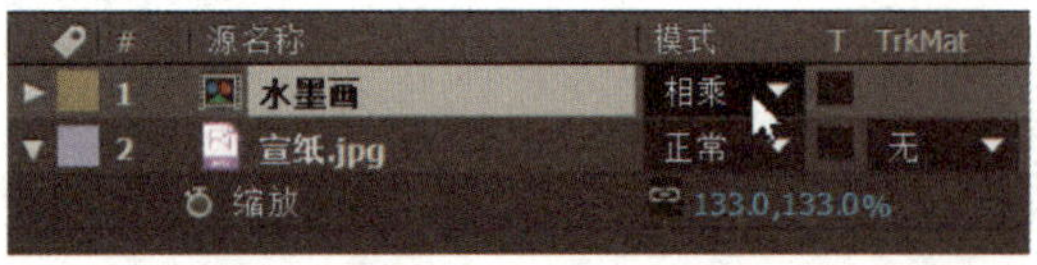

图 3-2-23　设置叠加模式

图 3-2-24　叠加后的画面

12．单击菜单栏“图层”→“新建”→“纯色”选项，新建一个纯色图层，将其命名为“文字”，匹配合成大小，设置颜色为黑色，如图 3-2-25 所示。将“文字”图层放置在“宣纸”图层的上面，如图 3-2-26 所示。

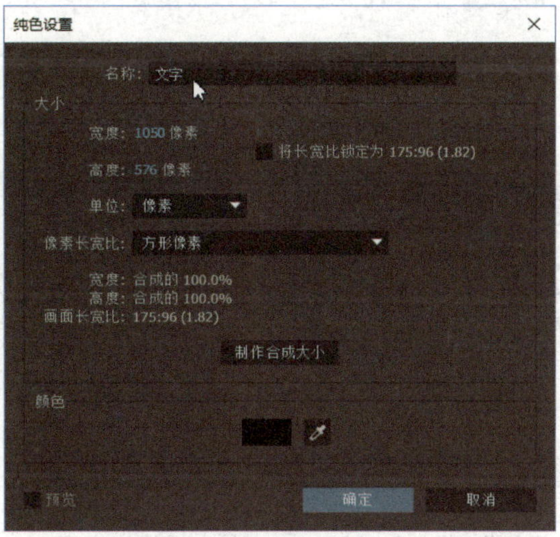

图 3-2-25　纯色图层的相关参数设置

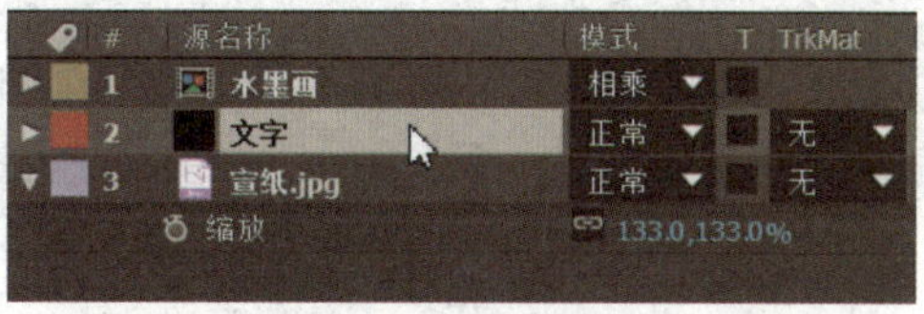

图 3-2-26　调整图层设置

13．选择“文字”图层，为其添加“效果”→“过时”→“基本文字”特效，在打开的“基本文字”对话框中输入文字“水墨画效果”，设置文字方向为“垂直”，字体类型设置为“STXingKai”，如图 3-2-27 所示。

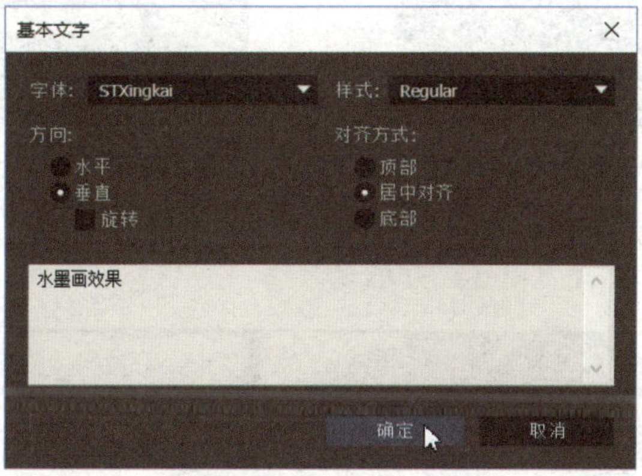

图 3-2-27　“基本文字”对话框

14．进入效果控件面板，设置文字的“位置”、“大小”和“颜色”，具体参数设置如图 3-2-28 所示。添加字幕后画面的效果如图 3-2-29 所示。

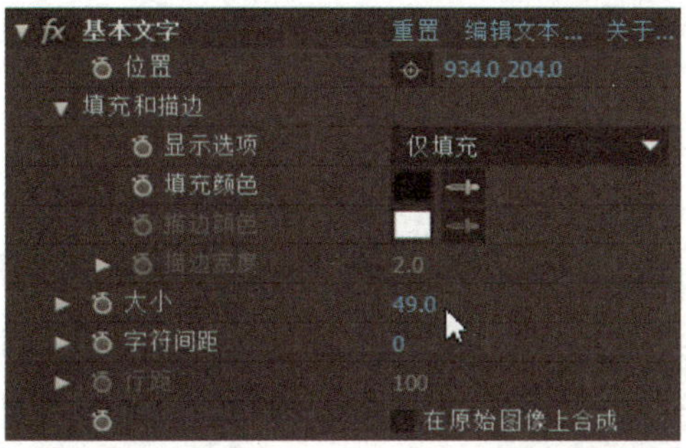

图 3-2-28　文字的相关参数设置

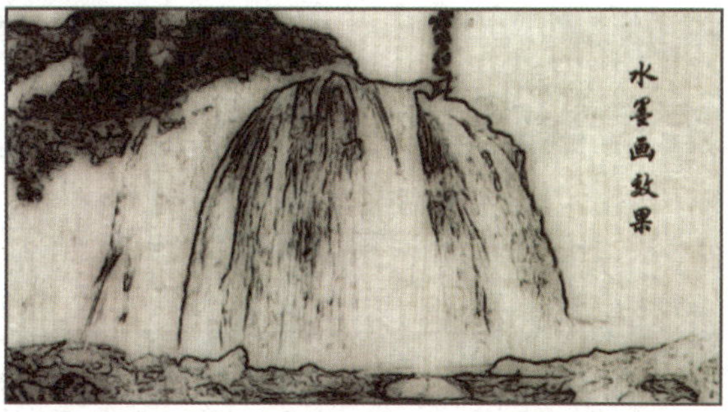

图 3-2-29　添加字幕后画面的效果

15．选择“文字”图层，为其添加“效果”→“模糊和锐化”→“高斯模糊”特效，进入效果控件面板，设置“模糊度”参数为“40.0”，如图 3-2-30 所示。此时，合成监视窗的画面如图 3-2-31 所示。

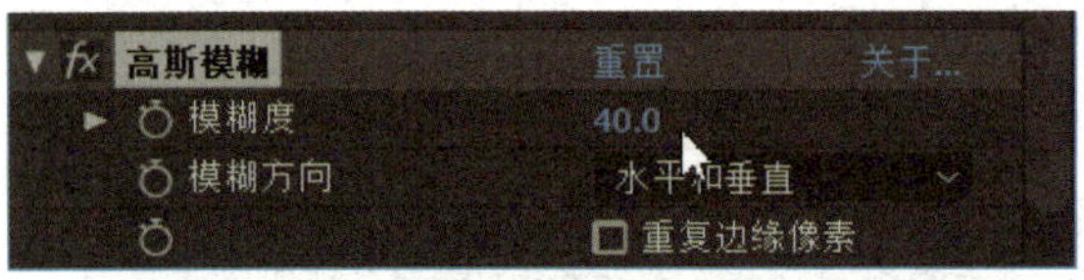

图 3-2-30　设置的“模糊度”参数

图 3-2-31　合成监视窗画面

16．选择“文字”图层，按组合键“Ctrl+D”，将其复制一层，如图 3-2-32 所示。进入上层“文字”图层的效果控件面板，按 Delete 键删除该图层中的“高斯模糊”特效，并将该图层的叠加模式设置为“相乘”，如图 3-2-33 所示。

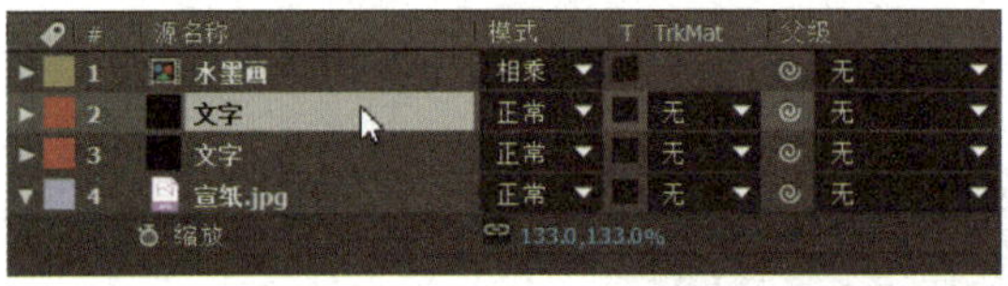

图 3-2-32　复制“文字”图层

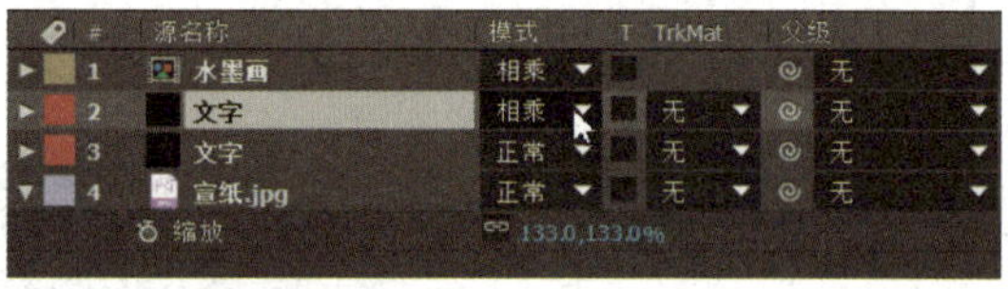

图 3-2-33　叠加方式设置为“相乘”

17．本项目的最终效果如图 3-2-34 所示。

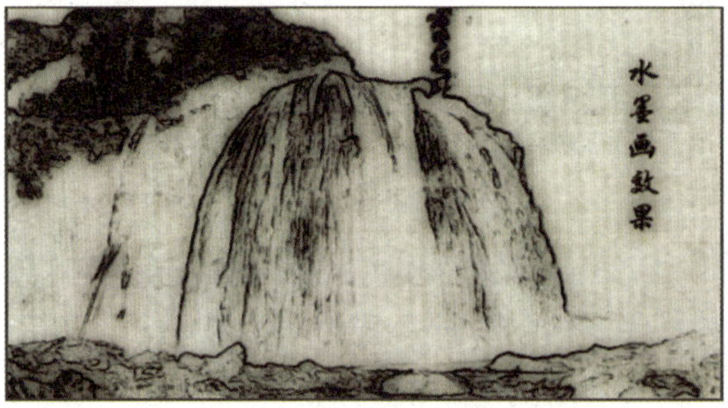

图 3-2-34　项目效果图

项目小结

此项目的知识重点是完成对画面颜色的调整和校正。对画面进行色彩调整和校正的目的是优化画面效果，实现素材间色彩的完美匹配，使影片画面中的元素相互协调统一，达到预期的画面效果。After Effects CC 2017 中常用的调色和校色工具均集聚在“颜色校正”特效系列内。

需要注意的是，对于基本的视频制作和特效合成处理并不需要在图层上运用太多的调色特效，色阶、曲线、通道混合器、色相/饱和度等基本工具完全可以高质量地优化和调整各个颜色通道的亮度、对比度和灰度系数，从而实现影片画面的色调平衡。

水墨画效果的制作也可以使用其他途径，但总体的思路和流程大致相同。接下来介绍另一种水墨画的制作方式，作为制作的参考。

1．新建一个合成，将素材添加到时间线面板中，调整缩放比例，向该层添加“效果”→“颜色修正”→“色相/饱和度”特效，进入效果设置面板，设置“主饱和度”参数为“-100”，如图 3-2-35 所示，使画面变成黑白，如图 3-2-36 所示。

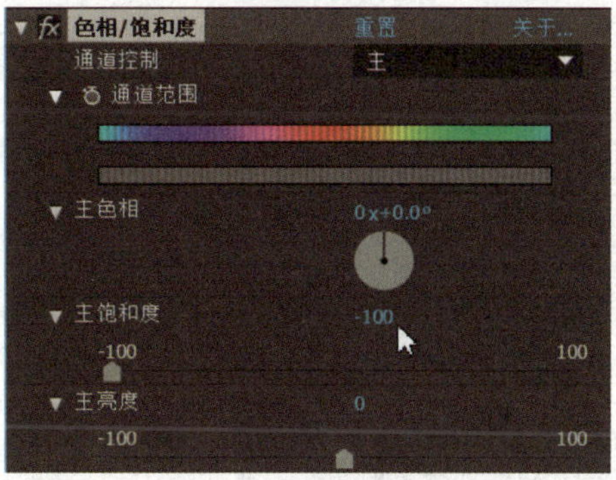

图 3-2-35　设置“主饱和度”数值

图 3-2-36　画面变成黑白

2．向该层添加“效果”→“颜色修正”→“亮度和对比度”特效，进入效果设置面板，提升画面的对比度，如图 3-2-37 所示。此时的画面效果如图 3-2-38 所示。

图 3-2-37　设置“对比度”参数

图 3-2-38　调整对比度后的画面效果

3．继续向该层添加“效果”→“模糊和锐化”→“高斯模糊”特效，进入效果设置面板，设置“模糊度”参数为“40.0”，如图 3-2-39 所示。调整后的画面效果如图 3-2-40 所示。

图 3-2-39　设置“模糊度”参数

图 3-2-40　调整高斯模糊后的画面效果

4．将素材再次添加到时间线面板上，新素材位于上层，调整其画面比例，使上下画面完全重合，如图 3-2-41 所示。此时的画面效果如图 3-2-42 所示。

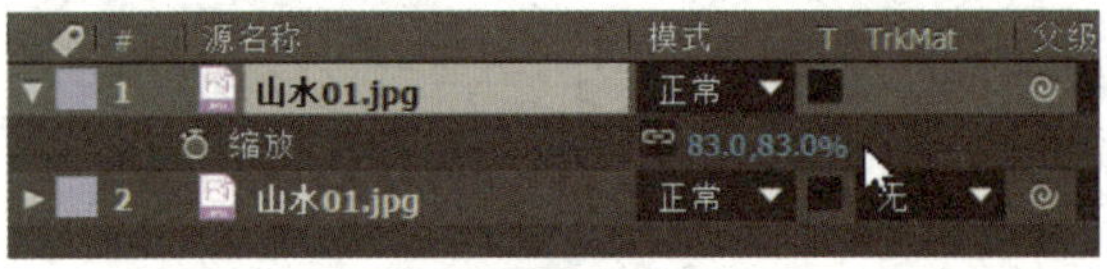

图 3-2-41　调整新素材画面比例

图 3-2-42　调整画面比例后的画面效果

5．向该层添加“效果”→“颜色修正”→“色相/饱和度”特效，进入效果设置面板，设置“主饱和度”参数为“-100”，使画面变成黑白，如图 3-2-43 所示。

6．向该层添加“效果”→“风格化”→“查找边缘”特效，特效参数保持默认状态，此时的画面效果如图 3-2-44 所示。

图 3-2-43　画面变成黑白

图 3-2-44　“查找边缘”特效画面效果

7．向该层添加“效果”→“颜色修正”→“曲线”特效，去除画面中的灰色部分，降低高亮区域的层次，调整后的曲线图如图 3-2-45 所示。调整后的画面效果如图 3-2-46 所示。

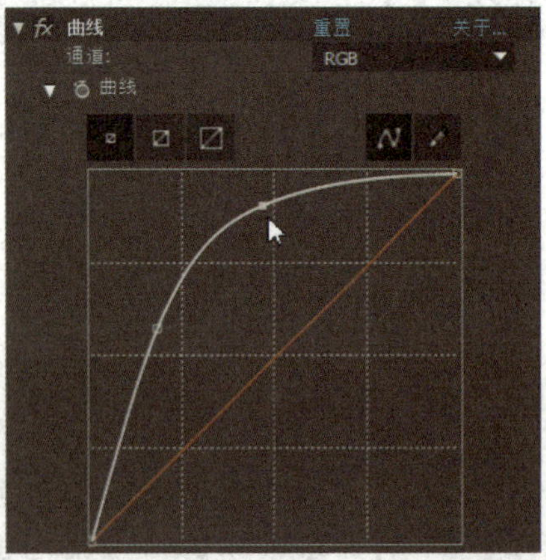

图 3-2-45　调整后的曲线图

图 3-2-46　调整后的画面效果

8．向该层添加“效果”→“模糊和锐化”→“高斯模糊”特效，给画面加一点“高斯模糊”，此时的画面效果如图 3-2-47 所示。设置该层的叠加模式为“相乘”，如图 3-2-48 所示。

图 3-2-47 “高斯模糊”后的画面效果

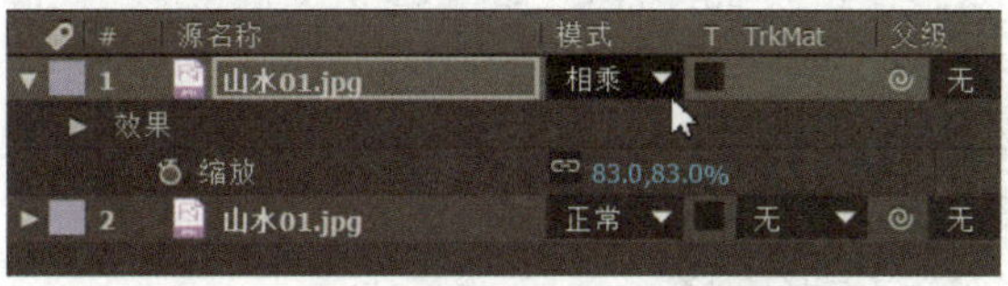

图 3-2-48 设置图层的叠加模式

此时合成监视窗的画面如图 3-2-49 所示。

9. 将“宣纸”文件导入，添加到时间线最上层，调整缩放比例，使其充满画面，设置叠加方式为“相乘”，此时的画面效果如图 3-2-50 所示。

至此，水墨画效果制作完成。

图 3-2-49 合成监视窗的画面

图 3-2-50 画面效果

两种水墨画的制作方式略有区别，使用的特技顺序不同，最终效果也有较大的差异。可以根据喜好，选择自己喜欢的水墨画制作方法。

课后检测 3.2

1. 简答题

（1）打开图层“大小”参数栏的快捷键是什么？

（2）复制图层的快捷键是什么？

（3）哪种特效能减少图像内杂色，通过对像素亮度的混合，使图像产生一种柔和的墨状效果？

2. 选择题

查找边缘（Find Edge）特效属于（　　）滤镜组。

A. 颜色修正（Color Correction）

B. 曲线（Curves）

C. 风格化（Stylize）

D. 模糊和锐化（Blur&Sharpen）

项目 3.3　在三维空间中制作立体盒子

学习目标

- 了解制作三维效果的基本思路和技巧
- 熟悉三维图层、绑定等工具的功能
- 掌握关键帧的制作技巧
- 掌握统一摄像机工具的使用技巧
- 掌握应用三维图层的技巧

项目分析

本项目是制作一个转动的三维盒子。通过转动，三维盒子的每个角度都能呈现在观众眼前，相对于平面效果有更强的立体感，既有娱乐性，又有装饰性。制作过程中需要用到“图层属性”“绑定”“摄像机”等功能，通过设定相应参数，完成三维盒子的制作。

效果展示

三维盒子最终效果如图 3-3-1 至图 3-3-4 所示。

图 3-3-1　三维盒子效果图 1

图 3-3-2　三维盒子效果图 2

图 3-3-3　三维盒子效果图 3

图 3-3-4　三维盒子效果图 4

操作流程

1．新建一个名称为“三维盒子”的项目。在项目中，创建一个“预设”为“PAL Dl/DV宽银幕方形像素”的合成，将其命名为“盒子”，设置持续时间为“00:00:10:00”，如图3-3-5所示。

2．双击项目面板中的空白区域，打开“导入文件”对话框，将本项目文件夹下的素材导入，如图3-3-6所示。

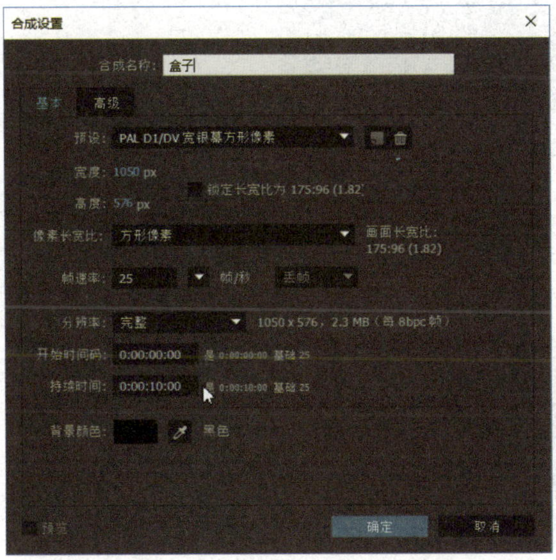

图3-3-5　“盒子”合成的相关设置

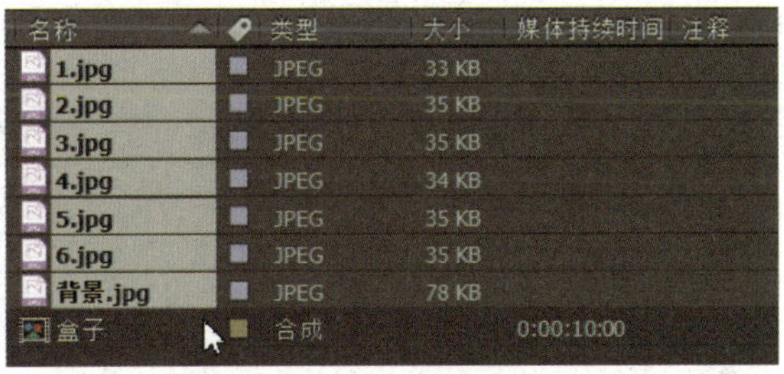

图3-3-6　将素材导入

3．将“背景”素材添加到合成中，合成监视窗显示左右有黑边，如图3-3-7所示。用鼠标拖曳“背景”素材四角的控制点，使素材充满合成监视窗，如图3-3-8所示。拖曳时按住Shift键可以保持素材的长宽比不变，调整后的合成监视窗画面，如图3-3-9所示。

图3-3-7　合成监视窗显示左右有黑边

图3-3-8　拖曳“背景”素材四角的控制点

4．将其他素材添加到合成中，添加后在时间线中的顺序如图3-3-10所示。

图 3-3-9　调整后合成监视窗画面 1

图 3-3-10　添加到时间线中的素材顺序

5．选中时间轴面板中“1.jpg～6.jpg”图层的素材，单击开启三维模式按钮，如图 3-3-11 所示。

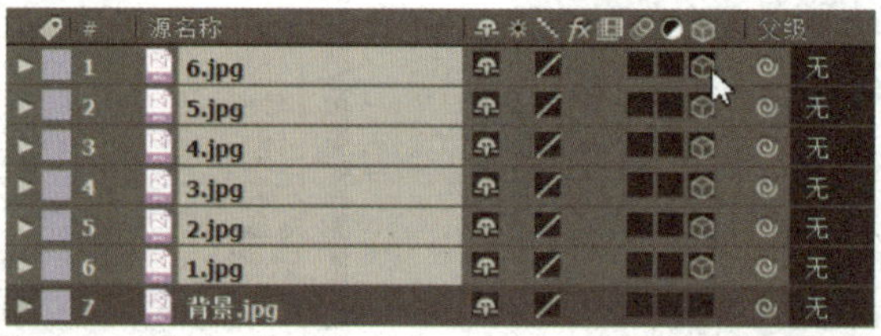

图 3-3-11　开启图层三维效果后的时间线状态

6．单击菜单栏“图层”→“新建”→“摄像机”选项，建立摄像机。新建一个“预设”为“35 毫米”的摄像机，如图 3-3-12 所示。将“摄像机 1”图层置于最上方，如图 3-3-13 所示。

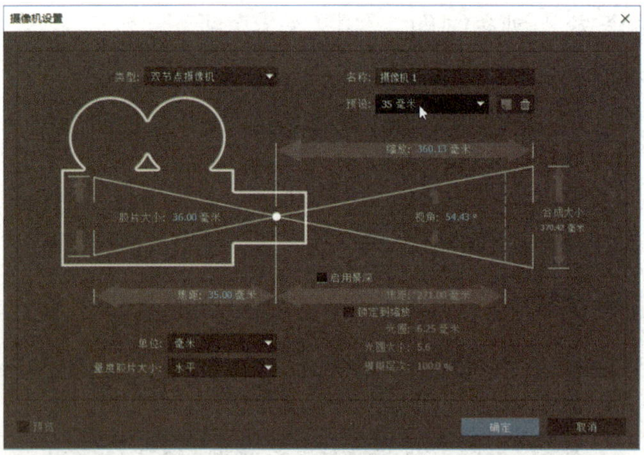

图 3-3-12　摄像机参数设置

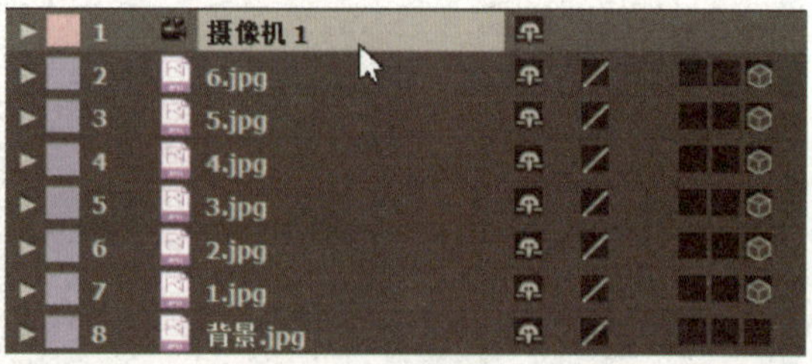

图 3-3-13　“摄像机 1”图层置于最上方

7．单击工具栏中的“统一摄像机工具”，如图 3-3-14 所示。在合成监视窗中拖曳鼠标指针，设置一个立体感比较强的角度，为拼接盒子做准备。调整后的合成监视窗画面如图 3-3-15 所示。

图 3-3-14 工具栏中的“统一摄像机工具”

图 3-3-15 调整后的合成监视窗画面 2

8. 单击选中“1.jpg”图层，在英文输入状态下按 P 键，打开图层的“位置”参数，将其第三项“*Z* 轴”参数设置为“-200”，如图 3-3-16 所示。调整后的合成监视窗画面如图 3-3-17 所示。

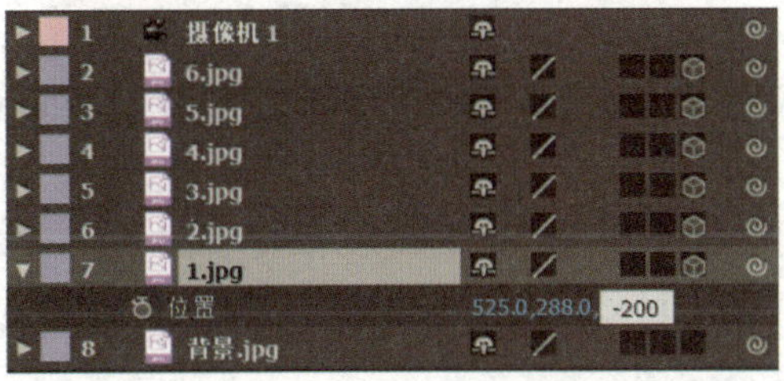

图 3-3-16 设置“1.jpg”图层的“位置”参数

图 3-3-17 调整后的合成监视窗画面 3

9. 单击选中“2.jpg”图层，在英文输入状态下，按 R 键，打开图层的“旋转”参数，调整画面角度，使画面沿 *Y* 轴旋转 90°，如图 3-3-18 所示。调整后的合成监视窗画面如图 3-3-19 所示。

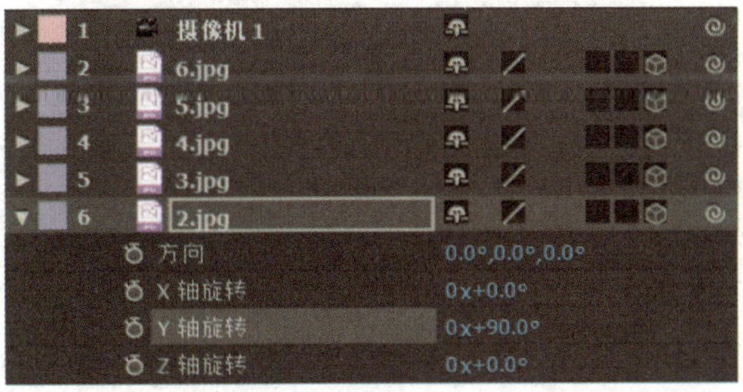

图 3-3-18 设置“2.jpg”图层“旋转”参数

图 3-3-19 调整后的合成监视窗画面 4

10. 按 P 键打开“2.jpg”图层的“位置”参数，将 *X* 轴数值设为“325”，如图 3-3-20 所示。调整后的合成监视窗画面，如图 3-3-21 所示。

11. 单击选中“3.jpg”图层，在英文输入状态下按 P 键，打开图层的“位置”参数，将 *Z* 轴数值增大为“200”，如图 3-3-22 所示。调整后的合成监视窗画面如图 3-3-23 所示。

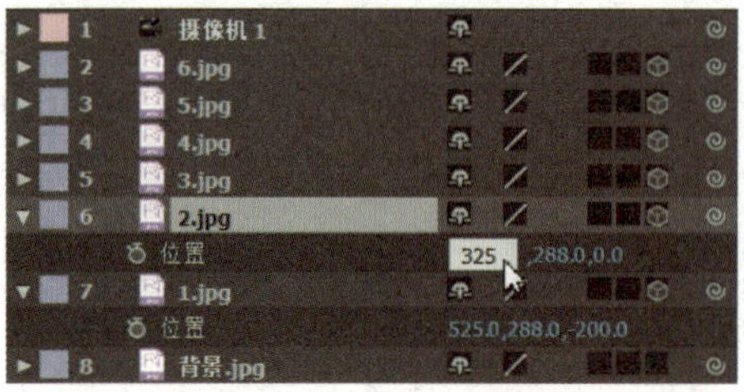

图 3-3-20　设置“2.jpg”图层的“位置”参数

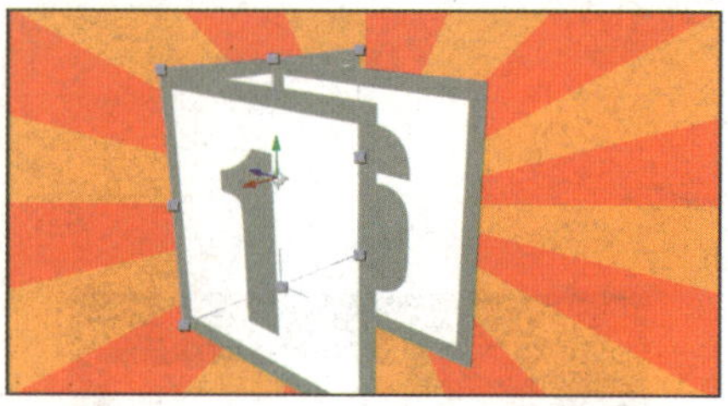

图 3-3-21　调整后的合成监视窗画面 5

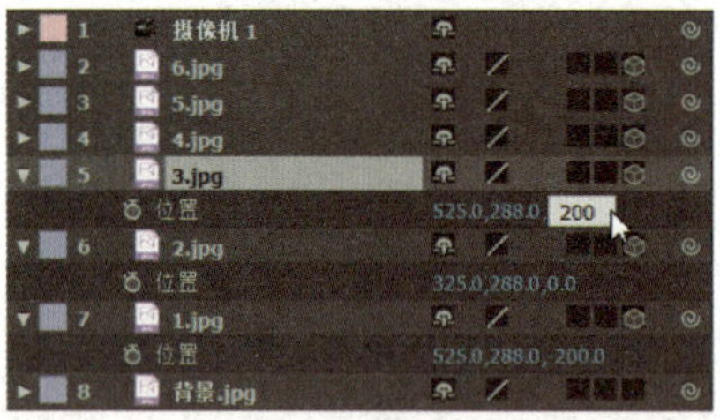

图 3-3-22　设置“3.jpg”图层的“位置”参数

图 3-3-23　调整后的合成监视窗画面 6

12．单击选中“4.jpg”图层，在英文输入状态下按 R 键，打开图层的“旋转”参数，将“*X* 轴旋转”参数设置为“0x+90.0°”，如图 3-3-24 所示。调整后的合成监视窗画面如图 3-3-25 所示。

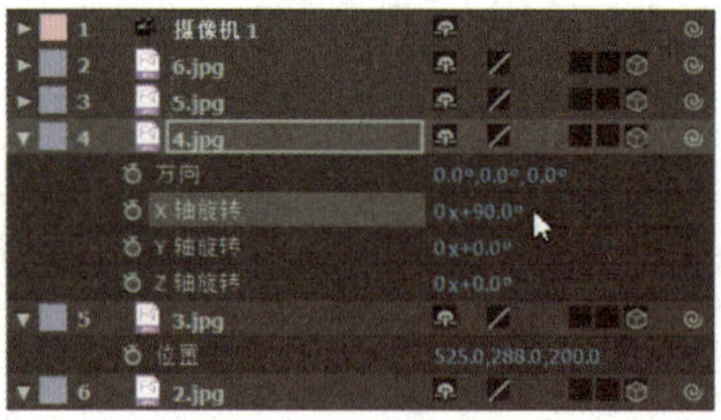

图 3-3-24　设置“4.jpg”图层的“旋转”参数

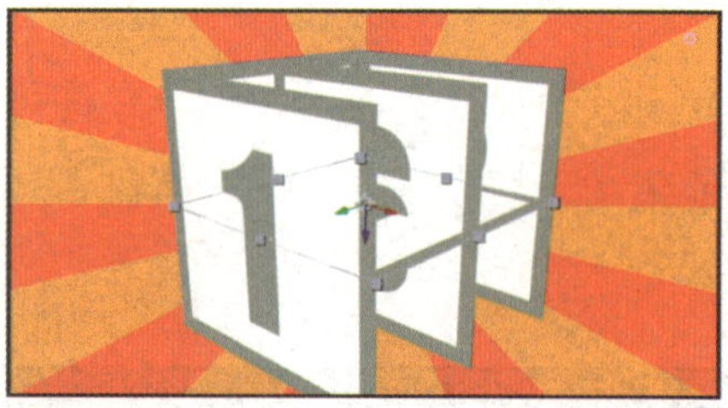

图 3-3-25　调整后的合成监视窗画面 7

13．按 P 键，打开“4.jpg”图层的“位置”参数，将 *Y* 轴数值设置为“488”，如图 3-3-26 所示。调整后的“合成监视窗画面”如图 3-3-27 所示。

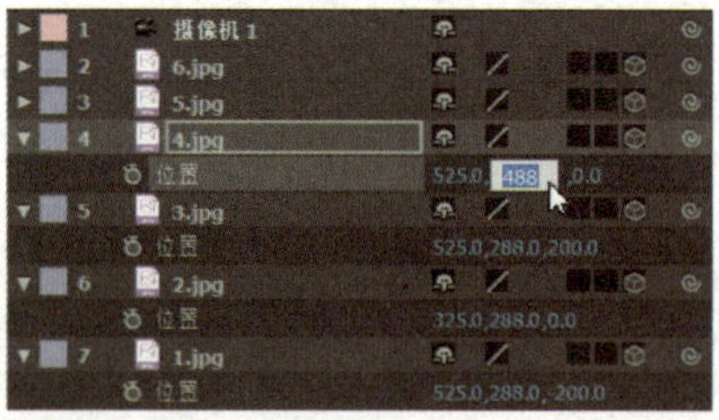

图 3-3-26　设置“4.jpg”图层的“位置”参数

图 3-3-27　调整后的合成监视窗画面 8

14．单击选中“5.jpg”图层，在英文输入状态下按 R 键，打开图层的“旋转”参数，将“*X* 轴旋转”参数设置为“0x+90°”，如图 3-3-28 所示。调整后的合成监视窗画面如图 3-3-29 所示。

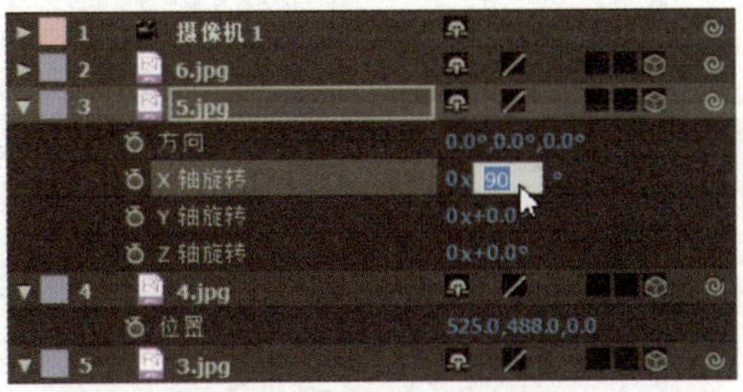

图 3-3-28 设置“5.jpg”图层的“旋转”参数

图 3-3-29 调整后的合成监视窗画面 9

15．按 P 键，打开“5.jpg”图层的“位置”参数，将 *Y* 轴数值设置为“88”，如图 3-3-30 所示。调整后的合成监视窗画面如图 3-3-31 所示。

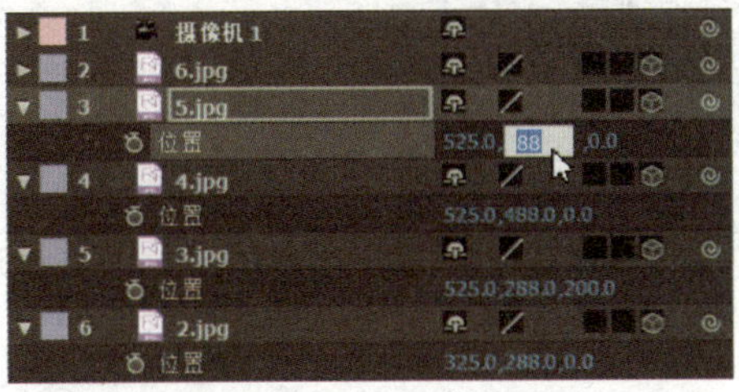

图 3-3-30 设置“5.jpg”图层的“位置”参数

图 3-3-31 调整后的合成监视窗画面 10

16．单击选中“6.jpg”图层，在英文输入状态下按 P 键，打开图层的“位置”参数，将 *X* 轴数值设置为“725”，如图 3-3-32 所示。调整后的合成监视窗画面如图 3-3-33 所示。

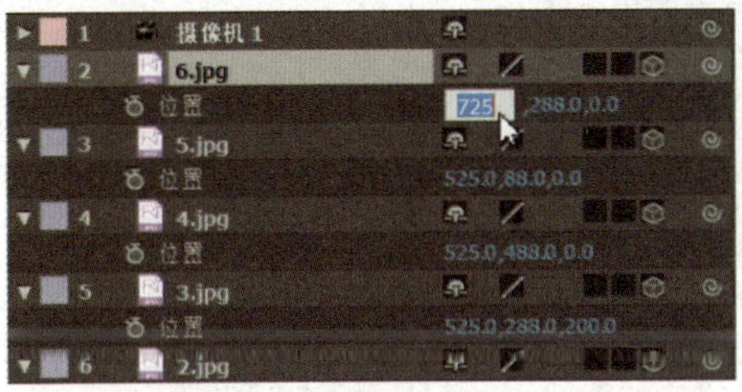

图 3-3-32 设置“6.jpg”图层的“位置”参数

图 3-3-33 调整后的合成监视窗画面 11

17．按 R 键，打开“6.jpg”图层的“旋转”参数，将“*Y* 轴旋转”参数设置为“0x+90°”，如图 3-3-34 所示。调整后的合成监视窗画面如图 3-3-35 所示。

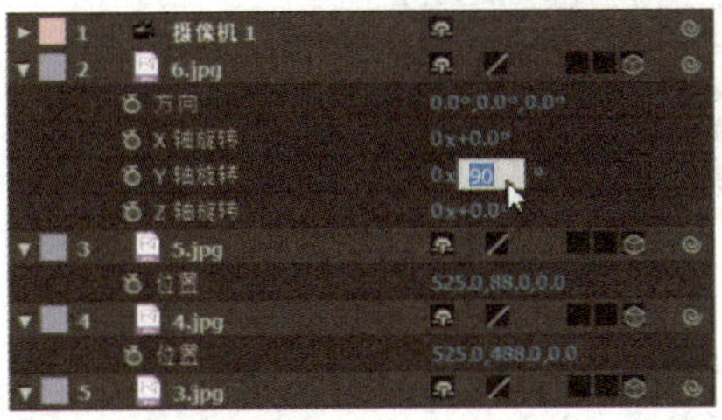

图 3-3-34 设置“6.jpg”图层的“旋转”参数

图 3-3-35 调整后的合成监视窗画面 12

18．单击菜单栏的“图层”→“新建”→“空对象”选项，如图 3-3-36 所示，在合成中新建一个“空 1”图层，如图 3-3-37 所示。

图 3-3-36　新建一个“空对象”

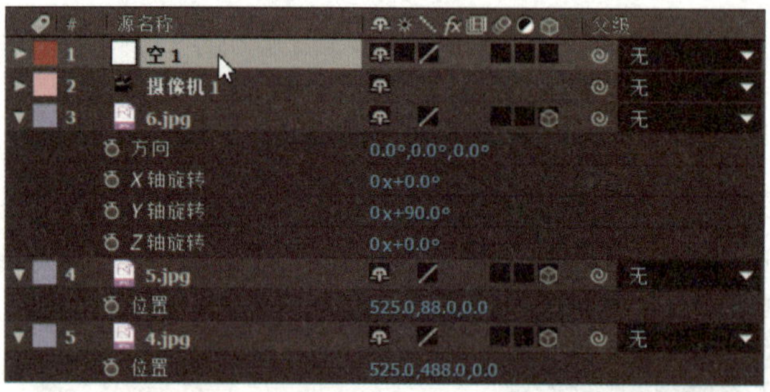

图 3-3-37　时间线中的“空 1”图层

19．选中“1.jpg”至“6.jpg”6 个图层，在其中任意一个图层的“父级”属性下单击，在下拉菜单中选择“空 1”图层，设置父子阶层关系如图 3-3-38 所示。把所有图层都链接到“空 1”图层上，如图 3-3-39 所示。接下来只要调整“空 1”图层的属性即可带动立方体。

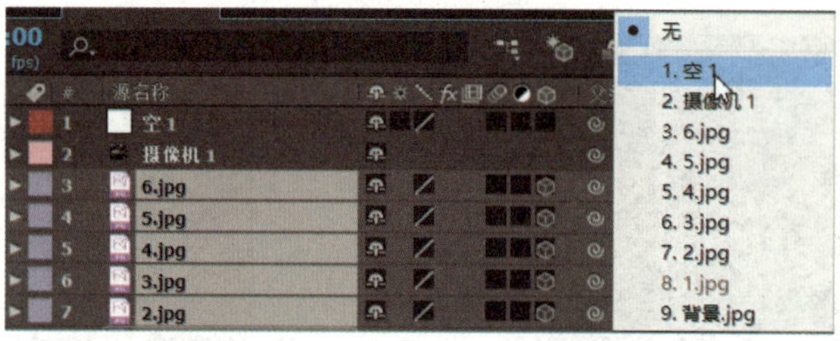

图 3-3-38　设置父子阶层关系

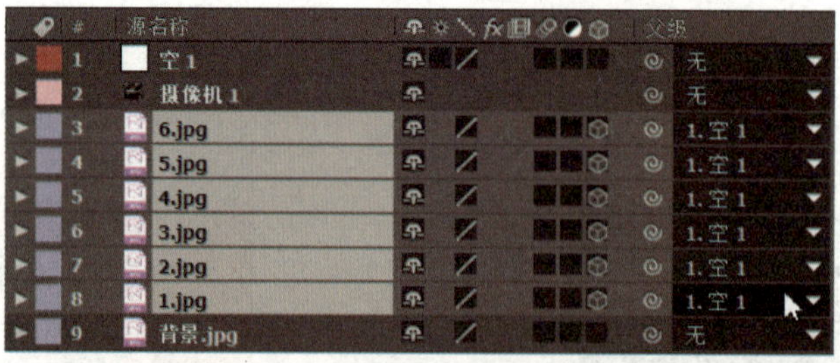

图 3-3-39　所有图层都链接到“空 1”图层上

20．选择“空 1”图层，打开其“三维模式”属性，按 R 键显示“旋转”属性，如图 3-3-40 所示。

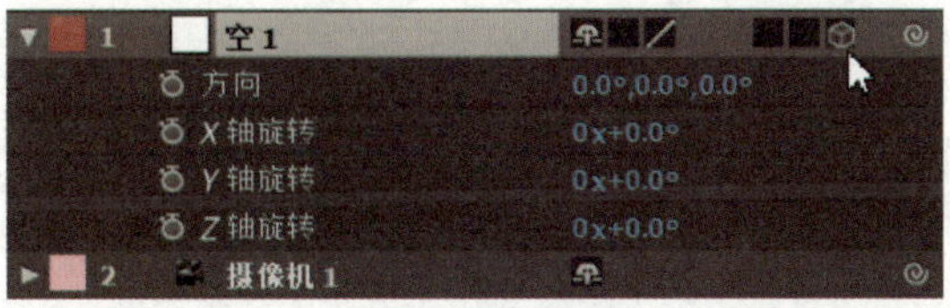

图 3-3-40　打开“空 1”图层的“三维模式”属性

21．将时间指示器定位在最左端，单击 *X*、*Y*、*Z* 轴旋转前的码表，在时间线起始点打关键帧，如图 3-3-41 所示。

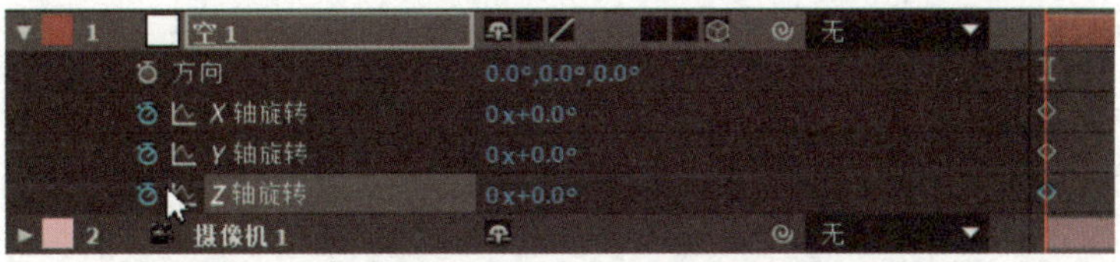

图 3-3-41　激活关键帧后的时间线面板

22．将时间指示器拖曳到最右端，将 *X*、*Y*、*Z* 轴旋转参数均设置为“2x+0.0°”，即旋转两圈，如图 3-3-42 所示。此时自动生成关键帧，完成动画的制作。

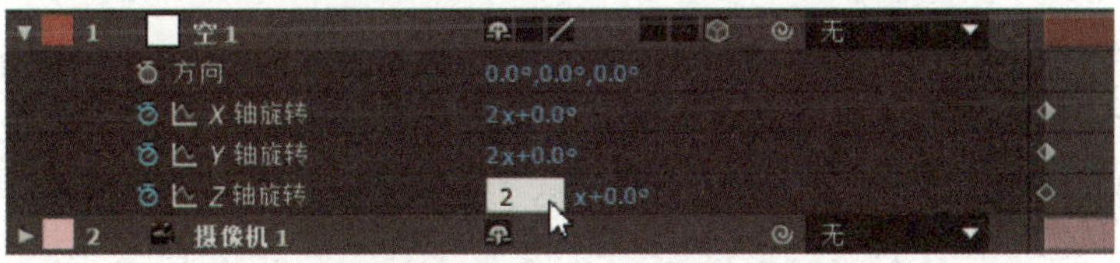

图 3-3-42　设置旋转角度

23．预览动画，本项目制作完成，项目效果图如图 3-3-43 所示。

图 3-3-43　项目效果图

项目小结

此项目的知识重点为三维图层的使用。开启三维模式效果并不是真正意义上的三维，而是通过二维的方法模拟三维效果，呈现出相比二维画面更强的立体感和空间感，带来视觉上的冲击与震撼。当开启三维效果后，在原有的 *X* 轴和 *Y* 轴基础上，增加了 *Z* 轴，即深度值，使“位置”的调整不再局限于二维空间内，不但可以调节上下左右，还可以调节前后纵深。

拼合立方体的时候，除了用参数化手段调整，也可以利用轴向坐标工具直接手动调整，这样更直观、更快捷，但准确性不及参数调整高。

在三维盒子项目的基础上，只要稍加扩展，就可以制作出如三维相册之类的效果，操作方法相同。读者在掌握本项目操作后，可以尝试三维相册的制作。

课后检测 3.3

简答题

（1）打开“位置”参数的快捷键是什么？打开“旋转”参数的快捷键是什么？

（2）背景素材对三维盒子的效果有什么作用？

（3）在制作好的三维盒子的基础上，你能让盒子在空间中运动吗？

项目 3.4　设置摄像机动作制作透视文字

学习目标

- 了解摄像机和灯光图层在 After Effects CC 2017 中的使用方法
- 熟悉摄像机的各参数，尤其是“目标点”和“位置”参数的设定方法
- 掌握灯光图层参数的设置方法

项目分析

本项目重点介绍 After Effects CC 2017 中摄像机的使用。通过设定摄像机的“位置”及“目标点”参数，实现文字的透视效果。为了丰富画面层次，可以给画面应用灯光图层，在灯光图层的配合下，使整个场景更有纵深感。

效果展示

本项目最终效果如图 3-4-1 至图 3-4-4 所示。

图 3-4-1　透视文字的效果图 1

图 3-4-2　透视文字的效果图 2

图 3-4-3　透视文字的效果图 3

图 3-4-4　透视文字的效果图 4

操作流程

1．启动 After Effects CC 2017 软件，创建一个名字为“透视文字”的项目文件，单击菜单栏“合成”→“新建合成”①选项，创建一个“预设”为“HDV/HDTV 720 25”的合成，将其命名为“透视场景”，设置持续时间为“0:00:10:00”，“合成设置”对话框相关设置，如图 3-4-5 所示。

2．单击菜单栏“图层”→“新建”→“纯色”②选项，新建一个纯色图层并将其命名为“底层”，“宽度”和“高度”都设置为“2800”像素，如图 3-4-6 所示。将其颜色设置为 RGB“42，167，251”，如图 3-4-7 所示。

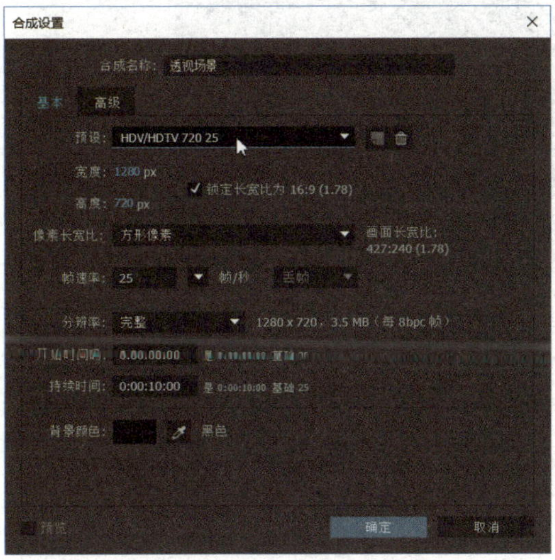

图 3-4-5　“合成设置”对话框相关设置

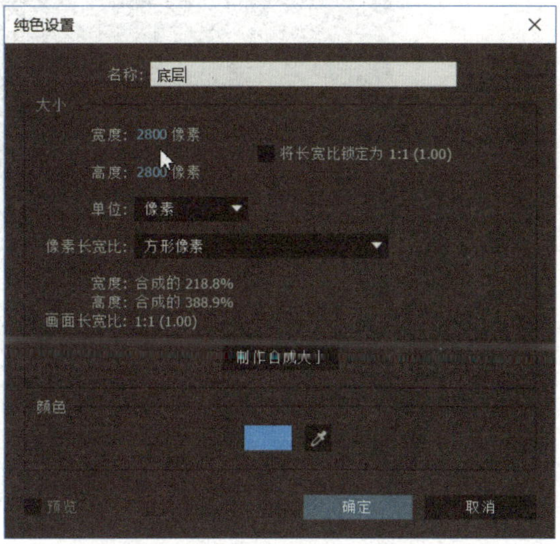

图 3-4-6　纯色图层的相关参数

3．将“底层”的三维开关打开，如图 3-4-8 所示。单击菜单栏“图层”→“新建”→“摄像机”③选项，新建一个“预设”为“35 毫米”的摄像机，勾选“启用景深”复选框，“焦距”参数设置为“271.00”毫米，如图 3-4-9 所示。

---

① “新建合成”的组合键为“Ctrl+N”。

② 新建“纯色”图层的组合键为“Ctrl+Y”。

③ 在 After Effects 中，我们常常需要运用一个或多个摄像机来创造空间场景、观看合成空间，摄像机工具不仅可以模拟真实摄像机的光学特性，还能避免受三脚架、重力等条件的制约，在空间中任意移动。

图 3-4-7　“纯色层”的颜色设置

图 3-4-8　打开“底层”的三维开关

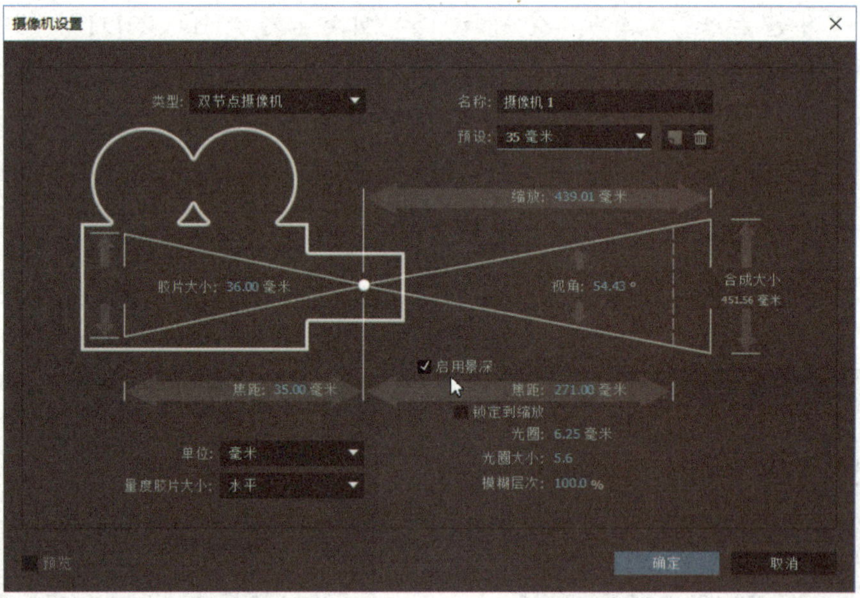

图 3-4-9　“摄像机”的参数设置

4．展开“底层”的“变换”选项，将“位置”参数设置为“640.0，360.0，30.0”，“*X* 轴旋转”参数设置为“0x+87.0°”，展开“材质选项”，将“投影”设置为“开”，如图 3-4-10 所示。此时合成监视窗的画面如图 3-4-11 所示。

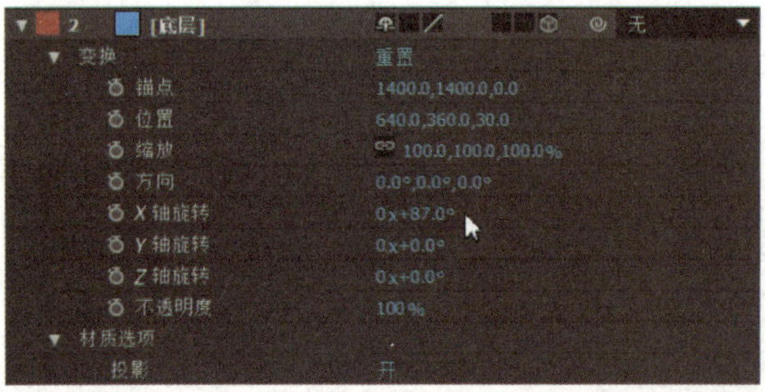

图 3-4-10　“底层”的相关参数设置

图 3-4-11　合成监视窗的画面 1

5．对摄像机各参数进行设置。展开“摄像机 1”图层的“变换”选项，将“目标点”参数设置为“65.0，1335.0，830.0”，“位置”参数设置为“450.0，250.0，480.0”，“*X* 轴旋转”参数设置为“0.0x+54.0°”，“*Y* 轴旋转”参数设置为“0x+28.0°”，如图 3-4-12 所示。此时合成监视窗的画面如图 3-4-13 所示。

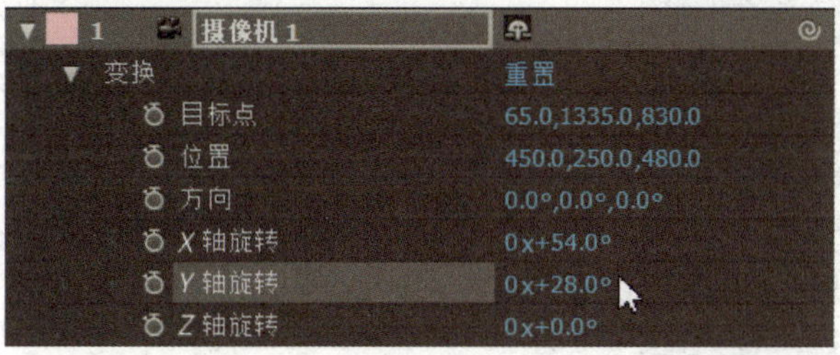

图 3-4-12　“摄像机 1”的相关参数设置

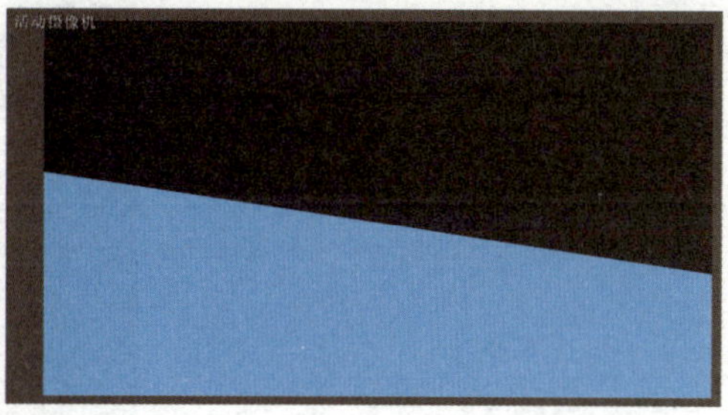

图 3-4-13　合成监视窗的画面 2

6．单击菜单栏“图层”→“新建”→“文本”选项，创建一个文字图层，输入文字“您所关心的”，在字符面板中，将文字的颜色设置为 RGB“250，254，0”，如图 3-4-14 所示。将字体设置为“黑体”，字号设置为“40”像素，如图 3-4-15 所示。

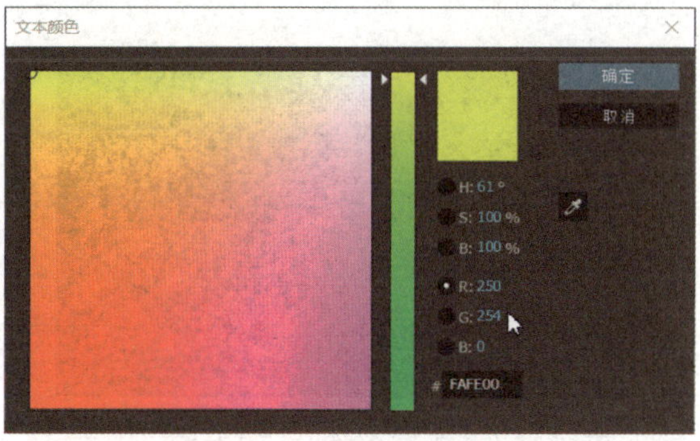

图 3-4-14　文字的颜色设置

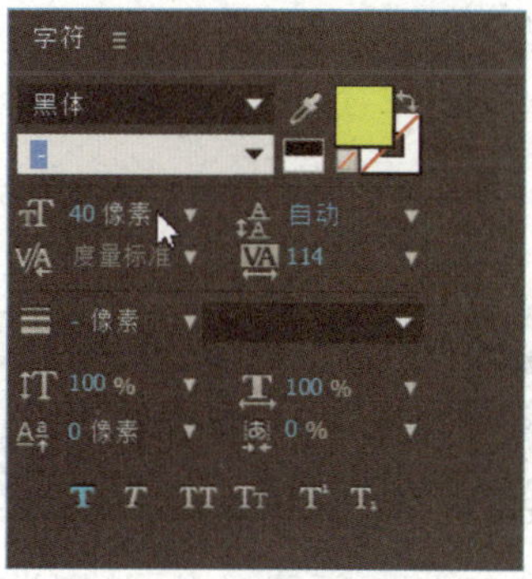

图 3-4-15　字体、字号设置

7．将文字图层的三维开关打开，展开“变换”选项，将“位置”参数设置为“332.0，322.0，815.0”；如图 3-4-16 所示。展开“材质选项”，将“投影”设置为“开”。此时合成监视窗的画面如图 3-4-17 所示。

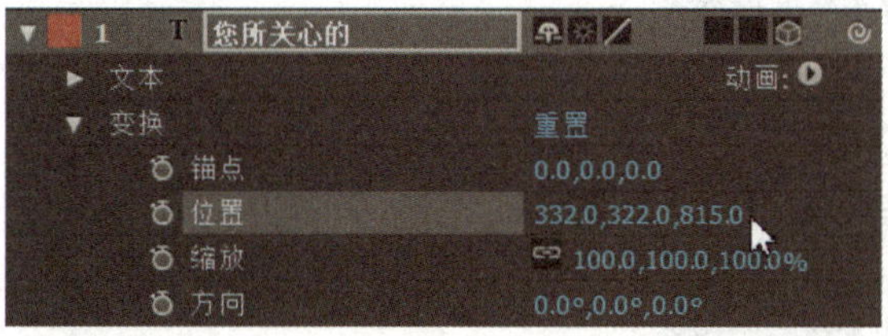

图 3-4-16　文字层的“位置”参数设置

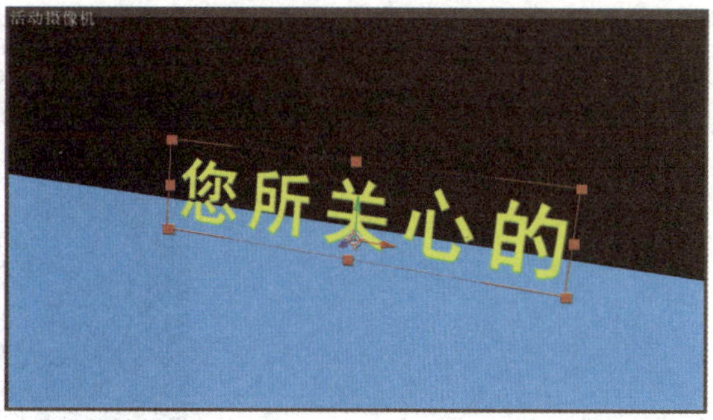

图 3-4-17　合成监视窗的画面 3

8．单击菜单栏“图层”→“新建”→“灯光”选项，新建一个灯光图层，命名为“灯光

1”，将“灯光类型”设置为“聚光”，“颜色”设置为 RGB“42，167，251”的蓝色，“强度”设置为“400%”，勾选“投影”项，如图 3-4-18 所示。

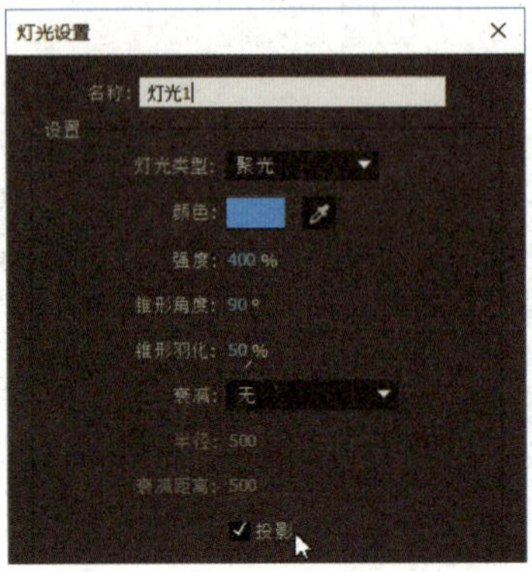

图 3-4-18　“灯光 1”图层的参数设置

9. 展开“灯光 1”图层的“变换”选项，将“目标点”参数设置为“324.0，334.0，829.0”，“位置”参数设置为“361.0，279.0，508.0”，如图 3-4-19 所示。此时合成监视窗的画面如图 3-4-20 所示。

图 3-4-19　新建灯光层的相关设置

图 3-4-20　合成监视窗的画面 4

10. 单击菜单栏“图层”→“新建”→“灯光”选项，新建一个灯光图层，命名为“灯光 2”，将“灯光类型”设置为“点”，“颜色”设置为 RGB“42，167，251”的蓝色，“强度”设置为“350%”，勾选“投影”项，如图 3-4-21 所示。

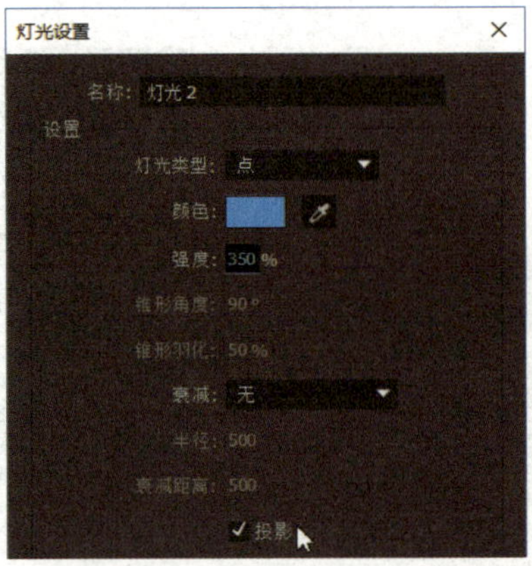

图 3-4-21　“灯光 2”图层的参数设置

11．展开“灯光 2”图层的“变换”选项，将“位置”参数设置为“474.0，234.0，342.0”，如图 3-4-22 所示。此时合成监视窗的画面如图 3-4-23 所示。

图 3-4-22 “位置”参数设置

图 3-4-23 合成监视窗的画面 5

12．将文字图层“您所关心的”选中，按组合键“Ctrl+D”，复制文字图层。使用工具栏中的文字工具“T”，将新复制的文字图层中的文字改为“是我们所关注的”，如图 3-4-24 所示。

13．展开文字图层“是我们所关注的”的“变换”选项，设置“位置”参数为“770.0，260.0，585.0”，“*Y* 轴旋转”参数为“0x-75°”，如图 3-4-25 所示。

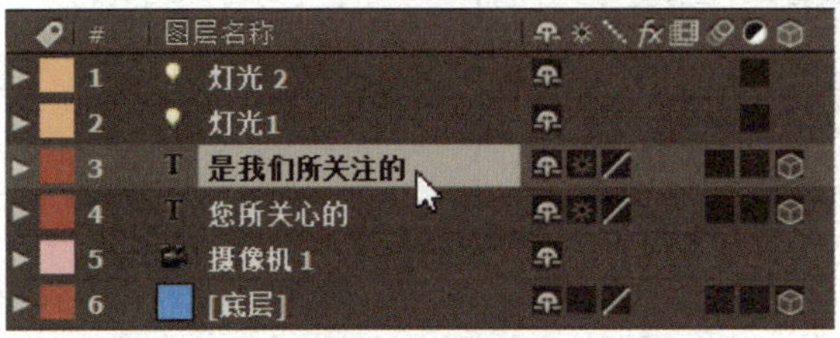

图 3-4-24 新复制的文字图层

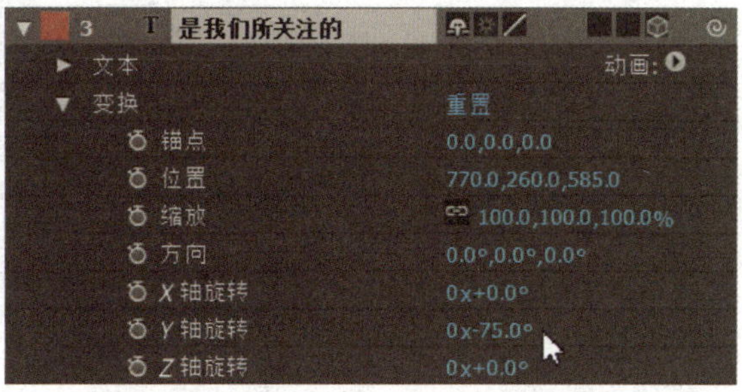

图 3-4-25 文字图层参数设置

14．将文字图层“您所关心的”选中，按组合键“Ctrl+D”，复制文字图层。将新复制的图层拖曳到“是我们所关注的”图层上方。使用工具栏中的文字工具“T”，将新复制的文字图层中的文字改为“关注民生”，如图 3-4-26 所示。

15．展开文字图层“关注民生”的“变换”选项，设置“位置”参数为“1160.0，250.0，-55.0”，“*Y* 轴旋转”参数为“0x-75°”，如图 3-4-27 所示。

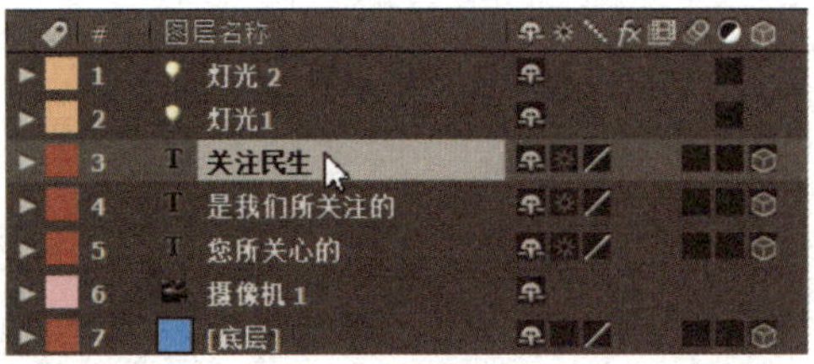

图 3-4-26 新复制的文字图层

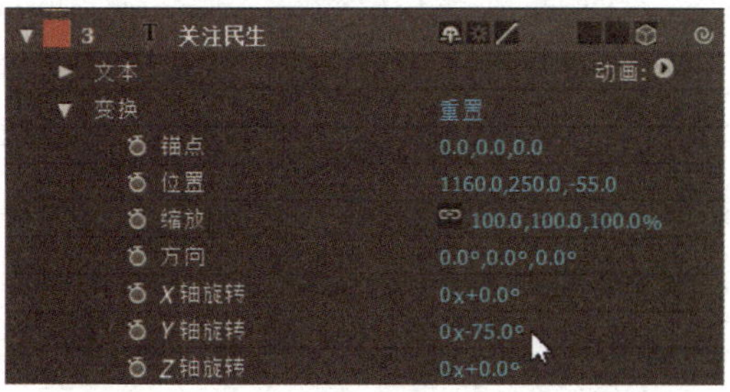

图 3-4-27 文字图层参数设置

16. 将文字图层“您所关心的”选中，按组合键“Ctrl+D”，复制文字图层。将新复制的图层拖曳到“关注民生”图层上方。使用工具栏中的文字工具“T”，将新复制的文字图层中的文字改为“聚焦热点”，如图 3-4-28 所示。

17. 展开文字图层“聚焦热点”的“变换”选项，设置“位置”参数为“1250.0，225.0，-725.0”，“*Y* 轴旋转”参数为“0x-75°”，如图 3-4-29 所示。

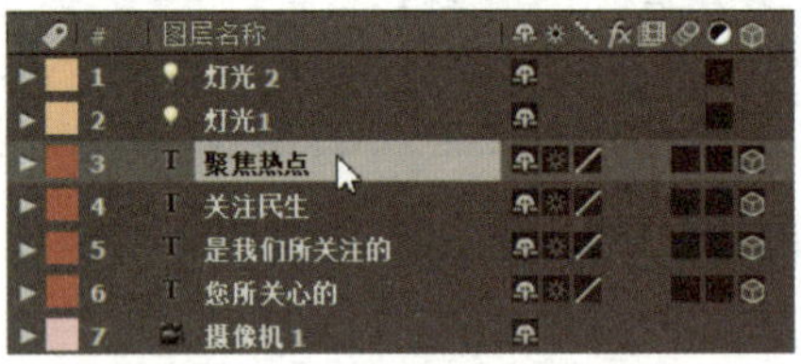

图 3-4-28　新复制的文字图层

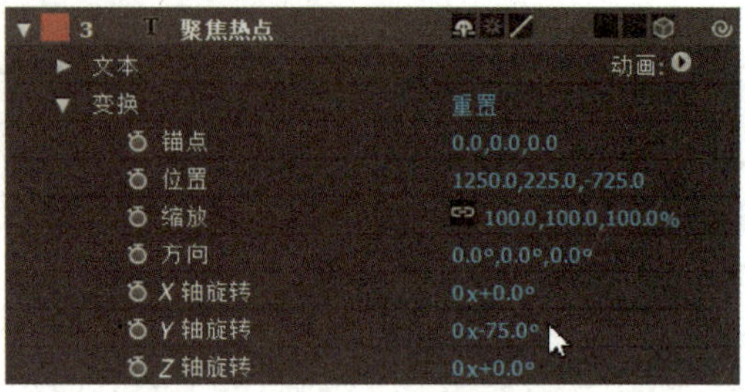

图 3-4-29　文字图层参数设置

18. 将“灯光 1”和“灯光 2”图层后面的父级面板由“无”改为“摄像机 1”，如图 3-4-30 所示。

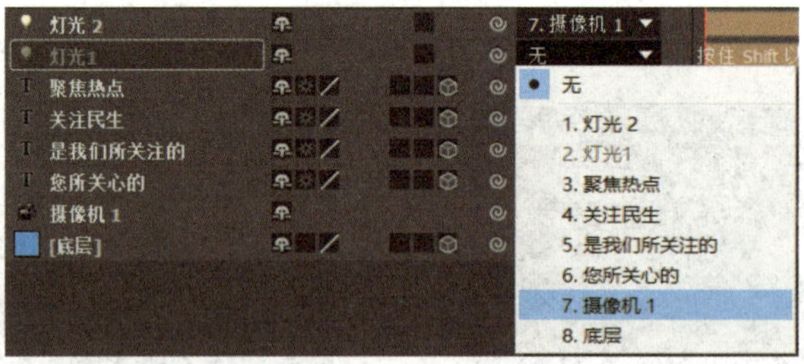

图 3-4-30　设置图层的父子图层级关系

19. 将时间指示器移到 0 帧处，选择“摄像机”，展开“变换”选项，单击“目标点”和“位置”前面的码表，为这两个参数添加动画关键帧，参数保持默认，如图 3-4-31 所示。

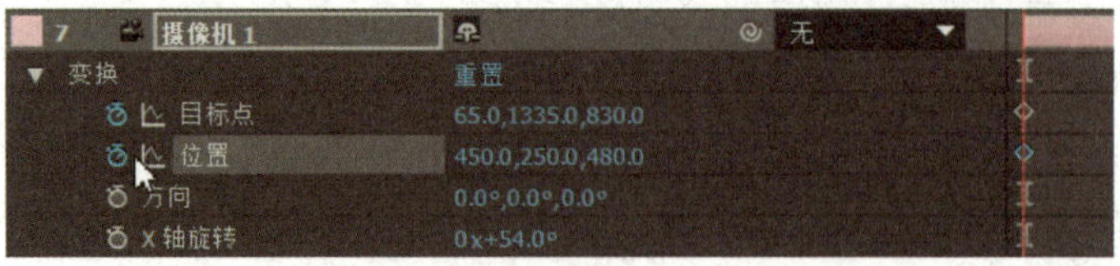

图 3-4-31　给“目标点”和“位置”参数设置关键帧

20. 将时间指示器移到 15 帧处，设置“目标点”参数为“523.0，1341.0，334.0”，“位置”参数为“1161.0，204.0，480.0”，此时会在时间指示器处自动新建关键帧，如图 3-4-32 所示。此时合成监视窗的画面如图 3-4-33 所示。

21. 将时间指示器移到 2 秒 15 帧处，为“目标点”和“位置”参数新建关键帧，保持参数不变；将时间指示器移到 3 秒 15 帧处，设置“目标点”参数为“793.0，1242.0，-343.0”，“位置”参数为“1428.0，231.0，-81.0”，如图 3-4-34 所示。此时合成监视窗的画面如图 3-4-35 所示。

图 3-4-32　设置 15 帧处“目标点”和“位置”的参数

图 3-4-33　合成监视窗的画面

图 3-4-34　设置 3 秒 15 帧处“目标点”和“位置”的参数

图 3-4-35　合成监视窗的画面 7

22．将时间指示器移到 4 秒 15 帧处，给“目标点”和“位置”参数新建关键帧，保持参数不变；将时间指示器移到 5 秒 15 帧处，设置“目标点”参数为“769.0，1334.0，-1004.0”，“位置”参数为“1537.0，203.0，-797.0”，如图 3-4-36 所示。此时合成监视窗的画面如图 3-4-37 所示。

图 3-4-36　5 秒 15 帧处的参数设置

图 3-4-37　合成监视窗的画面 8

23．将时间指示器移到 5 秒处，单击菜单栏“图层”→“新建”→“灯光”选项，新建一个灯光图层，将其命名为“灯光 3”，设置“灯光类型”为“聚光”，“颜色”为 RGB“42，167，251”，“强度”为“500%”，勾选“投影”复选框，如图 3-4-38 所示。

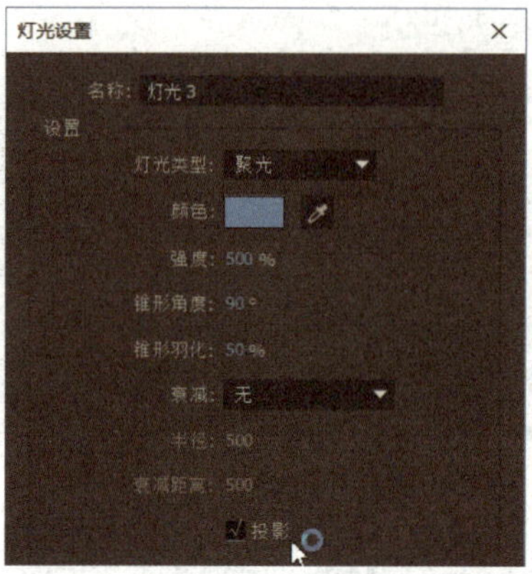

图 3-4-38　“灯光 3”图层的参数设置

24．展开“灯光 3”图层的“变换”选项，将“目标点”参数设置为“1335.0，225.0，-735.0”，“位置”参数设置为“1500.0，170.0，-720.0”，如图 3-4-39 所示。此时合成监视窗的画面如图 3-4-40 所示。

至此，本项目制作完成。

图 3-4-39　“灯光 3”图层的参数设置

图 3-4-40　合成监视窗的画面 9

项目小结

本项目通过摄像机与灯光图层的配合使用，实现了立体、透视的文字效果。摄像机“目标点”与“位置”参数的设置是本项目学习的重点，添加灯光的时机和灯光类型的选择，也有技巧，需要读者在操作中认真体会。通过此项目的学习，用户可以利用摄像机制作出动感十足的特效场景。

课后检测 3.4

简答题

（1）本项目新建的是“预设”为“35 毫米”的摄像机，为什么不使用中长焦端的摄像机？

（2）本项目中，将“灯光 1”和“灯光 2”图层后面的父级面板由“无”改为“摄像机 1”，为什么要这样做？

项目 3.5　构建三维场景制作化妆品广告

学习目标

- 了解制作三维效果的基本思路和技巧
- 熟悉摄像机的使用技巧
- 熟悉摄像机控制工具的使用技巧
- 熟悉三维图层旋转、平移、推拉工具的功能
- 掌握应用三维图层的相关技巧

项目分析

化妆品是每位女性不可或缺的生活用品，但随着时代的进步，化妆品已不再是女性的专利，很多男士也加入化妆品使用者的行列。由于化妆品样式众多，纷繁复杂，因此在营销推广化妆品的过程中，化妆品广告起着非常重要的作用。接下来学习化妆品广告的制作，制作过程中需要用到图层属性、摄像机、旋转、推拉、平移等工具，通过设定相应参数，完成效果制作。

效果展示

化妆品广告效果如图 3-5-1 至图 3-5-4 所示。

图 3-5-1　化妆品广告效果图 1

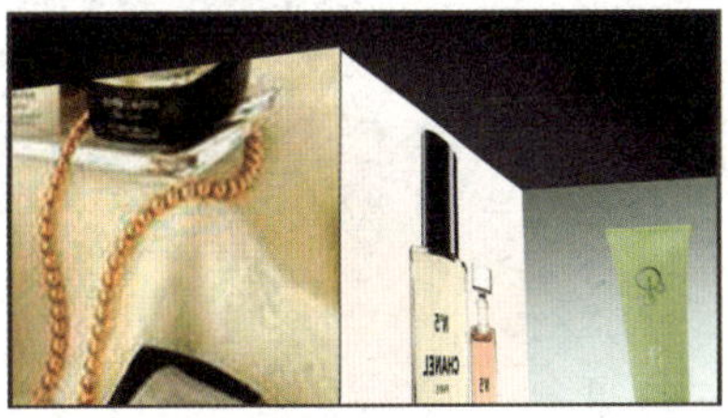

图 3-5-2　化妆品广告效果图 2

图 3-5-3　化妆品广告效果图 3

图 3-5-4　化妆品广告效果图 4

操作流程

1．新建一个名称为“化妆品广告”的项目。在项目中创建一个“预设”为“PAL Dl/DV 宽银幕方形像素”的合成，将其命名为“化妆品广告”，设置“持续时间”为“0:00:10:00”，如图 3-5-5 所示。

2．双击项目面板中的空白区域，打开“导入文件”对话框，将本项目文件夹下的素材导入，如图 3-5-6 所示。

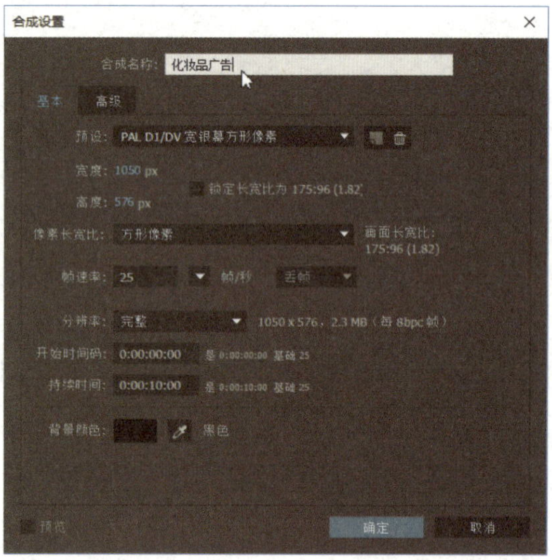

图 3-5-5　“化妆品广告”合成的相关设置

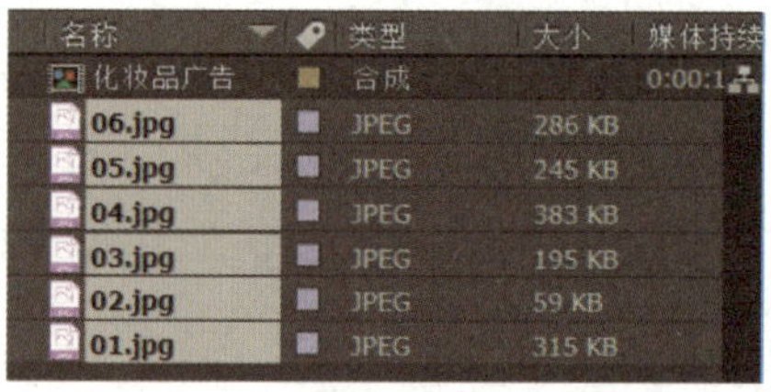

图 3-5-6　项目面板中导入素材

3．将所有素材添加到合成中，各图层的顺序如图 3-5-7 所示。

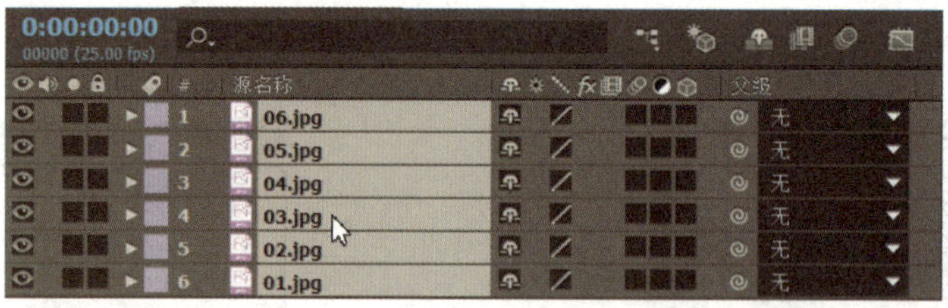

图 3-5-7　各图层的顺序

4．按组合键“Ctrl+A”，选中所有图层，单击其中一个图层的三维模式按钮，开启三维图层效果，此时的时间线面板，如图 3-5-8 所示。

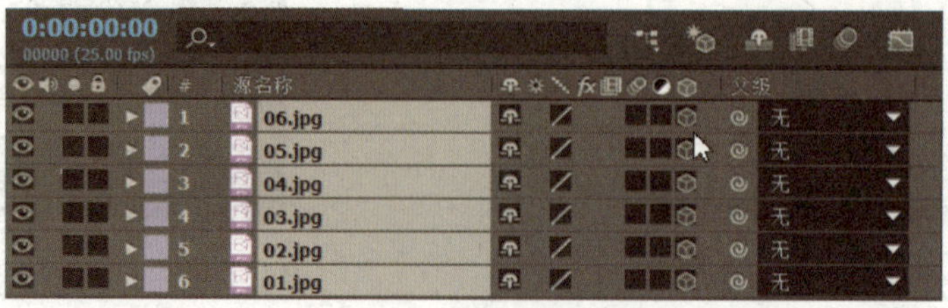

图 3-5-8　开启三维图层后的时间线面板

5．单击菜单栏“图层”→“新建”→“摄像机”选项，新建一个“预设”为“50 毫米”的摄像机，如图 3-5-9 所示。将“摄像机 1”图层置于最上方，如图 3-5-10 所示。

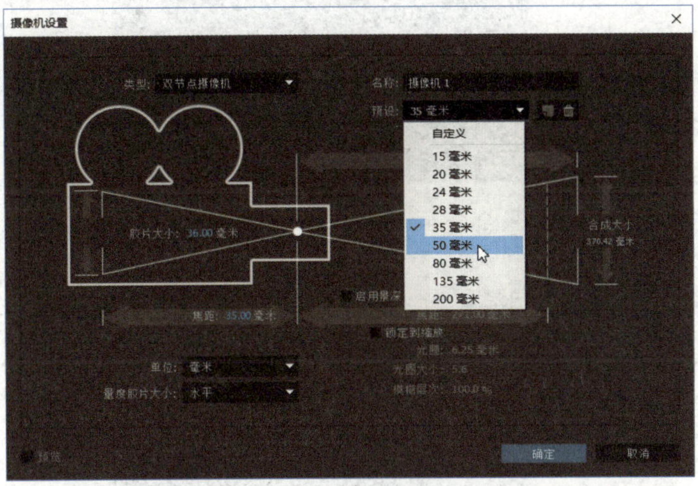

图 3-5-9　摄像机的相关参数设置

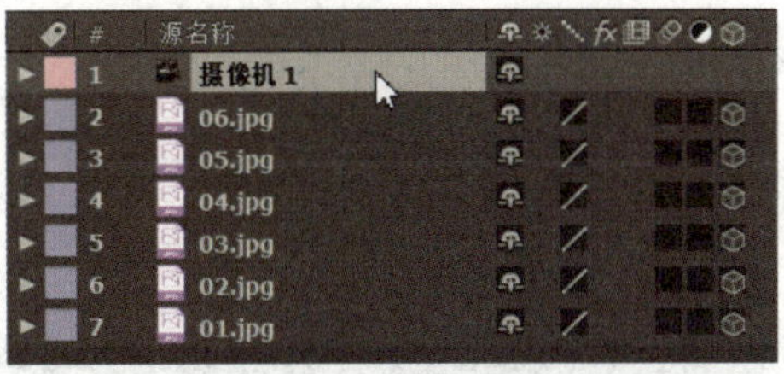

图 3-5-10　“摄像机 1”图层置于最上方

6．单击工具栏中的“统一摄像机工具”，如图 3-5-11 所示。在合成监视窗中拖曳鼠标指针，设置一个立体感比较强的角度，如图 3-5-12 所示。

7．单击工具栏中“统一摄像机工具”右下角的小三角，在弹出的列表中选择“跟踪 Z 摄像机工具”，如图 3-5-13 所示。在合成监视窗中拖曳鼠标指针，将画面拉远，如图 3-5-14 所示。

图 3-5-11　工具栏中的“统一摄像机工具”

图 3-5-12　调至合适角度后的效果

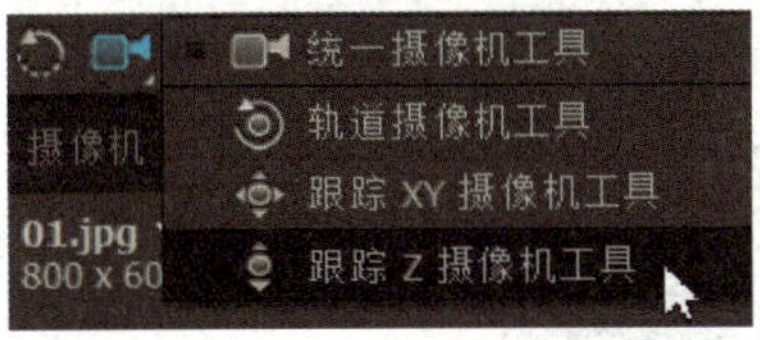

图 3-5-13　列表中的“跟踪 Z 摄像机工具”

图 3-5-14　拉远后的画面

8．设置各图层的“位置”“缩放”和“旋转”属性，将素材在三维空间中重新排列。单击选中“01.jpg”图层，在英文输入状态下按 P 键，打开图层的“位置”参数，将其第一项 X 轴参数设置为“-262”，如图 3-5-15 所示。此时合成监视窗的画面如图 3-5-16 所示。

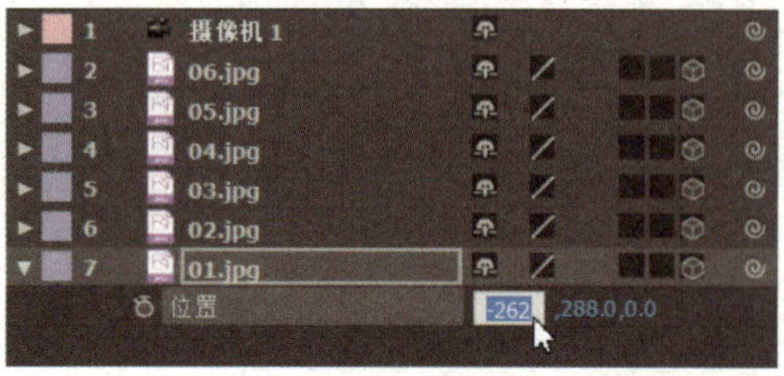

图 3-5-15　“01.jpg”图层的“位置”参数设置

图 3-5-16　合成监视窗的画面 1

9. 单击选中“02.jpg”图层，在英文输入状态下，按 R 键，打开图层的“旋转”参数，将“*Y* 轴旋转”参数设置为“0x+90°”，如图 3-5-17 所示。此时合成监视窗的画面如图 3-5-18 所示。

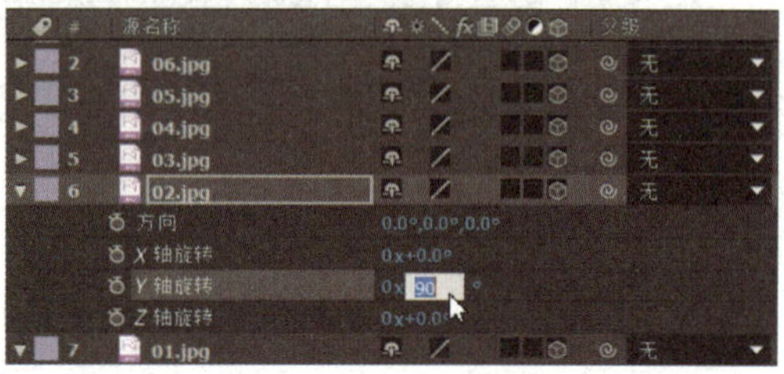

图 3-5-17　“02.jpg”图层的“旋转”参数设置

图 3-5-18　合成监视窗的画面 2

10. 单击选中“02.jpg”图层，在英文输入状态下按 P 键，打开图层的“位置”参数，将“位置”参数设置为“922.0，288.0，410.0”，如图 3-5-19 所示。单击合成监视窗口右下方的“活动摄像机”，在下拉列表中选择“顶部”选项，如图 3-5-20 所示，切换视角。此时合成监视窗的画面如图 3-5-21 所示。

图 3-5-19　“02.jpg”图层的“位置”参数设置

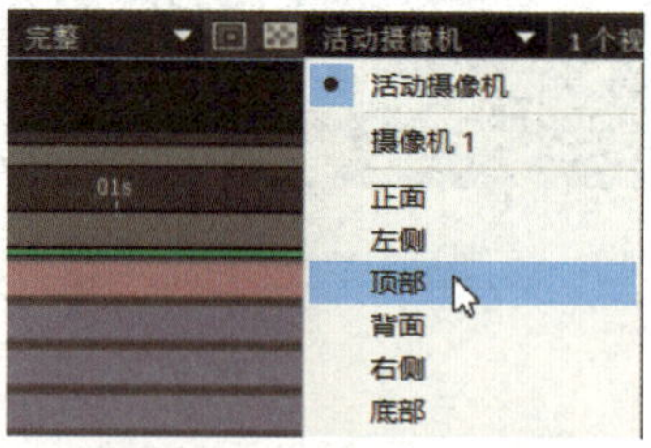

图 3-5-20　切换到“顶部”视图

图 3-5-21　合成监视窗的画面 3

11．单击选中“03.jpg”图层，在英文输入状态下按P键，打开图层的“位置”参数，将“位置”参数设置为“1320.0，288.0，810.0”，如图 3-5-22 所示。单击合成监视窗口右下方的“顶部”，在下拉列表中选择“活动摄像机”选项，此时合成监视窗的画面如图 3-5-23 所示。

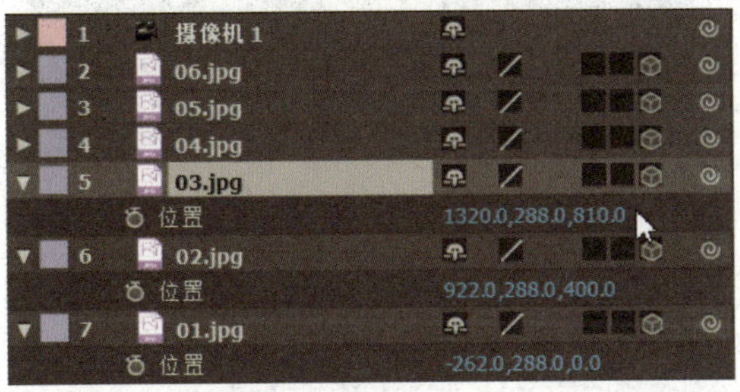

图 3-5-22 “03.jpg”图层的“位置”参数设置

图 3-5-23 合成监视窗的画面 4

12．单击选中“04.jpg”图层，在英文输入状态下按 R 键，打开图层的“旋转”参数，将“*Y* 轴旋转”参数设置为“0x+90°”，如图 3-5-24 所示。此时合成监视窗的画面如图 3-5-25 所示。

13．单击选中“04.jpg”图层，在英文输入状态下按P键，打开图层的“位置”参数，将“位置”参数设置为“1720.0，288.0，410.0”，如图 3-5-26 所示。此时合成监视窗的画面如图 3-5-27 所示。

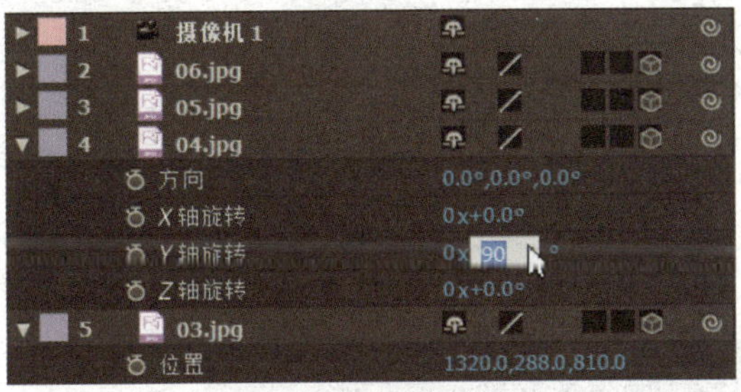

图 3-5-24 “04.jpg”图层的“旋转”参数设置

图 3-5-25 合成监视窗的画面 5

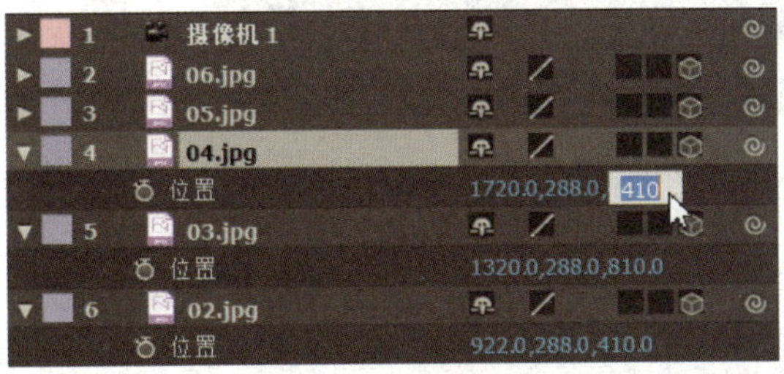

图 3-5-26 “04.jpg”图层的“位置”参数设置

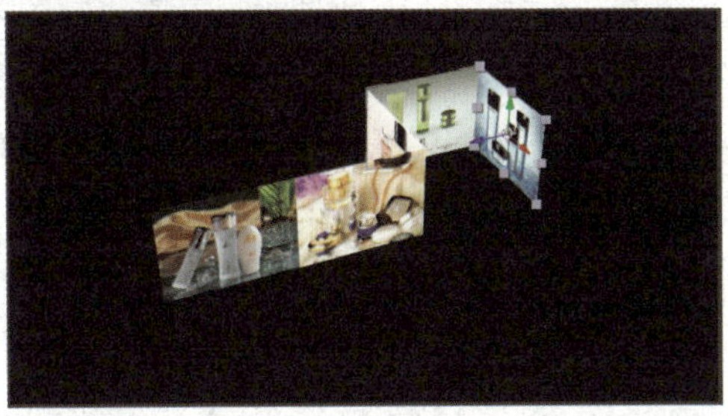

图 3-5-27 合成监视窗的画面 6

14．单击选中“05.jpg”图层，在英文输入状态下按P键，打开图层的“位置”参数，将“位置”参数设置为“2120.0，288.0，0.0”，如图 3-5-28 所示。此时合成监视窗的画面如图 3-5-29 所示。

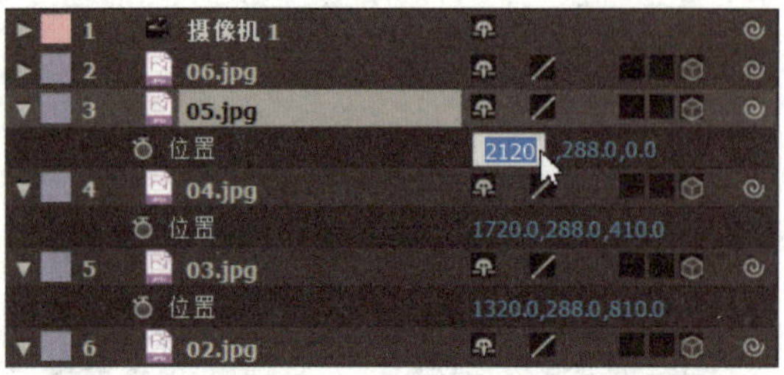

图 3-5-28 “05.jpg”图层的“位置”参数设置

图 3-5-29 合成监视窗的画面 7

15．切换合成监视窗的视图角度。单击合成监视窗口右下方的“活动摄像机”，在下拉列表中选择“摄像机 1”选项，如图 3-5-30 所示。利用“跟踪 XY 摄像机工具”和“跟踪 Z 摄像机工具”，调整摄像机角度，以此作为镜头的初始画面，如图 3-5-31 所示。初始画面是化妆品广告动画的起始镜头，是给观众的第一印象，它的位置、角度要仔细斟酌。

16．选择“摄像机 1”图层，单击图层前面的小三角，打开“变换”的参数。将“时间指示器”移动到时间线的最左端，单击“目标点”和“位置”参数前的码表，为这两个参数做动画，在“时间指示器”处会自动生成关键帧，如图 3-5-32 所示。

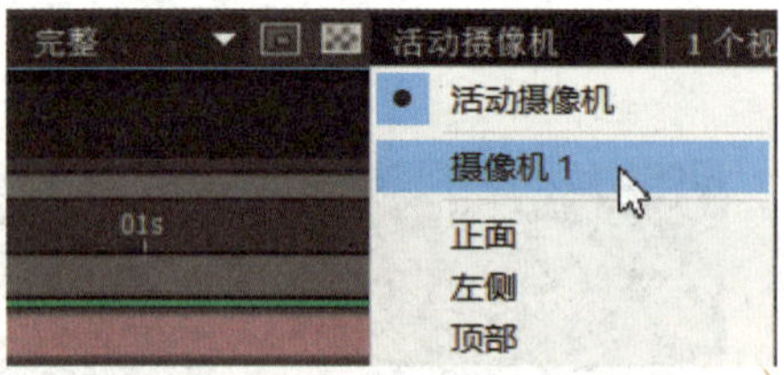

图 3-5-30 切换视图角度

图 3-5-31 设置好初始画面的效果

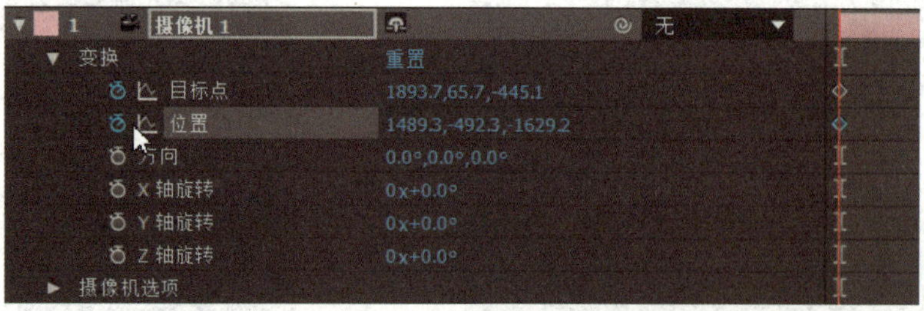

图 3-5-32 设置“目标点”和“位置”参数的起始关键帧

17．将“时间指示器”移动到时间线的尾部，使用摄像机工具对画面进行旋转、移动和推拉，更改“目标点”和“位置”两项的参数，设置结尾帧的画面，如图 3-5-33 所示。

18．为了使动画效果更加丰富，可以在动画进行过程中，增加一些关键帧。将“时间指示器”移动到 2 秒处，调整画面位置，此时合成监视窗的画面如图 3-5-34 所示。

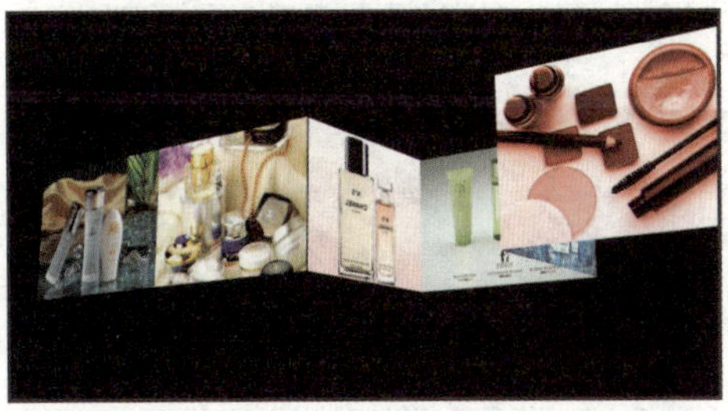

图 3-5-33　设置结尾帧的画面

图 3-5-34　合成监视窗的画面 8

19. 将"时间指示器"移动到 4 秒处，调整画面位置，此时合成监视窗的画面如图 3-5-35 所示。移动到 6 秒处，调整画面位置，此时合成监视窗的画面如图 3-5-36 所示。此时，时间线上的关键帧如图 3-5-37 所示。

图 3-5-35　4 秒处合成监视窗的画面

图 3-5-36　合成监视窗的画面 9

图 3-5-37　时间线上的关键帧

20. 单击菜单栏"图层"→"新建"→"纯色"选项，新建一个颜色为 RGB"53，54，78"的"纯色层"图层，如图 3-5-38 所示。

图 3-5-38　"纯色层"图层的颜色拾取框

21. 单击工具栏上的"椭圆工具"，如图 3-5-39 所示，在合成监视窗中绘制一个椭圆形遮罩，如图 3-5-40 所示。

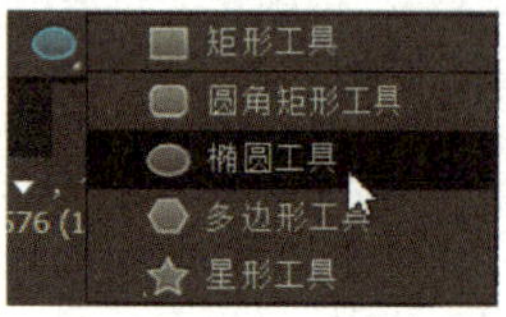

图 3-5-39　工具栏上的椭圆工具

图 3-5-40　绘制一个椭圆形遮罩

22．选中“纯色层”图层，单击图层前面的小三角，再单击“蒙版”前面的小三角，展开蒙版参数，将“蒙版羽化”参数调大，如图 3-5-41 所示，勾选“反转”选项。此时合成监视窗中的画面出现柔和过渡效果，如图 3-5-42 所示。

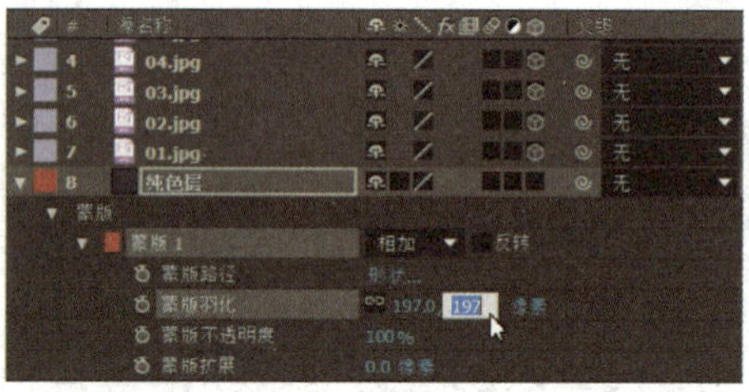

图 3-5-41　调整“蒙版羽化”参数

图 3-5-42　合成监视窗中的画面 10

23．单击菜单栏“合成”→“合成设置”选项，如图 3-5-43 所示。在弹出的“合成设置”对话框中，单击“背景颜色”，打开“背景颜色”对话框，设置颜色为 RGB“8，8，20”，如图 3-5-44 所示。此时合成监视窗的画面如图 3-5-45 所示。

图 3-5-43　选择“合成设置”选项

图 3-5-44　设置背景颜色

图 3-5-45　合成监视窗的画面 11

24. 创建文字图层，输入文字“促销”，设置文字的“字体”“颜色”等属性，如图 3-5-46 所示。文字效果如图 3-5-47 所示。

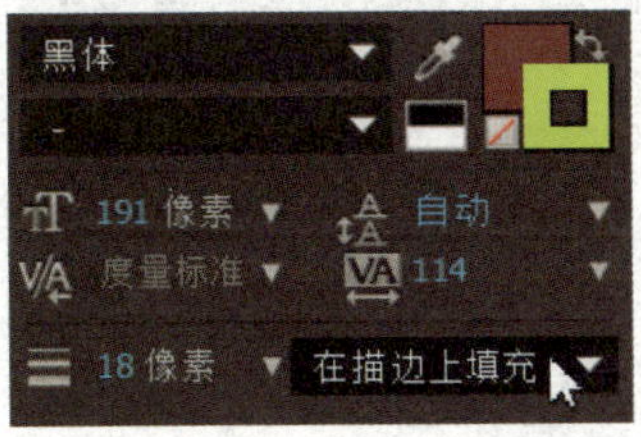

图 3-5-46　文字属性设置

图 3-5-47　文字效果

25. 为文字制作动画。将“时间指示器”移动到 6 秒处，选中文字图层，单击图层前面的小三角，展开“变换”参数组，给“缩放”和“不透明度”参数打关键帧，将“缩放”参数设置为“100.0，100.0%”，“不透明度”参数设置为“0%”，如图 3-5-48 所示。此时合成监视窗的画面如图 3-5-49 所示。

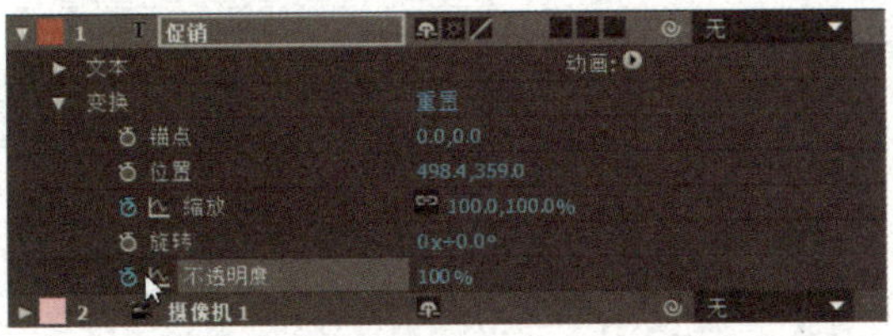

图 3-5-48　给“缩放”和“不透明度”打关键帧

图 3-5-49　合成监视窗的画面 12

26. 将“时间指示器”移动到 7 秒处，将“缩放”参数设置为“100.0，100.0%”，“不透明度”参数设置为“100%”，如图 3-5-50 所示，文字动画制作完成。

27. 本项目最终效果如图 3-5-51 所示。

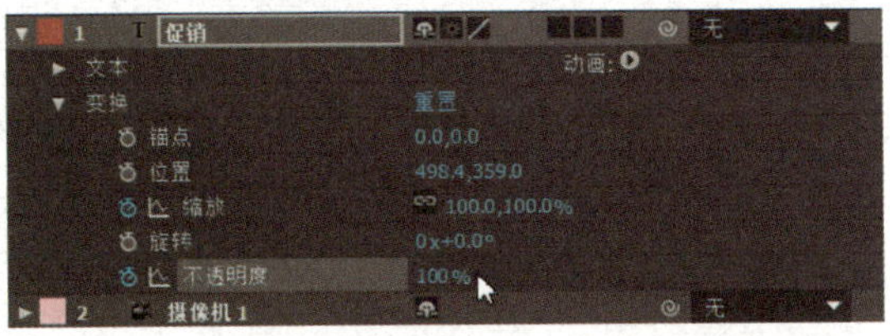

图 3-5-50　设置 7 秒处文字的参数

图 3-5-51　项目最终效果

项目小结

此项目的知识重点是三维图层的使用。开启三维模式效果并不是真正意义的三维，而是通过二维的方法模拟三维效果，呈现出更强的立体感和空间感，带来视觉上的冲击与震撼。当开启三维效果后，就有了第三个轴向，即深度值。

拼合立方体的时候，除了用参数化手段调整，也可以利用轴向坐标工具直接手动调整，这样更直观和快捷，但准确性不及参数。

课后检测 3.5

简答题

（1）本项目中没有新建灯光图层，如果添加灯光图层，画面效果和现在会有什么区别？

（2）使用“跟踪 Z 摄像机工具”控制画面，想想该工具有哪些功能？与同学讨论一下，说说彼此的想法。

项目 3.6　使用抠像特效替换画面背景

学习目标

- 了解 After Effects CC 2017 中“线性颜色键”“溢出抑制”等效果的使用方法
- 熟悉静态抠像的方法，以及“线性颜色键”“溢出抑制”和“颜色范围”等效果在静态抠像中的设定方法
- 掌握“线性颜色键”“颜色范围”的具体使用方法

项目分析

本项目重点介绍了 After Effects CC 2017 中“线性颜色键”“溢出抑制”和“颜色范围”等效果的搭配使用。通过本项目的学习，让用户能够掌握“线性颜色键”“颜色范围”抠像的使用技法和“溢出抑制”效果的使用技法。

效果展示

本项目的原画面、背景及最终效果如图 3-6-1 至图 3-6-3 所示。

图 3-6-1　素材原画面

图 3-6-2　背景画面

图 3-6-3　静态抠像效果图

操作流程

1．启动 After Effects CC 2017 软件，单击菜单栏“文件”→“导入”→“文件”选项，打开本项目的素材文件夹，将“人物.jpg”“背景.jpg”导入项目中，然后将“人物.jpg”拖曳到“创建合成”按钮上，创建一个与源素材同样分辨率的“人物”合成，如图 3-6-4 所示。

图 3-6-4　新建合成的相关设置

2．用鼠标右键单击“人物”合成，打开“合成设置”对话框，或者按组合键“Ctrl+K”，将合成重新命名为“静态抠像”，设置合成的持续时间为“0:00:05:00”，背景颜色为“黑色”，如图 3-6-5 所示。

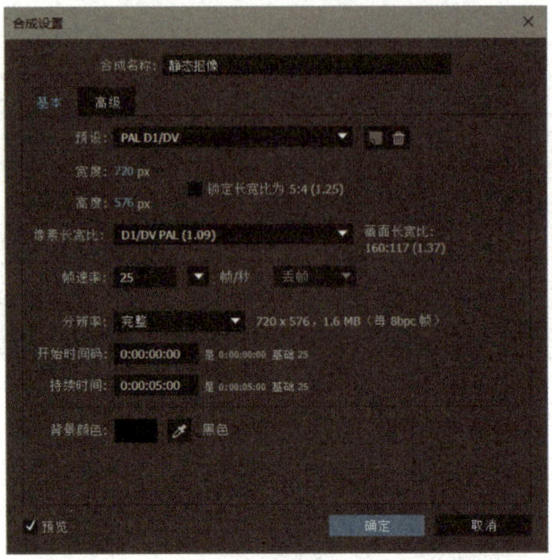

图 3-6-5　“合成设置”对话框相关参数

3. 选择“人物”图层，单击菜单栏“效果”→“抠像”→“线性颜色键”选项，为“人物”图层添加“线性颜色键”效果。利用“取色器”在合成动态抠像窗口中的蓝色部分（非人物）取色。调整窗口为透明窗口，调整后得到背景透明的效果图，将人物基本抠出来。“线性颜色键”基本抠像参数设置如图 3-6-6 所示。

图 3-6-6　“线性颜色键”基本抠像参数设置 1

4. 继续调整“线性颜色键”参数，利用“取色器”增加选取的范围，继续细化抠像效果，如图 3-6-7 所示。

图 3-6-7　“线性颜色键”抠像细化参数设置 2

5. 继续调整“线性颜色键”参数，利用“取色器”减少蓝色的选取范围，细化抠像效果，如图 3-6-8 所示。

图 3-6-8 “线性颜色键”抠像细化参数设置 3

6. 选择“人物”图层，单击菜单栏“效果”→“过时”→“溢出抑制”选项，为“人物”图层添加“溢出抑制”效果。设置“抑制”值为“200”，如图 3-6-9 所示。

图 3-6-9 “溢出抑制”相关参数设置

7. 将“项目”栏中的“背景.jpg”拖曳到时间轴上，将两个图层叠加在一起，得到效果图，如图 3-6-10 所示。

图 3-6-10 合成后的效果图

项目小结

本项目通过“线性颜色键”“溢出抑制”等效果的配合使用，实现了蓝幕抠像，使人物与环境良好地融合在一起。“线性颜色键”的使用是本项目的重点，可使用户通过学习能够进行简单的抠像操作。添加“溢出抑制”效果能够使人物与场景融合度更高，更加流畅，这里的技巧需要用户在学习过程中认真体会和仔细操作。

知识扩展

为了让读者更加熟练地掌握蓝屏抠像的使用技巧，这里扩展了原项目的知识内容，为该抠像项目提供一个新的方法，具体操作如下：

1．启动 After Effects CC 2017 软件，单击菜单栏“文件”→“导入”→“文件”选项，打开本项目的素材文件夹，将“人物.jpg”“背景.jpg”导入项目中，然后将“人物.jpg”拖曳到“创建合成”按钮上，创建一个与源素材同样分辨率的“人物”合成，如图 3-6-11 所示。

图 3-6-11　新建合成的相关设置

2．用鼠标右键单击“人物”合成，打开“合成设置”对话框，或者按组合键“Ctrl+K”，将合成重新命名为“静态抠像二”，设置合成的“持续时间”为“0:00:05:00”，背景颜色为“黑色”，如图 3-6-12 所示。

3．选择“人物”图层，单击菜单栏“效果”→“抠像”→“颜色范围”选项，为“人物”图层添加“颜色范围”效果。利用“取色器”在合成动态抠像窗口中的蓝色部分（非人物）取色。调整窗口为透明窗口，调整后得到背景透明的效果图，进行抠像的第一步。“颜色范围”基本抠像参数设置如图 3-6-13 所示。

4．继续调整“颜色范围”参数，利用“取色器”增加选取的范围，继续细化抠像效果，如图 3-6-14 所示。

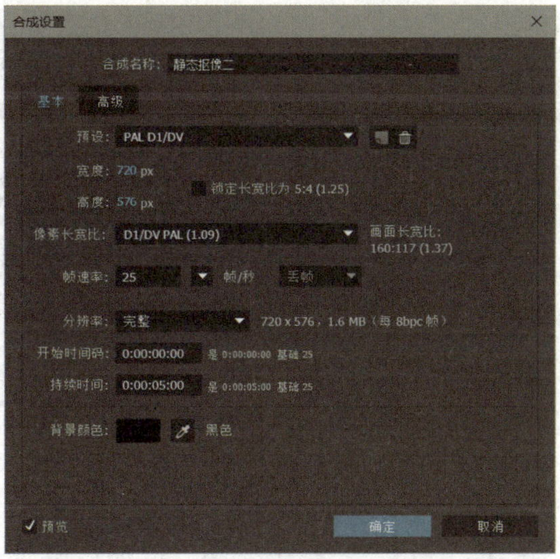

图 3-6-12 “合成设置”相关参数

图 3-6-13 “颜色范围”基本抠像参数设置

图 3-6-14 “颜色范围”抠像细化参数设置

5．将“项目”栏中的“背景.jpg”拖曳到时间轴上，将两个图层叠加在一起，调整“颜色范围”中的“模糊”参数，设置“模糊”参数为“30”，如图 3-6-15 所示。

图 3-6-15 “颜色范围”相关参数设置

6．选择“人物”图层，单击菜单栏“效果”→“抠像”→“高级溢出抑制器”选项，为“人物”图层添加“高级溢出抑制器”效果，如图 3-6-16 所示。

图 3-6-16 “高级溢出抑制器”相关参数设置

7．选择“人物”图层，单击菜单栏“效果”→“抠像”→“抠像清除器”选项，为“人物”图层添加“抠像清除器”效果。设置“其他边缘半径”参数为“15.9”，如图 3-6-17 所示。

图 3-6-17 “抠像清除器”参数设置

8．调整完成后，按小键盘上的数字 0 键，预览效果，如图 3-6-18 所示。

图 3-6-18 “静态抠像二”效果图

课后检测 3.6

简答题

（1）打开“合成设置”的快捷键是什么？

（2）查一查相关资料，想一想什么时候适合使用“线性颜色键”抠像？什么时候适合使用“颜色范围”抠像？

项目 3.7 使用 Key Light（1.2）抠像

学习目标

- 了解“Key Light（1.2）”效果在 After Effects CC 中的使用方法
- 熟悉动态抠像的方法，以及“色阶”“快速模糊”“简单阻塞工具”等效果在动态抠像中的设定方法
- 掌握“Key Light（1.2）”的具体使用方法

项目分析

本项目重点介绍 After Effects CC 中“Key Light（1.2）”和“色阶”“快速模糊”等效果的搭配使用。通过本项目的学习，让用户能够掌握“Key Light（1.2）”抠像的使用技法和“色阶”效果的设定方法。

效果展示

本项目最终效果如图 3-7-1 至图 3-7-4 所示。

图 3-7-1　动态抠像的效果图 1

图 3-7-2　动态抠像的效果图 2

图 3-7-3　动态抠像的效果图 3

图 3-7-4　动态抠像的效果图 4

操作流程

1．启动 After Effects CC 2017 软件，单击菜单栏“文件”→“导入”→“文件”选项，打开本项目的素材文件夹，将“人物.mov”“背景.jpg”文件导入项目中，然后将“人物.mov”拖曳到“创建合成”按钮上，创建一个与源素材同样分辨率的“人物”合成，如图 3-7-5 所示。

图 3-7-5　新建合成的相关设置

2．用鼠标右键单击“人物”合成，打开“合成设置”对话框，或者按组合键“Ctrl+K”，将合成重新命名为“动态抠像”，设置合成的持续时间为“0:00:05:00”，背景颜色为“黑色”，如图 3-7-6 所示。

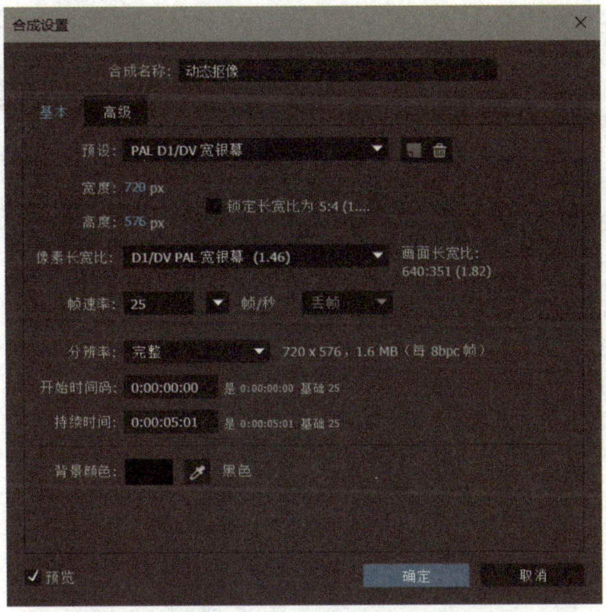

图 3-7-6 “合成设置”相关参数

3．选择“人物”图层，单击菜单栏“效果”→“抠像”→“Key Light（1.2）”选项，为“人物”图层添加“Key Light（1.2）”效果。设置“Screen Colour”颜色，利用“取色器”在合成动态抠像窗口中的绿色部分（非人物）取色。同时调整“Screen Pre-blur”参数为“2.5”，调整窗口为透明窗口，调整后得到背景透明的效果图，将人物基本抠出，如图 3-7-7 所示。

图 3-7-7 “Key Light（1.2）”基本抠像参数设置

4．继续调整“Key Light（1.2）”参数，将“View”调整为“Screen Matte”，继续细化抠像效果。展开“Screen Matte”选项，将“Clip Black”参数设置为“35.0”，将“Clip White”参数设置为“75.0”，如图 3-7-8 所示。

5．将“Replace Method”调整为“Hard Colour”，设置“Replace Colour”颜色为 RGB“68，99，57”，如图 3-7-9 所示。调整后，人物边缘更加清晰，如图 3-7-10 所示。

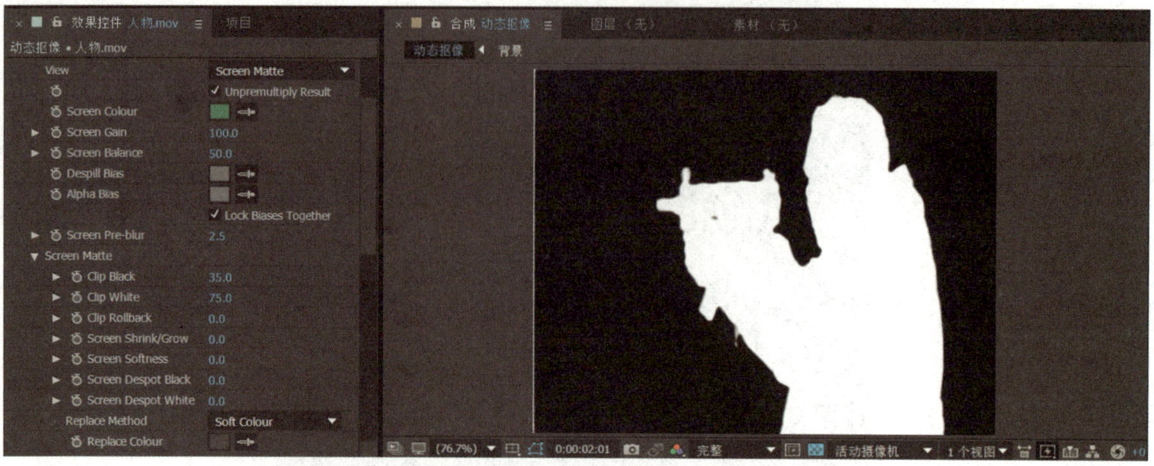

图 3-7-8 “Key Light（1.2）”抠像细化参数设置

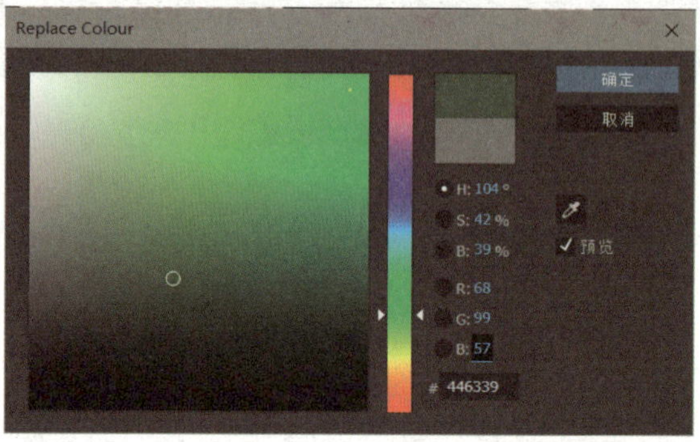

图 3-7-9 “Replace Colour”颜色参数设置

图 3-7-10 “Replace Method”调整后效果图

6. 选择“人物”图层，单击菜单栏“效果”→“遮罩”→“简单阻塞工具”选项，为“人物”图层添加“简单阻塞”效果。设置“阻塞遮罩”参数为“0.80”，调整后，在“Key Light（1.2）”参数中，将“View”调整为“Final Result”，如图 3-7-11 所示。

7. 单击菜单栏“合成”→“新建合成”选项，新建一个合成，命名为“背景”，其他参数值为默认值，如图 3-7-12 所示。

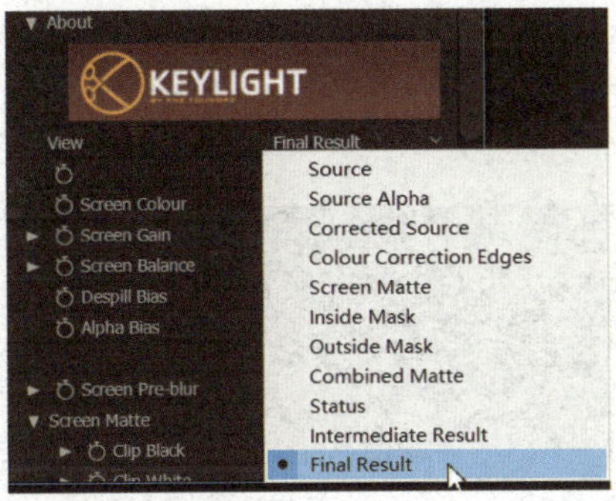

图 3-7-11　“阻塞遮罩”相关参数设置

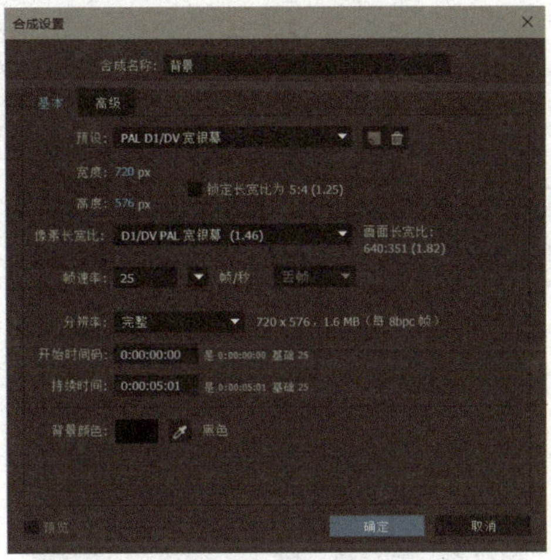

图 3-7-12　新建合成“背景”的相关参数设置

8．选择素材“背景”，将其拖曳到“背景”合成中，设置“背景”素材的“位置”和“缩放”参数分别为“364.1，339.0”，“31.3，31.3%”，如图 3-7-13 所示。

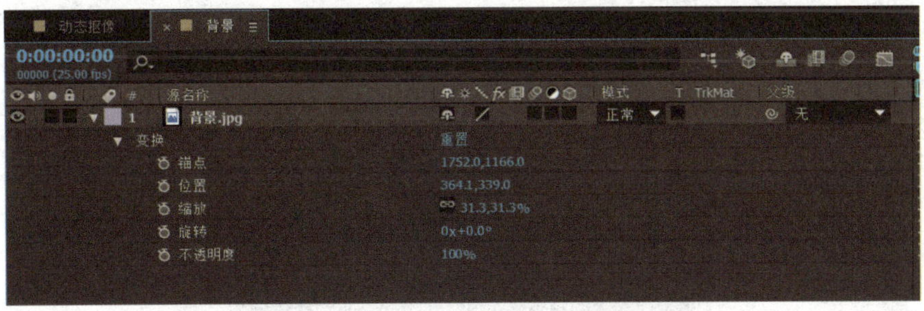

图 3-7-13　“背景”素材的相关参数设置

9．将“背景”合成拖曳到“动态抠像”合成中，人物并未很好地融入环境中，如图 3-7-14 所示。

图 3-7-14　合成效果图

10．选择“人物”图层，单击菜单栏“效果”→“颜色校正”→“色阶”选项，为人物添加“色阶”效果。

11．调整“色阶”参数，使人物与环境融合。调整“色阶”参数中的“通道”为“红色”，更改“红色输入黑色”的参数为“12.0”，如图 3-7-15 所示。

12．调整“色阶”参数中的“通道”为“蓝色”，更改“蓝色输出白色”的参数为“201.0”，如图 3-7-16 所示。

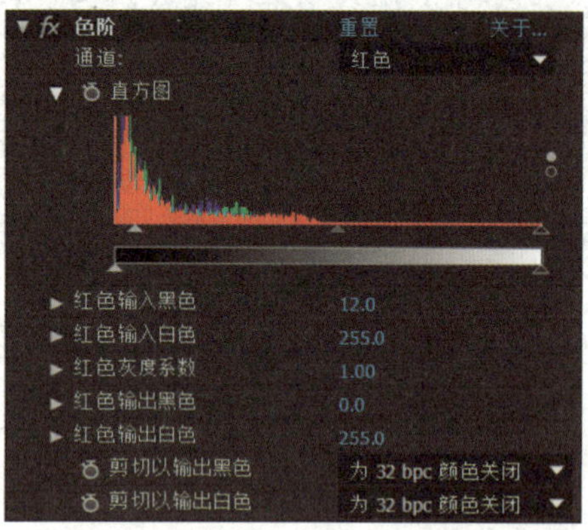

图 3-7-15　“红色”参数设置

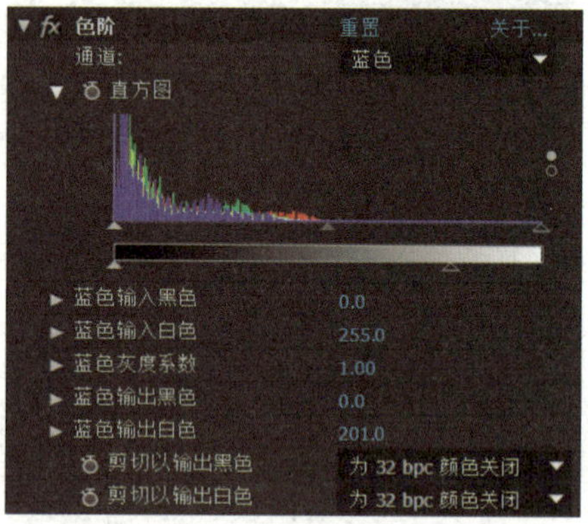

图 3-7-16　“蓝色”参数设置

13．调整后，可以看到人物已经能和背景融合一部分，如图 3-7-17 所示。

图 3-7-17　调整后效果图

14．选择“人物”图层，按住组合键“Ctrl+D”，复制“人物”图层，并将复制得到的图层命名为“阴影”，如图 3-7-18 所示。

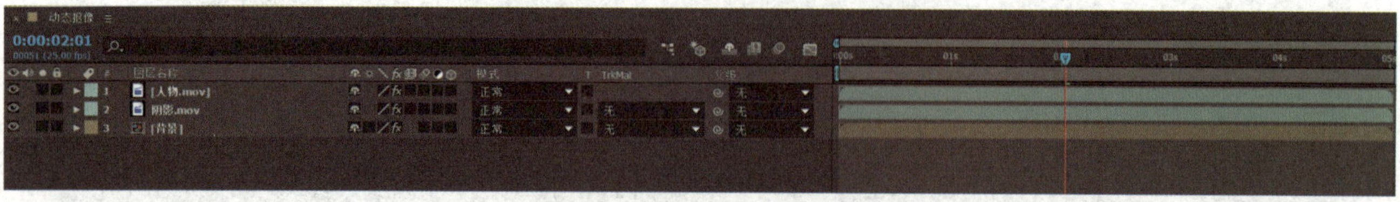

图 3-7-18　添加“阴影”图层

15．选择“阴影”图层，单击菜单栏“效果”→“颜色校正”→“色相/饱和度”选项，为“阴影”图层添加“色相/饱和度”效果。调整“主亮度”参数为“-100”，如图 3-7-19 所示。

16．选择“阴影”图层，单击菜单栏“效果”→“扭曲”→“边角定位”选项，为“阴影”图层添加“边角定位”效果。设置“左上”参数为“-298.9，236.0”，“右上”参数为“388.2，244.0”，“左下”参数为“238.6，688.0”，“右下”参数为“670.6，600.0”，如图 3-7-20 所示。

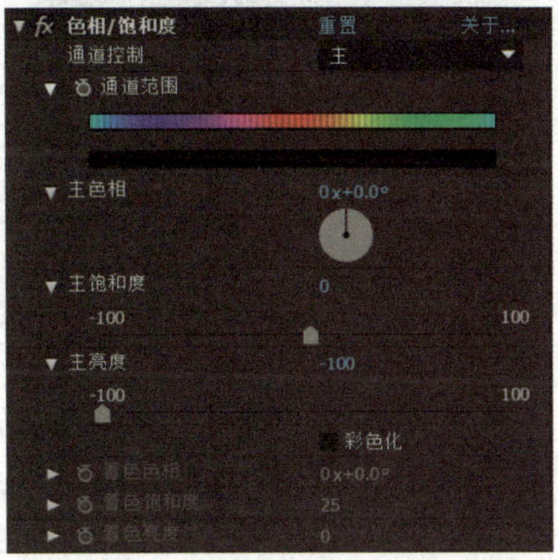

图 3-7-19 “色相/饱和度”参数设置

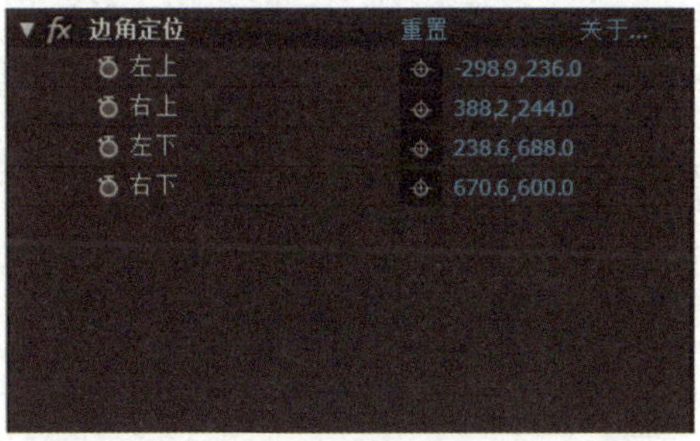

图 3-7-20 “边角定位”参数设置

17．选择“阴影”图层，单击菜单栏“效果”→“过时”→“快速模糊”选项，为“阴影”图层添加“快速模糊”效果。设置“模糊度”参数为“56.0”，设置“模糊方向”为“水平和垂直”，如图 3-7-21 所示。

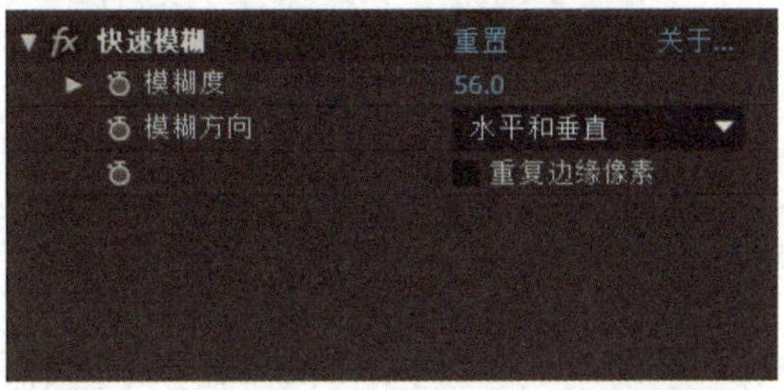

图 3-7-21 “快速模糊”参数设置

18．选择“阴影”图层，将“叠加模式”更改为“经典颜色加深”，如图 3-7-22 所示。

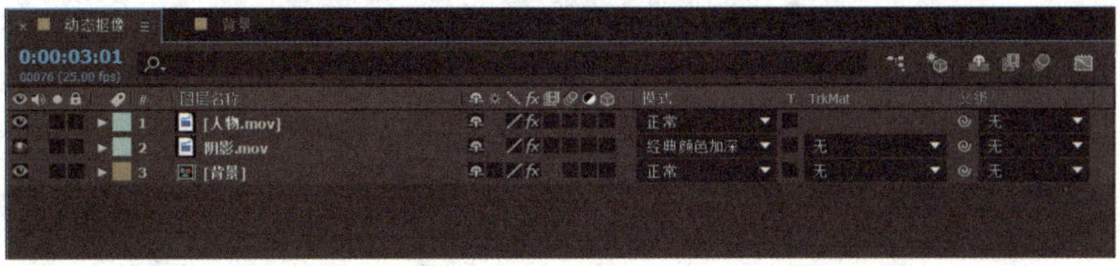

图 3-7-22 “叠加模式”更改为“经典颜色加深”

19．选择“背景”图层，单击菜单栏“效果”→“过时”→“快速模糊”选项，为“背景”图层添加“快速模糊”效果。设置“模糊度”参数为“2.0”，设置“模糊方向”为“水平和垂直”，如图 3-7-23 所示。

20．按小键盘上的数字 0 键，预览最终的效果，如图 3-7-24 所示。

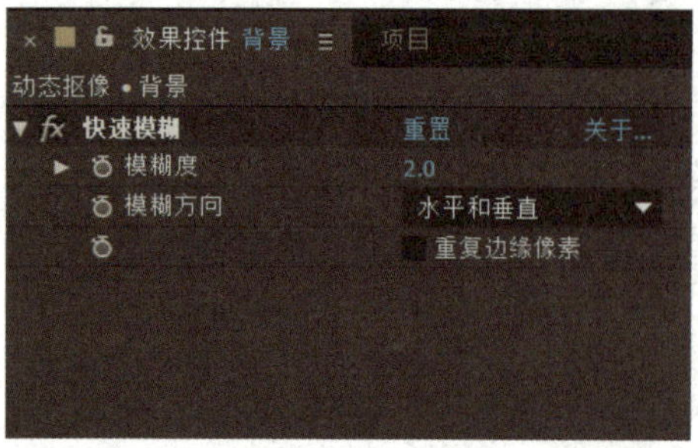

图 3-7-23 “快速模糊”参数设置

图 3-7-24 最终效果图

项目小结

本项目通过“Key Light（1.2）”“色阶”“快速模糊”等效果的配合使用，实现了绿幕抠像，使人物与环境良好地融合在一起。“Key Light（1.2）”的使用是本项目的重点，可使用户通过学习能够进行简单的抠像操作。添加的“色阶”“快速模糊”等效果能够使人物与场景融合度更高，更加流畅，这里的技巧需要用户在学习过程中认真体会、仔细操作。

知识扩展

为了让用户更加熟练地掌握“Key Light（1.2）”的使用，这里扩展了原项目的知识内容，对“Key Light（1.2）”抠像和常用的“Primatte Keyer”抠像做一个比较，以方便用户学习，具体内容如下：

1. Primatte Keyer 的抠像原理

“Primatte Keyer”的抠像原理是基于类似记忆模式进行抠像操作，在选取主要的抠取颜色后，利用画笔拾取想保留的颜色及想去掉的颜色，最终完成抠像作业。

2. Primatte Keyer 的抠像特点

（1）使用“Primatte Keyer”抠像，因为利用的是画笔原理，这就使得画的越细致，抠像的成品质量越高。若利用画取不够细致就会导致主题出现漏空的现象，不断闪烁。需要注意的是造成这一问题的原因是前期的拍摄不合理，后期是无法处理的。

（2）“Primatte Keyer”抠像是根据色块进行抠像，所以有时会在相似颜色的选取上产生错误，使得无论怎样仔细选取，都无法达到想要的效果，如衣物、眼镜等的反光处等。

3. Primatte Keyer 的抠像小技巧

对于“硬边”或者“前期拍摄整体较暗”的画面推荐使用“Primatte Keyer”，因为它可以通过画取的方式，快速地将难以抠取的地方划去。提高工作效率，大大节省人力物力。

以上是对“Primatte Keyer”抠像的简单介绍，下面重点说明本项目中用到的“Key Light（1.2）”插件抠像，具体内容如下：

1. Key Light（1.2）的抠像原理

“Key Light（1.2）”抠像是基于色阶或对比度的模式进行抠像操作，在选取主要的抠取颜色后，增大“Clip Black”值或减小“Clip White”值，使得被选取的颜色对比越来越大，就是使绿色越来越绿，而不太绿的颜色，越来越不绿。以本项目的绿幕抠像为例，选取抠取颜色后，得到的效果如图3-7-25所示，调整后得到的效果如图3-7-26所示。

图3-7-25 选取抠取颜色后得到的效果图

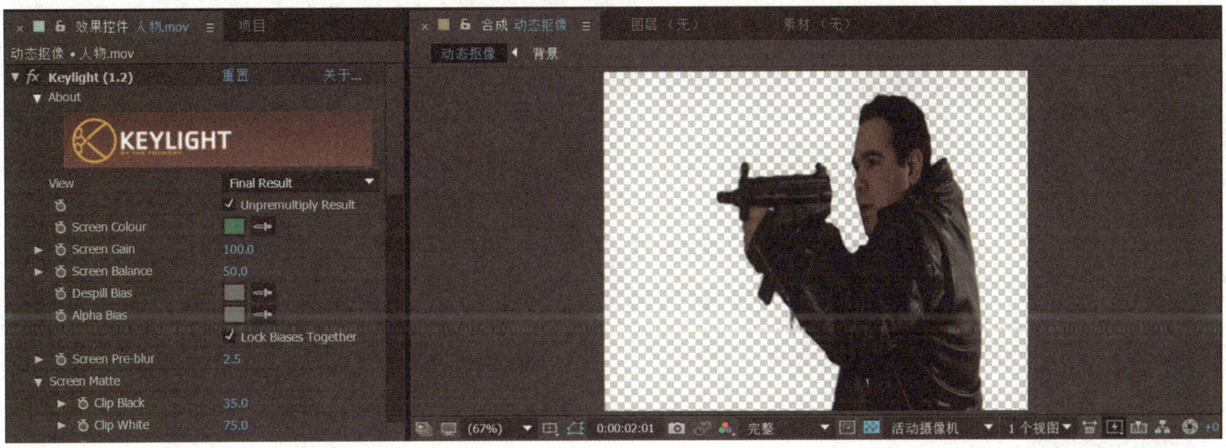

图3-7-26 调整“Clip Black”和“Clip White”值后得到的效果图

2. Key Light（1.2）的抠像技巧

（1）在前期拍摄较好的情况下推荐使用“Key Light（1.2）”，但使用的时候需要注意，“Key Light（1.2）”是一款纯粹的选取颜色的特效，所以选取的颜色能够被完美地在画面中除去，比较适合于棚拍的情况，在灯光的配合下能够很好地将拍摄主体和绿幕或蓝幕相分离。

（2）“Key Light（1.2）”抠取毛绒的软边较为出色，不会出现“Primatte Keyer”的黑边等不自然的现象。但是，需要注意的是，若是对比过大，就会出现许多圆形漏空情况，而且在非主体的其他地方也会被保留下来，需要用户在操作过程中，仔细观察画面的变化，选取合适的抠像方式。

课后检测 3.7

简答题

（1）“Key Light（1.2）”和静态抠像中使用的抠像工具有哪些异同？

（2）抠像以后使用“色阶”工具的目的是什么？

（3）谈论一下，影响前景人物和背景画面融合度的因素有哪些？

项目 3.8 结合素材制作激光雕刻文字

学习目标

- 了解 After Effects CC 2017 中“单元格图案”“启用时间重映射”等效果的使用方法
- 熟悉“单元格图案”“启用时间重映射”“钢笔工具”“模糊”等效果在仿真特效中的运用技巧
- 掌握“单元格图案”“启用时间重映射”“模糊”“钢笔工具”的具体使用方法

项目分析

本项目重点介绍 After Effects CC 2017 中“单元格图案”“启用时间重映射”等效果的搭配使用。通过本项目的学习，让用户能够掌握“单元格图案”“启用时间重映射”等效果在仿真特效中的使用技法。

效果展示

本项目最终效果如图 3-8-1 至图 3-8-4 所示。

图 3-8-1　激光雕刻效果图 1

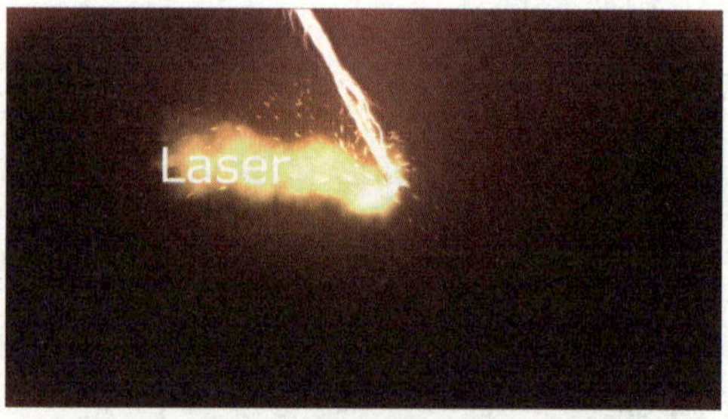

图 3-8-2　激光雕刻效果图 2

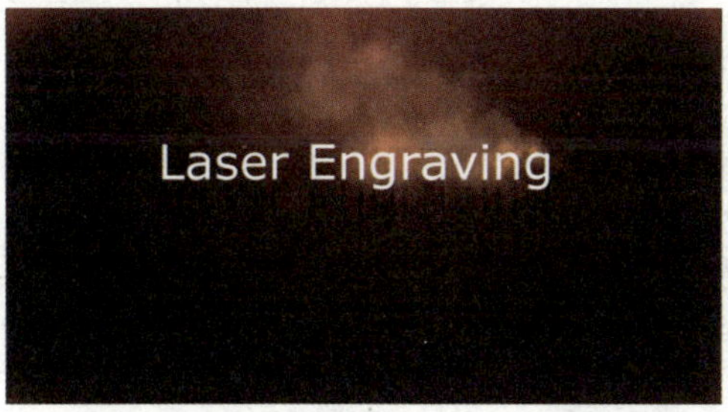

图 3-8-3 激光雕刻效果图 3

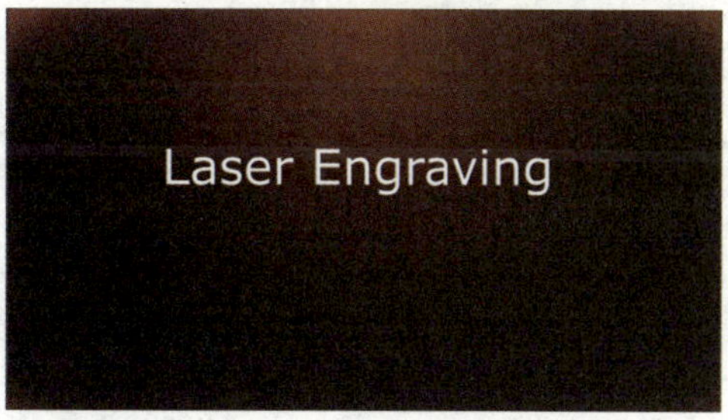

图 3-8-4 激光雕刻效果图 4

操作流程

1．启动 After Effects CC 2017 软件，单击菜单栏“合成”→“新建合成”选项，创建一个预设为“HDV/HDTV 720 25”的合成，设置“持续时间”为“0:00:03:10”，将其命名为“激光雕刻”，如图 3-8-5 所示。

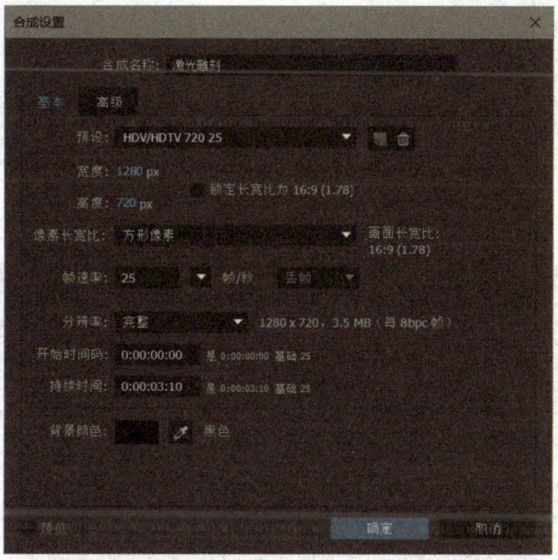

图 3-8-5 新建合成的相关设置

2．单击菜单栏“图层”→“新建”→“纯色”选项，创建一个新的纯色图层，将其命名为“背景”，设置“宽度”为“1280”像素，设置“高度”为“720”像素，设置“像素长宽比”为“方形像素”，如图 3-8-6 所示。

3．选择“背景”图层，单击菜单栏“效果”→“生成”→“梯度渐变”选项，为“背景”图层添加“梯度渐变”效果。设置“起始颜色”为暗红色 RGB“123，52，52”，如图 3-8-7 所示；设置“结束颜色”为黑色 RGB“0，0，0”，如图 3-8-8 所示；将“渐变形状”改为“径向渐变”，得到效果图，如图 3-8-9 所示。

4．选择“背景”图层，单击菜单栏“效果”→“生成”→“单元格图案”选项，设置“单元格图案”为“晶格化”，设置“大小”参数为“45.0”，得到调整后画面，如图 3-8-10 所示。

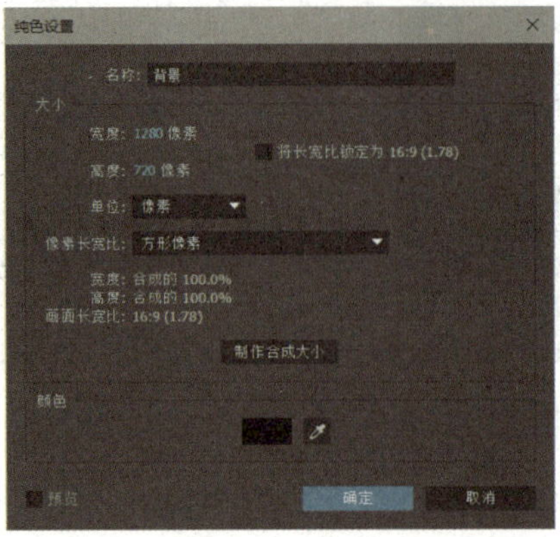

图 3-8-6　纯色图层相关参数设置

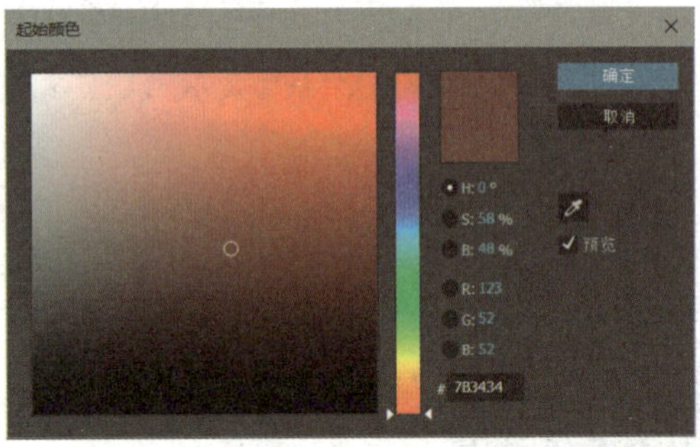

图 3-8-7　“起始颜色”参数设置

图 3-8-8　“结束颜色”参数设置

图 3-8-9　“梯度渐变”相关参数设置及效果图

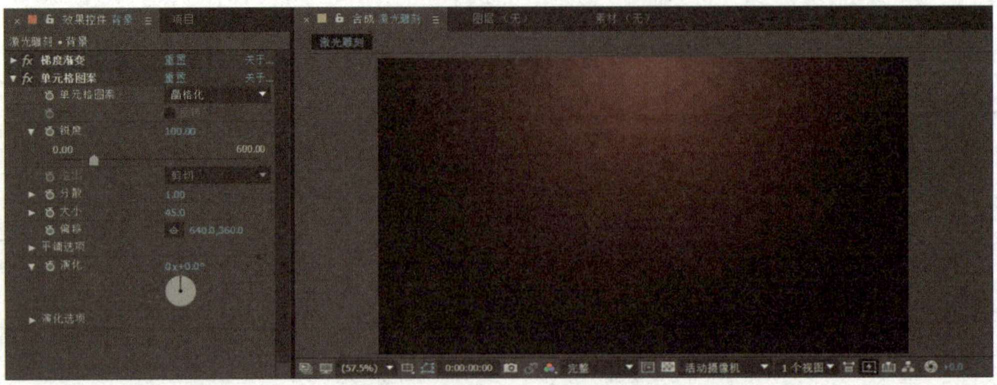

图 3-8-10　“单元格图案”相关参数设置及效果图

5．单击菜单栏“图层”→“新建”→“文字”选项，创建一个文本图层，在文本图层中输入“Laser Engraving”，设置文字的字体为“Verdana”，字号大小为“88”像素、字符间距为“0”、字体颜色为“白色”，如图 3-8-11 所示。效果图如图 3-8-12 所示。

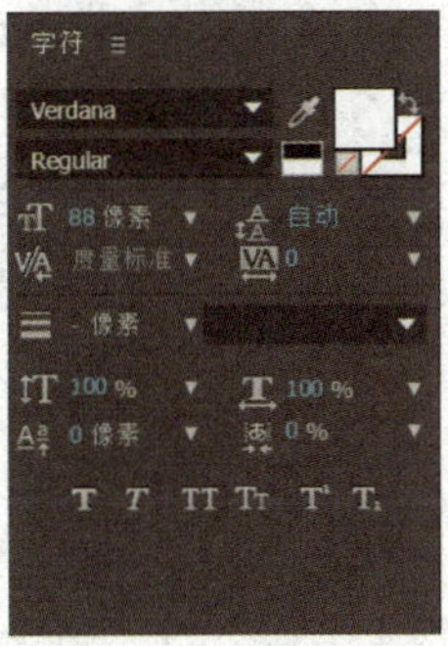

图 3-8-11 “字符”参数设置

图 3-8-12 “字符”调整后效果图

6. 选择“文字”图层，单击菜单栏“图层”→“预合成”选项，或者按组合键“Ctrl+Shift+C”进行图层合并，将合并后的图层命名为“文字”，如图 3-8-13 所示。

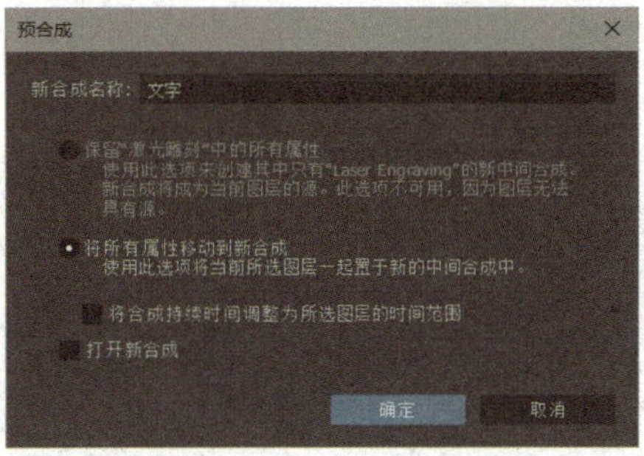

图 3-8-13 “预合成”相关参数设置

7．选择“文字”图层，单击菜单栏“效果”→“透视”→“投影”选项，设置“不透明度”参数为“65%”，设置“方向”参数为“0x+180°”，设置“距离”参数为“50.0”，勾选“仅阴影”选项，调整后的画面如图 3-8-14 所示。

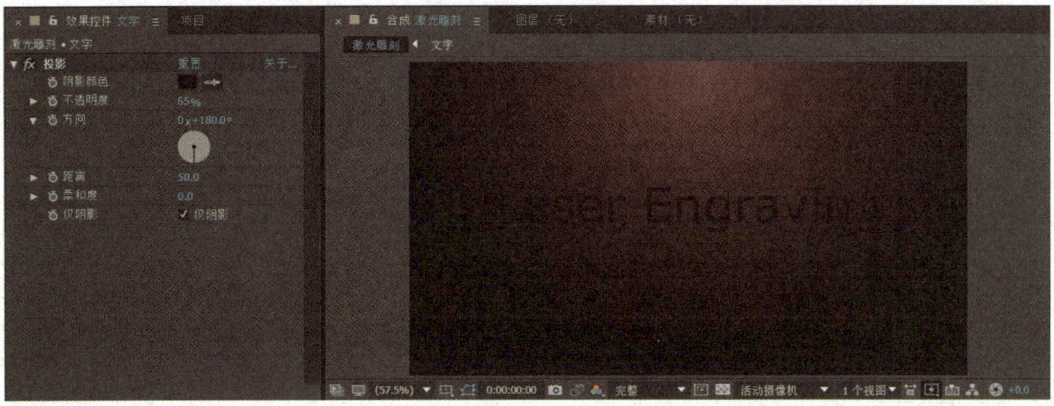

图 3-8-14 “投影”相关参数设置及效果图

8．选择“文字”图层，单击菜单栏“效果”→“模糊和锐化”→“定向模糊”选项，为“文字”图层添加“定向模糊”效果，设置“模糊长度”参数为“70.0”，调整后的画面如图 3-8-15 所示。

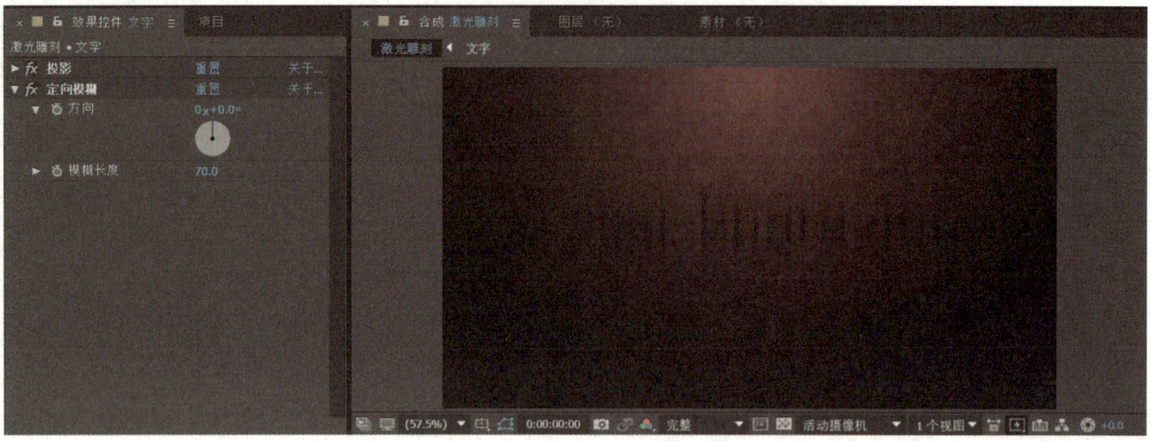

图 3-8-15　“定向模糊”相关参数设置及效果图

9．选择“文字”图层，单击菜单栏“效果”→“通道”→“CC Composite”选项，为“文字”图层添加“CC Composite”效果，取消“RGB Only”复选框的勾选，调整后的画面如图 3-8-16 所示。

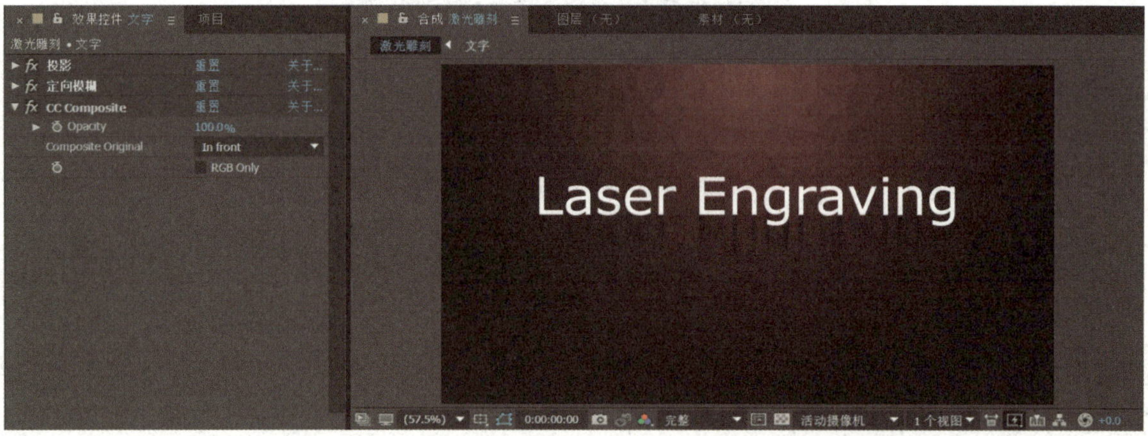

图 3-8-16　“CC Composite”相关参数设置及效果图

10．选择“文字”图层，单击菜单栏“效果”→“过渡”→“线性擦除”选项，在“00:00:00:02”处设置“过渡完成”参数为“100%”，如图 3-8-17 所示；在“00:00:01:10”处设置“过渡完成”参数为“0%”，如图 3-8-18 所示，设置“擦除角度”参数为“0x-90°”，“羽化”参数为“50.0”，如图 3-8-19 所示。

11．单击菜单栏“文件”→“导入”→“文件”选项，打开素材文件夹，将“烟雾和激光”文件以 PNG 序列的形式导入项目中，然后将其添加到“激光雕刻”合成的时间线上，修改其“图层叠加模式”为“相加”，如图 3-8-20 所示。

图 3-8-17　“00:00:00:02”处“过渡完成”关键帧参数设置

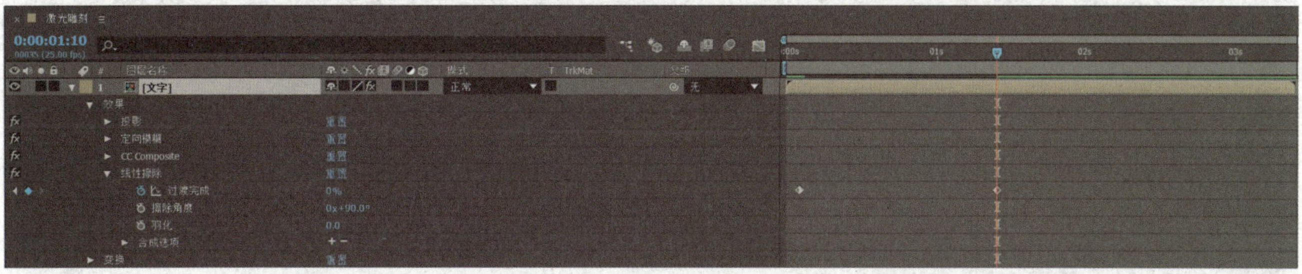

图 3-8-18　“00:00:01:10”处“过渡完成”关键帧参数设置

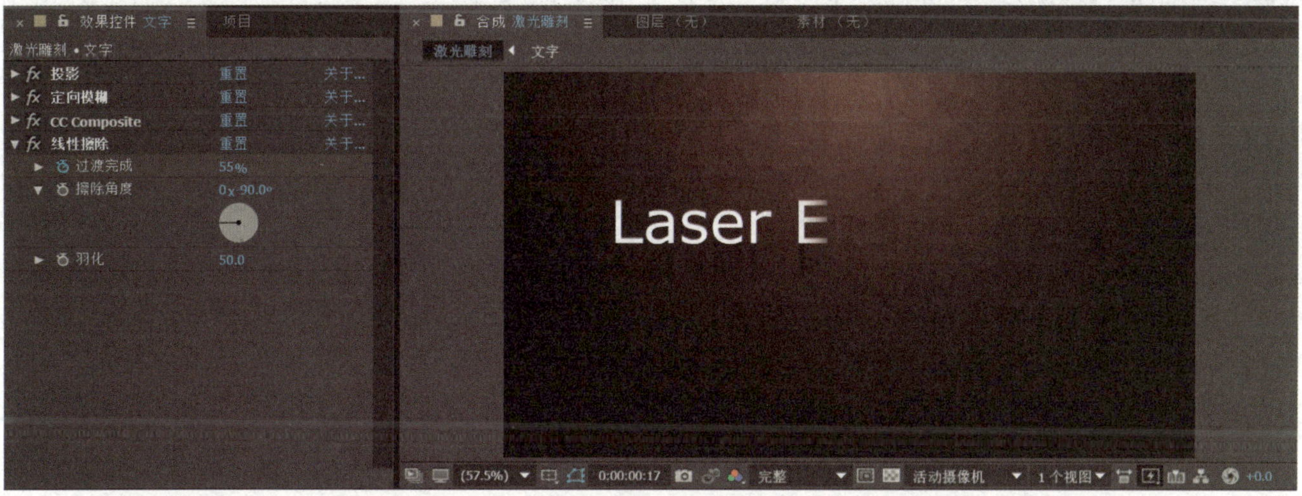

图 3-8-19　“线性擦除”相关参数设置及效果图

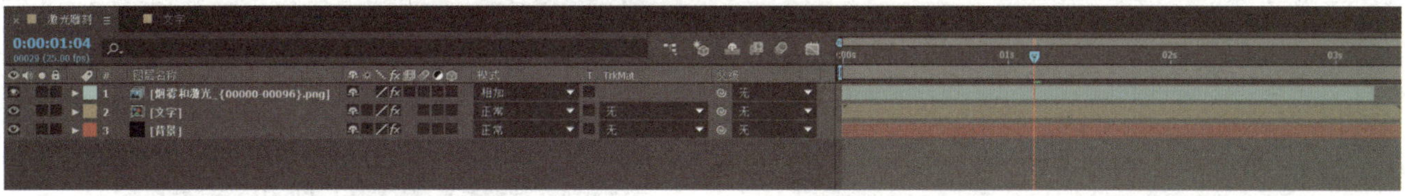

图 3-8-20　更改“图层叠加模式”为“相加”

12．选择“烟雾和激光”图层，单击菜单栏“效果”→“风格化”→“发光”选项，为“文字”图层添加“发光”效果，设置“发光半径”参数为“250.0”，如图 3-8-21 所示。

13．选择“烟雾和激光”图层，单击鼠标右键，在弹出的快捷菜单中选择“时间”→“启用时间重映射”选项，设置“时间重映射”在“00:00:00:00”处，关键帧为“00:00:00:00”，如图 3-8-22 所示；在“00:00:02:06”处，关键帧为“00:00:03:07”，如图 3-8-23 所示。

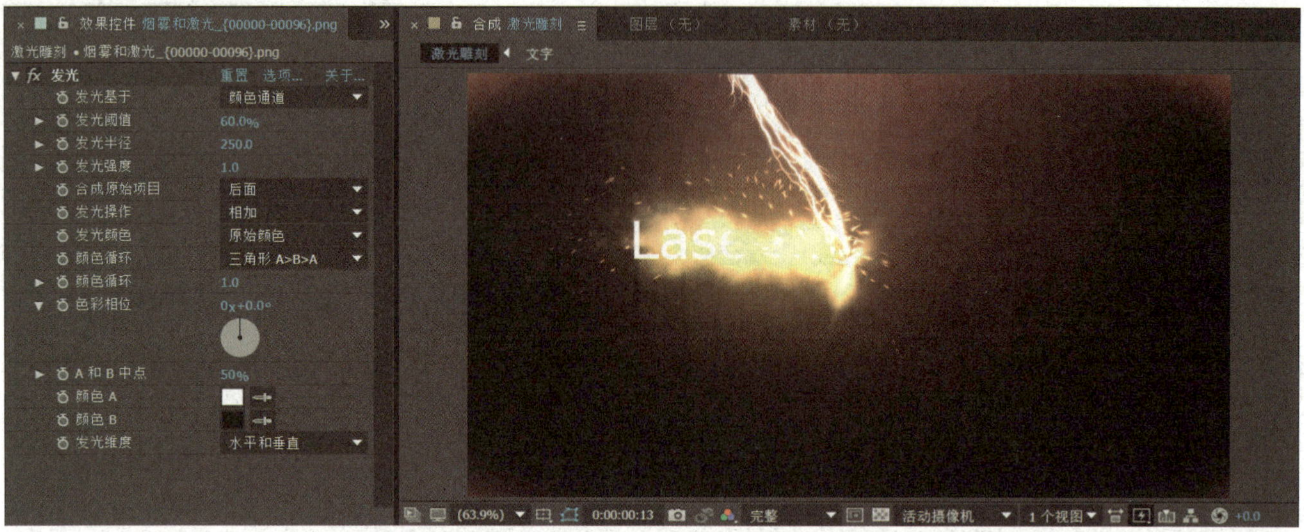

图 3-8-21　“发光”相关参数设置及效果图

图 3-8-22　“00:00:00:00”处关键帧参数设置

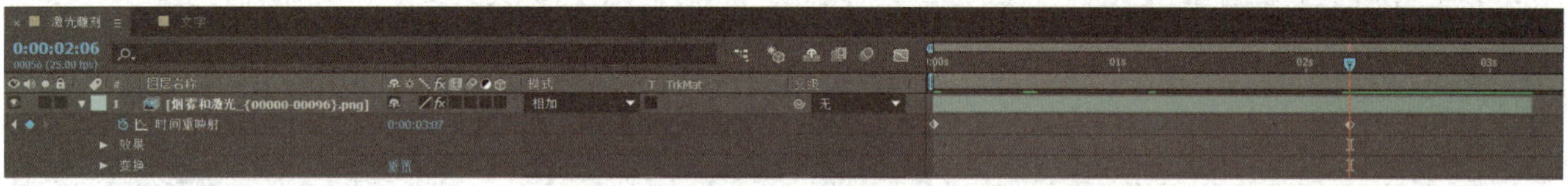

图 3-8-23　“00:00:02:06”处关键帧参数设置

14．单击菜单栏“图层”→“新建”→“纯色”选项，创建一个新的纯色图层，“颜色”为深红色 RGB“143，14，14”，如图 3-8-24 所示。将其命名为“遮罩”，设置“宽度”为“1280”像素，“高度”为“720”像素，“像素长宽比”为“方形像素”，如图 3-8-25 所示。

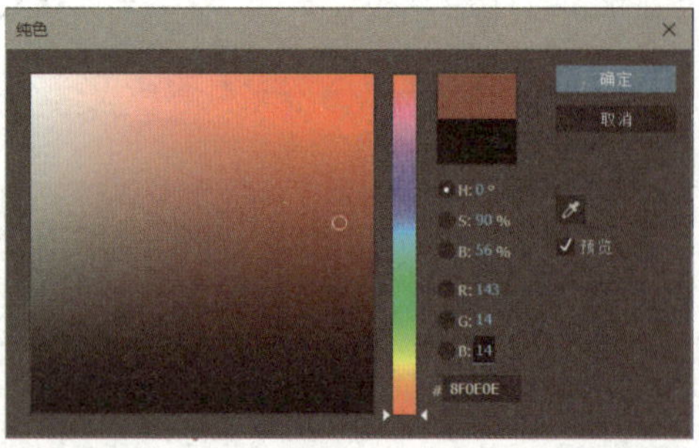

图 3-8-24　“颜色”相关参数设置

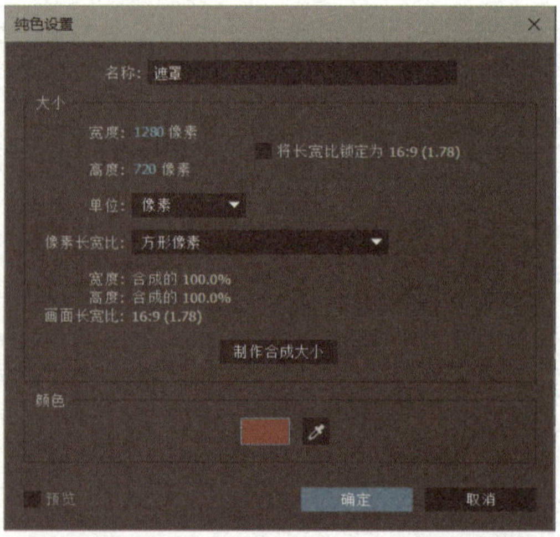

图 3-8-25　纯色图层相关参数设置

15．选择“遮罩”图层，使用“钢笔工具”绘制一个蒙版，如图 3-8-26 所示。修改“遮罩”图层的“图层叠加模式”为“相加”，设置“蒙版 1”的叠加模式为“相减”，“蒙版羽化”参数为“130.0，130.0”像素，如图 3-8-27 所示。

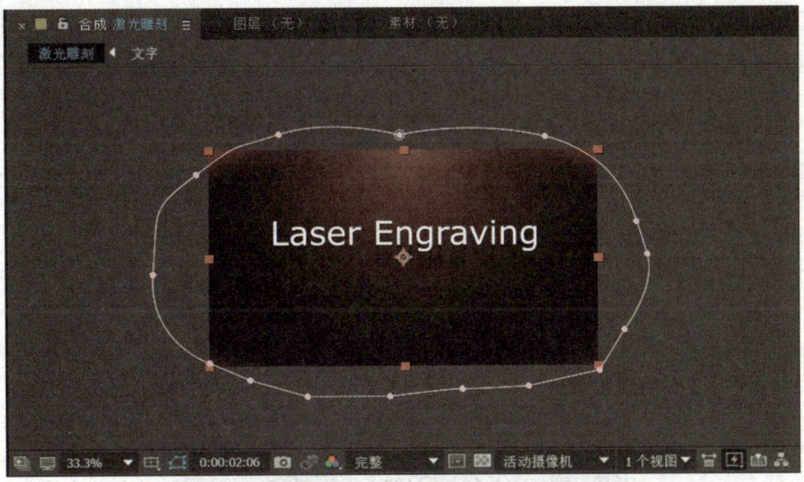

图 3-8-26 “钢笔工具”绘制蒙版

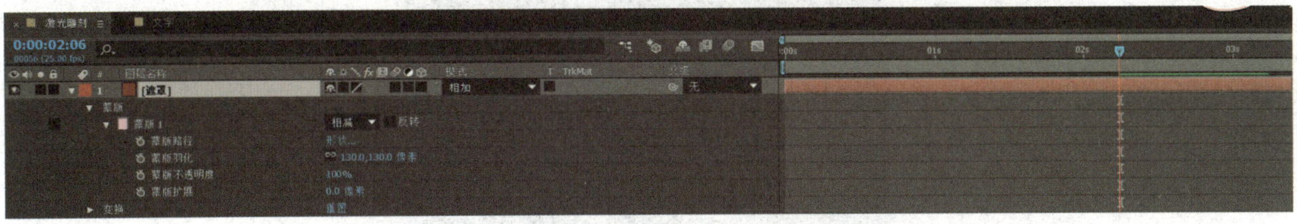

图 3-8-27 “蒙版”相关参数设置

16．按小键盘上的数字 0 键，预览最终效果，如图 3-8-28 所示。

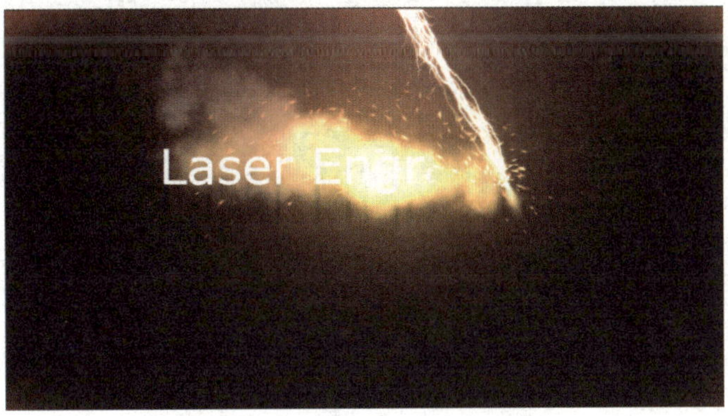

图 3-8-28 激光雕刻效果图

项目小结

本项目通过“单元格图案”“启用时间重设置”等效果的配合使用，实现了激光雕刻的效果。“单元格图案”“启用时间重设置”的使用是本项目的重点，让用户通过本项目的学习能够掌握这两种效果的运用技巧。当然，这里的技巧需要用户在学习过程中认真体会、仔细操作。

知识扩展

为了让用户更加熟练地掌握 After Effects CC 2017 中时间的运用，下面对时间做一个简单的介绍。

时间选项下，包含“时间重映射”“时间反向图层”“时间伸缩”“冻结帧”4 个子选项，这里着重介绍“时间伸缩”和“时间重映射”，这两种操作都能够达到“放慢/加速”源视频片段的效果，下面进行对比介绍。

1. 时间伸缩

“时间伸缩”可以改变源剪辑片段的持续时间，对话框如图 3-8-29 所示。

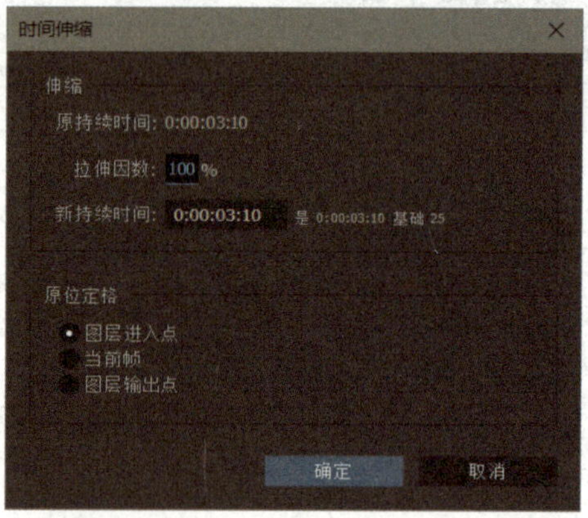

图 3-8-29　“时间伸缩”对话框

在时间伸缩面板中，通常只改变“拉伸因数”，对“拉伸因数”的操作，我们一般得到的是一个整数倍或者是半数的划分，如 200%、300%、50%或 25%。

但要注意在使用源剪辑片段时，可能会遇到这个片段的数值不能被 100%等分，这时可能会造成软件识别错误，产生不准确的改变，所以不推荐使用“时间伸缩”对源剪辑片段的“持续时间”进行更改。

2. 时间重映射

“时间重映射”的原理非常简单，指定的时间点具有一个数值，就和其他任何的属性一样，可以为其设置关键帧，包括“循环”“曲线”等。对“启用时间重映射”的操作，基本上和其他时间效果的操作一致。

在 After Effects CC 2017 中，调用“时间重映射”的方式有两种：一种是选择菜单栏的“图层”→“时间”→“时间重映射”选项；另一种是按组合键“Ctrl+Alt+T”调用“时间重映射”。“时间重映射”的操作窗口在时间轴上，如图 3-8-30 所示。

图 3-8-30 “时间重映射”操作窗口

在这里可以设置两个关键帧，一帧设置在图层的起始处，另一帧设置在图层的结尾处后面。“时间重映射”后的图层，在理论上具有无限的持续时间。

需要注意的是，当将“时间重映射”应用到第一帧或最后一帧超出了合成持续时间的图层上时，可能会有看不到关键帧的情况。解决方法是在合成的起点和终点分别添加关键帧。单击“时间重映射”选取所有的关键帧，按住 Shift 键，取消选择在时间轴面板中能够看到的关键帧，删除那些看不到的关键帧。

至此，时间中的“时间伸缩”和“时间重映射”讲解结束，具体的操作技巧还需要用户在操作中认真琢磨，以便能够熟练地运用。

课后检测 3.8

简答题

（1）如何给素材变速？

（2）“时间重映射”的快捷键是什么？

（3）收集一些特效素材，讨论一下特效素材在制作中有哪些作用？

项目 3.9 多特效结合制作文字过光效果

学习目标

- 了解制作文字过光的基本思路及相应技巧
- 熟悉“梯度渐变”特效的功能
- 掌握“碎片”“发光”特效的功能
- 掌握运用“镜头光晕”特效制作运动光斑
- 掌握设置关键帧动画的技巧

项目分析

文字过光效果能增加文字的表现力，本项目意在创设一种色彩缤纷的情景，以烘托节日的祥和气氛。制作本项目的过程中需要用到“梯度渐变”“碎片”“发光”“镜头光晕”等特效，通过恰当地设置特效参数，制作动画，实现该项目的画面效果。

效果展示

文字过光效果如图 3-9-1 至图 3-9-4 所示。

图 3-9-1　文字过光效果图 1

图 3-9-2　文字过光效果图 2

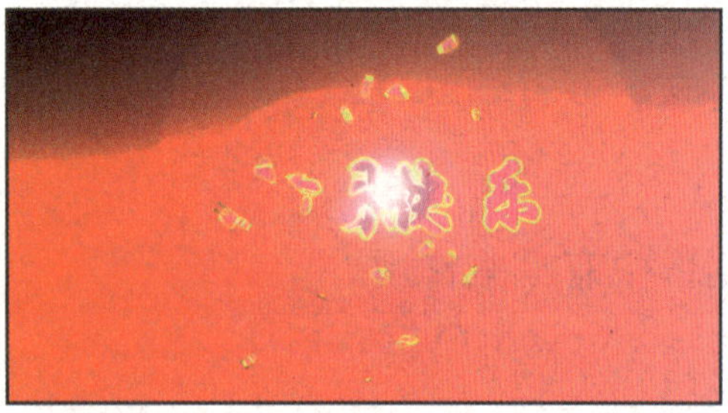

图 3-9-3　文字过光效果图 3

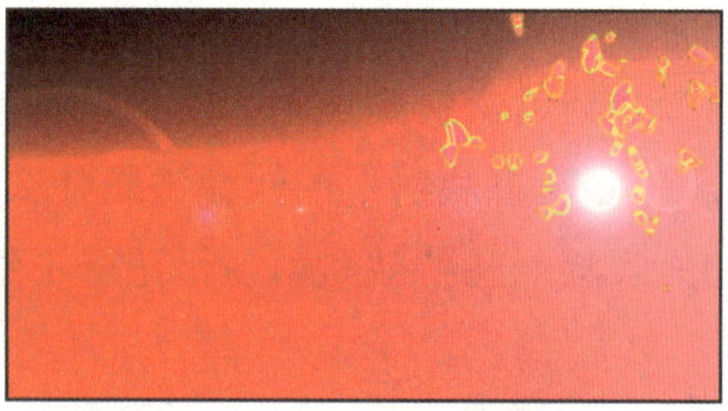

图 3-9-4　文字过光效果图 4

操作流程

1．启动 After Effects CC 2017 软件，创建一个名称为“文字过光”的项目文件，单击菜单栏“合成”→“新建合成”①选项，创建一个“预设”为“PAL Dl/DV 宽银幕方形像素”的合成，将其命名为“背景”，设置“持续时间”为“0:00:10:00”，如图 3-9-5 所示。

2．单击菜单栏“图层”→“新建”→“纯色②”选项，打开“纯色设置”对话框，将纯色图层命名为“背景层”，纯色图层其他参数设置如图 3-9-6 所示。

---

① 新建合成的组合键为“Ctrl+N”。

② 新建纯色层的组合键为“Ctrl+Y”。

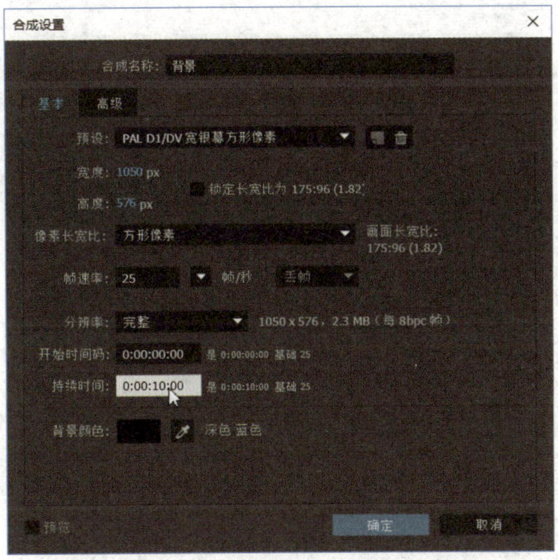

图 3-9-5　新建合成的相关设置

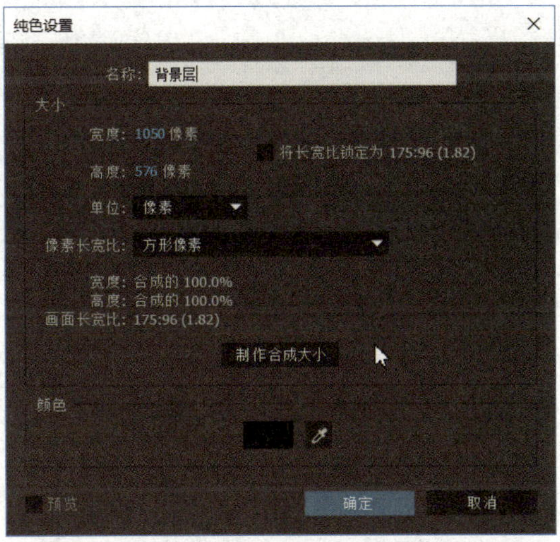

图 3-9-6　纯色图层的相关参数设置

3．选中“背景层”，单击菜单栏“效果”→“生成”→“梯度渐变”[①]选项，为“背景层”添加“梯度渐变”特效，此时合成监视窗画面如图 3-9-7 所示。

4．单击效果控件面板，设置“渐变起点”参数为“350.0，-170.0”，“起点颜色”为 RGB“2，10，5”，此时合成监视窗画面如图 3-9-8 所示。

图 3-9-7　应用“梯度渐变”后的画面

图 3-9-8　设置起点位置和颜色后的画面

5．设置“渐变终点”参数为“350.0，265.0”，“终点颜色”的 RGB“255，44，81”，此时合成监视窗画面，如图 3-9-9 所示。

6．按组合键“Ctrl+N”，创建一个“预设”为“PAL Dl/DV 宽银幕方形像素”的合成，将其命名为“文字”，设置“持续时间”为“0:00:10:00”，如图 3-9-10 所示。

7．单击菜单栏“图层”→“新建”→“文本”选项，在时间线中新建一个文字图层，此时合成监视窗中出现光标，在光标处输入“节日快乐”4 个字，单击工具栏中的“选取工具”，将字体设置为“华文行楷”，文字颜色设置为“玫红色”，文字描边颜色设置为“黄色”，字号设置为“125”像素，如图 3-9-11 所示。将文字的边设置为“10”像素，填充方式设置为“在描边上填充”，如图 3-9-12 所示。此时合成监视窗中的文字效果如图 3-9-13 所示。

① 梯形渐变用来创建渐变颜色。

图 3-9-9　设置终点位置和颜色后的画面

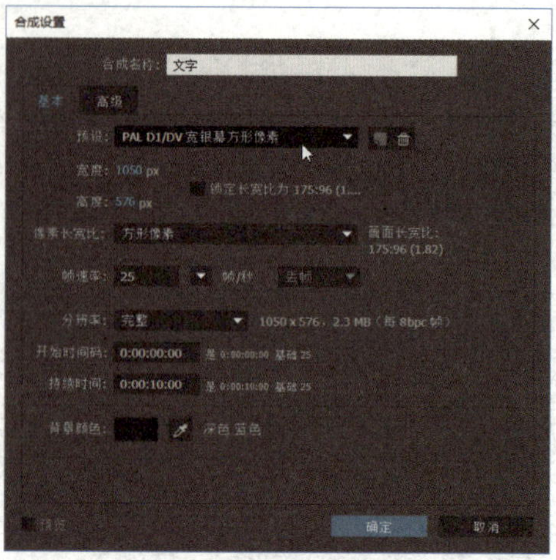

图 3-9-10　新建合成的相关设置

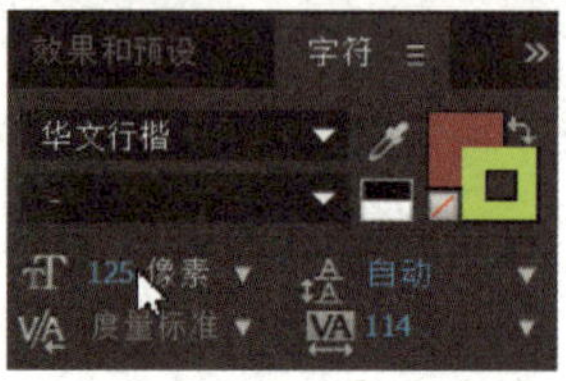

图 3-9-11　文字参数设置

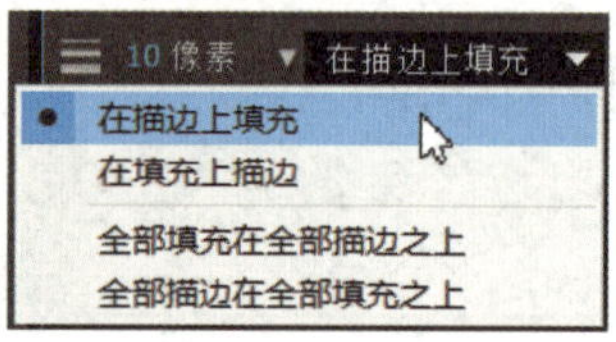

图 3-9-12　文字边框设置

图 3-9-13　文字效果

8. 按组合键“Ctrl+N”，创建一个“预设”为“PAL Dl/DV 宽银幕方形像素”的合成，将其命名为“渐变参考”，设置“持续时间”为“0:00:10:00”，如图 3-9-14 所示。

9. 按组合键“Ctrl+Y”，新建纯色图层，将其命名为“渐变层”，如图 3-9-15 所示。选中“渐变层”，单击菜单栏“效果”→“生成”→“梯度渐变”选项，为纯色图层添加“梯度渐变”特效。设置“渐变起点”参数为“0.0，300.0”，“渐变终点”参数为“1049.0，300.0”，如图 3-9-16 所示。此时合成监视窗画面如图 3-9-17 所示。

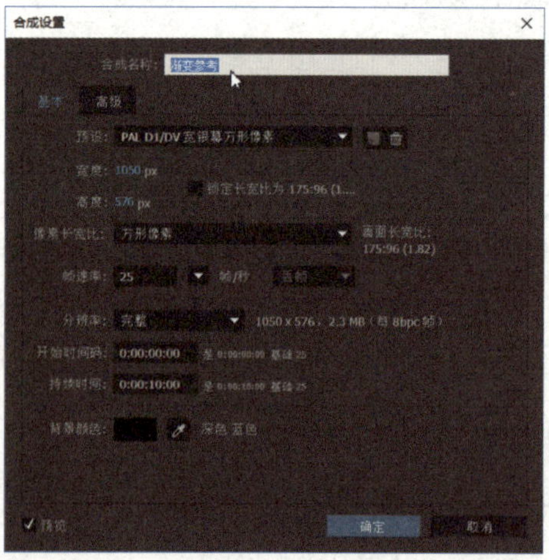

图 3-9-14　创建名为“渐变参考”的合成

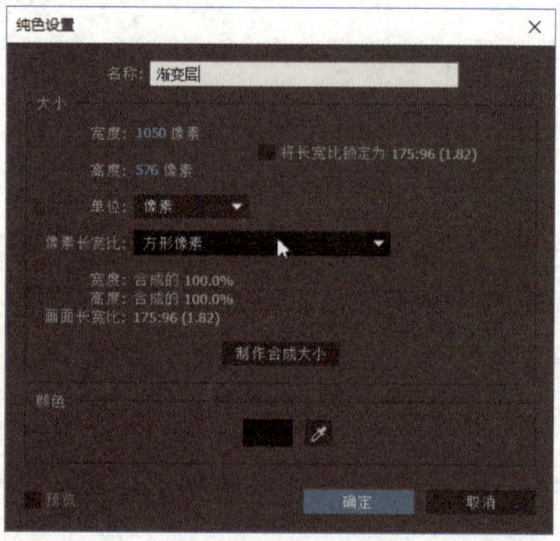

图 3-9-15　创建名为“渐变层”的纯色层

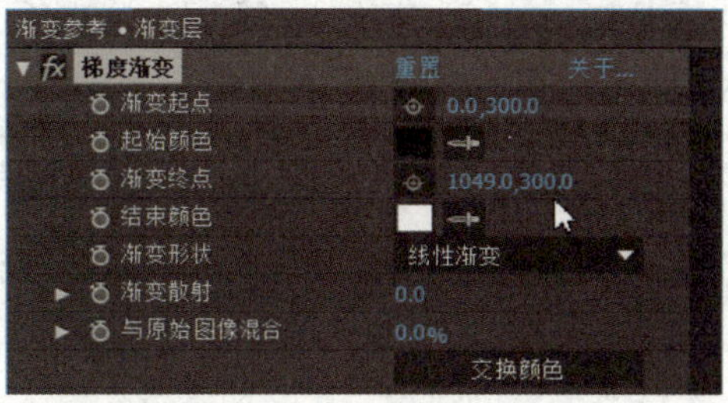

图 3-9-16 “梯度渐变”参数设置

图 3-9-17 添加“梯度渐变”后效果图

10. 单击时间线中的“背景”选项，切换到“背景”合成面板，如图 3-9-18 所示。将“文字”“渐变参考”两个合成分别拖曳到“背景”合成的时间线中，同时关闭“渐变参考”的显示开关，如图 3-9-19 所示。

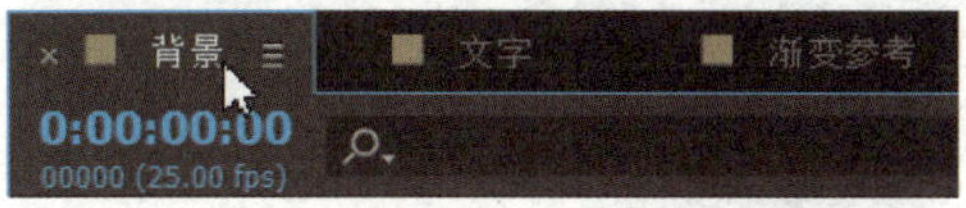

图 3-9-18 切换到“背景”窗口

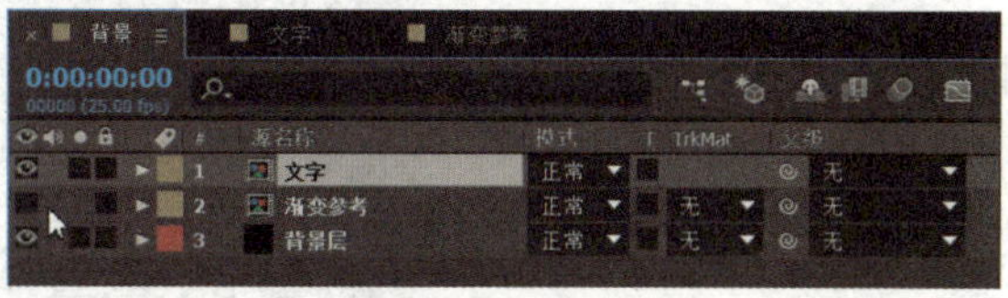

图 3-9-19 相关图层的显示状态

11. 选中“文字”图层，单击菜单栏“效果”→“模拟”→“碎片”[①]选项，添加一个爆炸特效，将“视图”设置为“已渲染”，“渲染”设置为“全部”，如图 3-9-20 所示。单击“形状”选项前的小三角，展开“形状”参数组，将“图案”设置为“星形及三角形”，如图 3-9-21 所示。展开“渐变”参数组，将“渐变图层”设置为“2.渐变参考”，勾选“反转渐变”复选框，如图 3-9-22 所示。

图 3-9-20 “碎片”参数设置

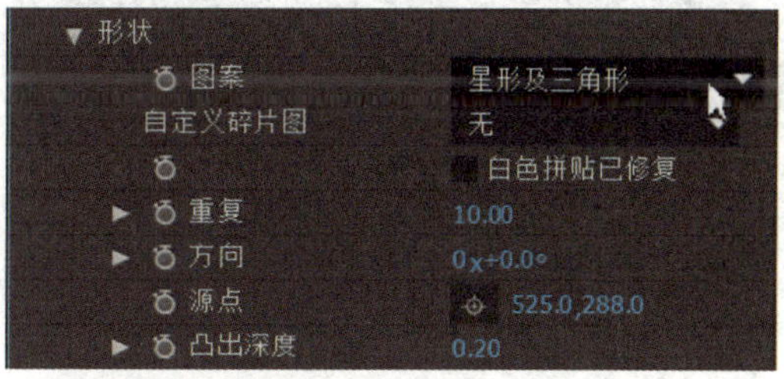

图 3-9-21 “形状”参数设置

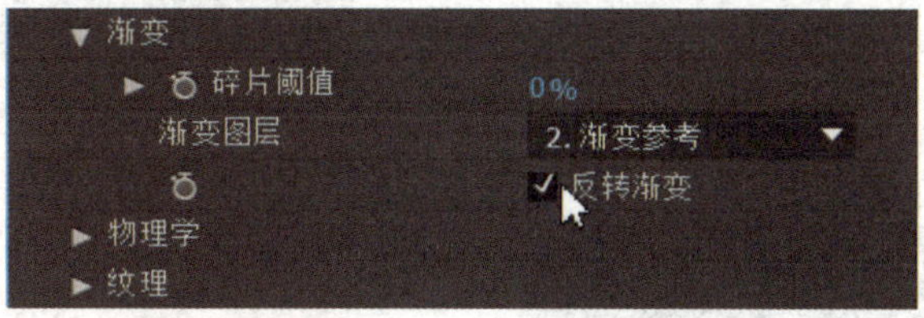

图 3-9-22 “渐变”参数组设置

---

① “碎片”特效可以完成爆炸飞散的效果。Pattern 为碎片模式，可以根据需要进行选择，Repetitions 控制碎片的循环，Shatter Threshold 可以设置破碎的阈值。爆炸后的最终效果必须在 Render 模式下才能显示。

12. 将“时间指示器”置于起点位置，展开“作用力 1”参数组，单击“位置”参数前的码表，为“位置”参数设关键帧，如图 3-9-23 所示。单击“渐变”参数组中“碎片阈值”参数前的码表，给“碎片阈值”参数设关键帧，如图 3-9-24 所示。单击“物理学”参数组中“重力”和“重力方向”参数前的码表，为“重力”和“重力方向”参数设关键帧，如图 3-9-25 所示。

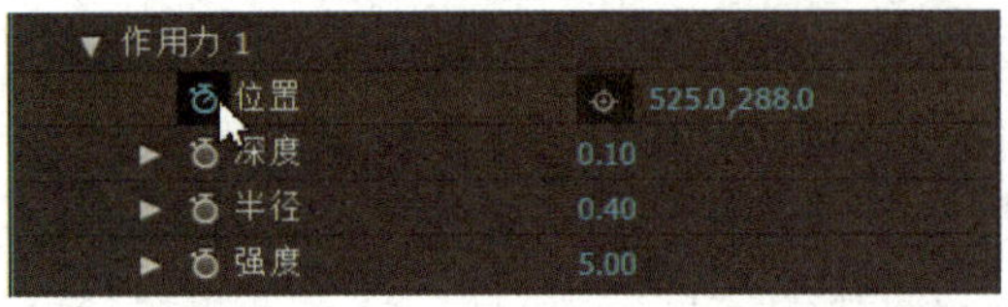

图 3-9-23　给“位置”参数设关键帧

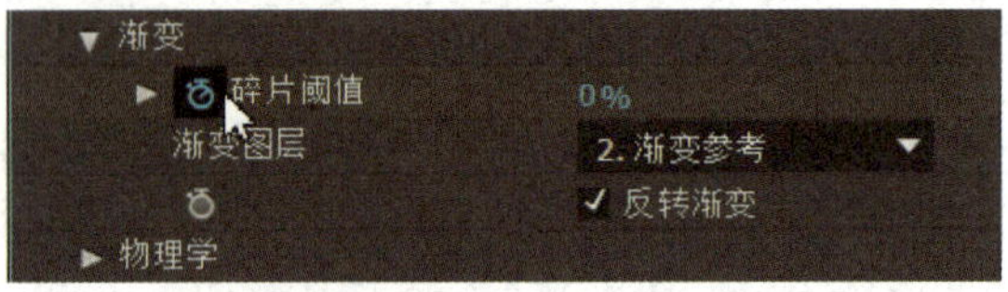

图 3-9-24　给“碎片阈值”参数设关键帧

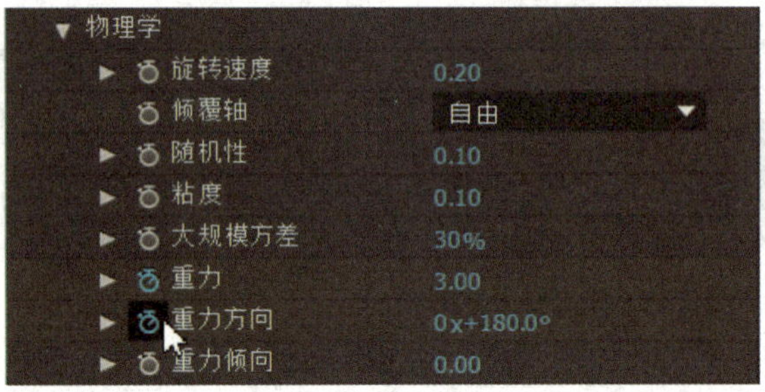

图 3-9-25　为“重力”和“重力方向”参数设关键帧

13. 设置“作用力 1”参数组的“位置”参数。第 0 帧“位置”参数为“100.0，270.0”，如图 3-9-26 所示。第 3 帧“位置”参数为“625.0，320.0”，如图 3-9-27 所示。

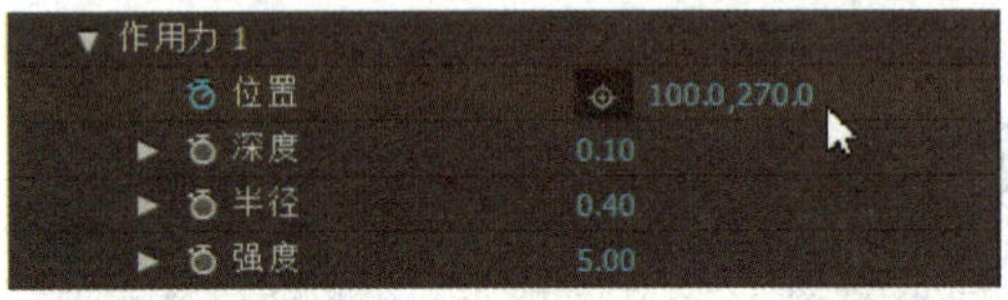

图 3-9-26　第 0 帧“位置”参数

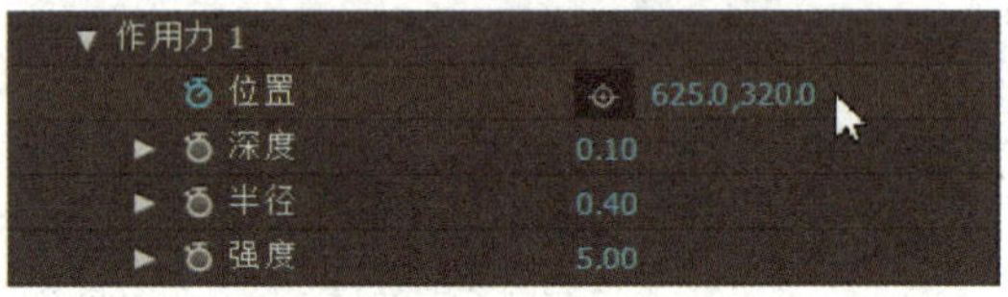

图 3-9-27　第 3 帧“位置”参数

14. 设置“渐变”参数组的“碎片阈值”参数。第 0 帧“碎片阈值”为“0.0%”，第 3 帧“碎片阈值”为“100%”，如图 3-9-28 所示。此时第 3 帧处合成监视窗画面如图 3-9-29 所示。

图 3-9-28　第 3 帧“碎片阈值”参数

图 3-9-29　第 3 帧处合成监视窗画面

15. 设置“物理学”参数组第 0 帧处的参数，“重力”参数为“3.00”；“重力方向”参数为“2x+0°”，如图 3-9-30 所示。第 3 帧处，“重力”参数为“5.00”，“重力方向”参数为“0x+180°”，如图 3-9-31 所示。此时合成监视窗画面如图 3-9-32 所示。

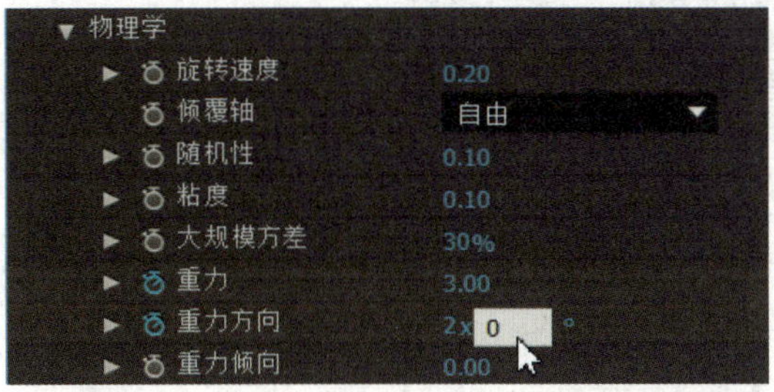

图 3-9-30　第 0 帧处的参数设置

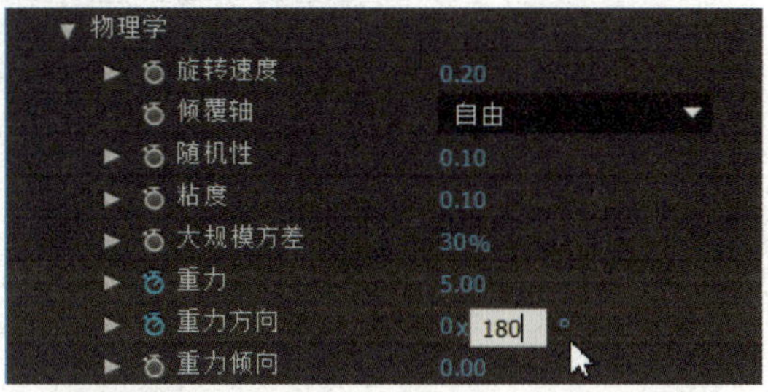

图 3-9-31　第 3 帧处的关键帧设置

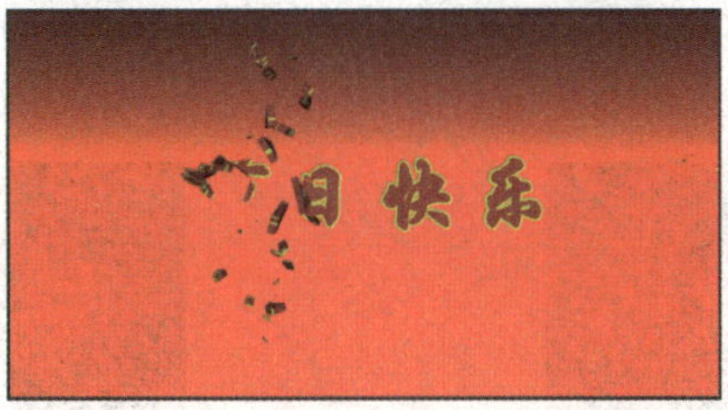

图 3-9-32　设置动画后的合成监视窗画面

16．为了增强爆炸的效果，选中“文字”图层，单击菜单栏“效果”→“风格化”→“发光”选项，添加一个“发光”特效。单击效果控件面板，将“发光基于”选项设置成“Alpha 通道”，如图 3-9-33 所示。设置光线颜色，将“颜色 A”设置成 RGB“255，227，65”，“颜色 B”设置成 RGB“158，2，85”，如图 3-9-34 所示。此时设置光线颜色后的效果画面，如图 3-9-35 所示。

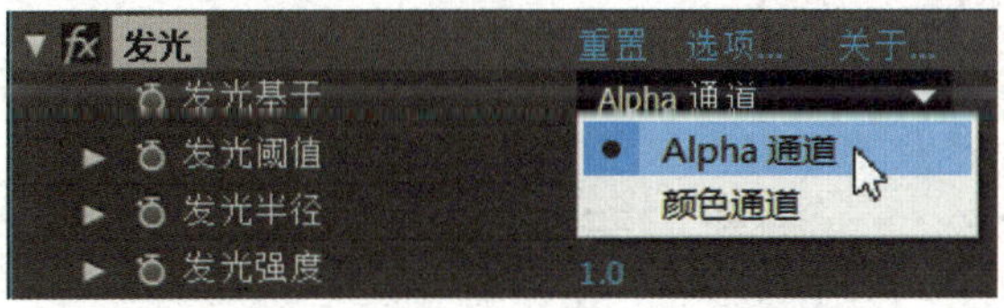

图 3-9-33　“发光基于”选项设置

图 3-9-34　光线颜色设置

图 3-9-35　设置光线颜色后的效果

17．为了达到更好的效果，需要加入一个“光晕”。按组合键“Ctrl+Y”，新建一个黑色纯色层，命名为“光晕”。在时间线面板中将叠加模式改为“相加”模式，如图 3-9-36 所示。

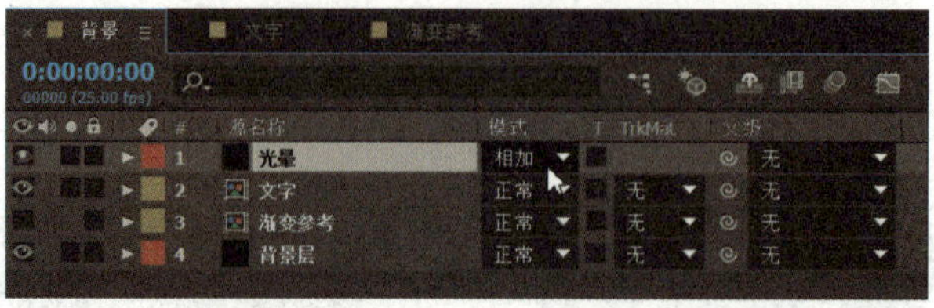

图 3-9-36　“光晕”图层“相加”模式

18．单击菜单栏“效果”→“生成”→“镜头光晕[①]”选项，添加一个“镜头光晕”特效。将“时间指示器”移到第 6 帧位置，展开“镜头光晕”特效参数组，单击“光晕中心”前的码表，设置参数为“85.0，263.0”，如图 3-9-37 所示。将“时间指示器”移到第 2 秒 20 帧位置，设置“光晕中心”参数为“981.0，263.0”，如图 3-9-38 所示。此时合成监视窗画面如图 3-9-39 所示。

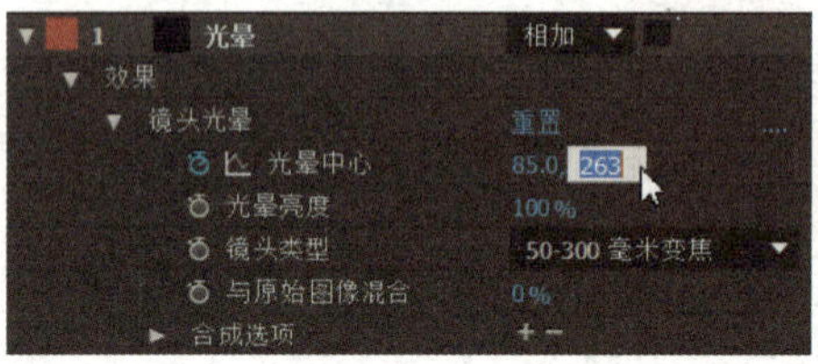

图 3-9-37　第 6 帧“光晕中心”参数设置

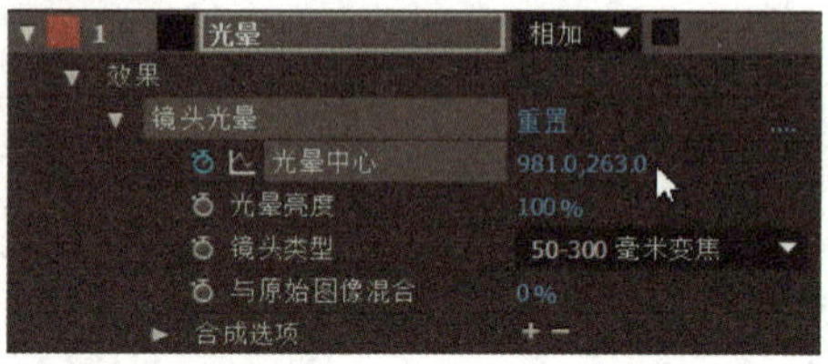

图 3-9-38　第 2 秒 20 帧“光晕中心”参数设置

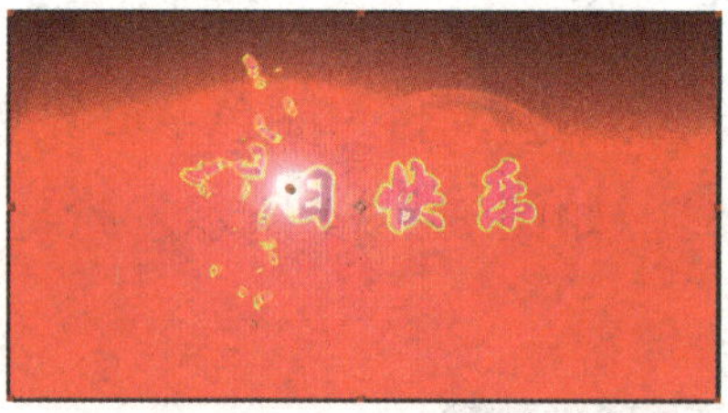

图 3-9-39　增加光晕特效后的合成监视窗画面

19．由于第 6 帧和第 2 秒 20 帧的光晕都是多余的，因此需要在第 6 帧和第 2 秒 20 帧处分别按下组合键“Alt+[”和“Alt+]”[②]将多余的部分剪掉，如图 3-9-40 所示。

图 3-9-40　剪掉多余的光晕层内容

20．单击“渐变参考”图层的显示开关，恢复显示图层内容，将该图层的叠加方式设置成“柔光”，如图 3-9-41 所示。

① “镜头光晕”特效可以模仿摄像机的镜头光晕效果。

② 组合键“Alt+[”为剪掉前面的素材，组合键“Alt+]”为剪掉后面的素材。

至此，本项目制作完成，最终效果如图 3-9-42 所示。

图 3-9-41　设置图层的叠加方式

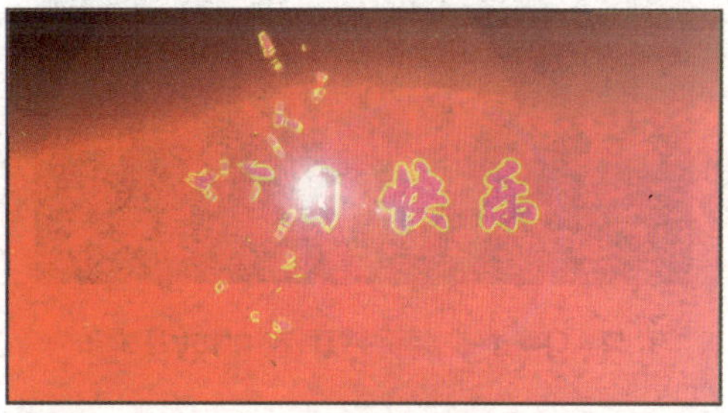

图 3-9-42　文字过光的最终效果图

项目小结

本项目利用“碎片”特效将文字炸裂，用光斑运动配合文字炸裂的动画，实现光斑驱动文字散去的画面效果。

课后检测 3.9

简答题

（1）组合键“Alt+[”的作用是什么？

（2）调节“碎片”特效中的“作用力 1”和“物理学”参数组的“重力”参数，看看会不会出现其他方向的爆炸效果？

实训练习 1：季节更替

项目分析

本项目是使用 After Effects CC 2017 中“色相/饱和度”和“镜头光晕”特效制作季节更替效果。通过本次练习，使用户能够掌握“色相/饱和度”和“镜头光晕”效果的使用技法。

效果展示

季节更替的最终效果如图 3-9-43 至图 3-9-46 所示。

图 3-9-43　季节更替的效果图 1

图 3-9-44　季节更替的效果图 2

图 3-9-45　季节更替的效果图 3

图 3-9-46　季节更替的效果图 4

实训练习 2：三维走廊效果的制作

项目分析

本项目为制作一个在三维走廊中穿梭的效果。通过镜头的穿梭与游走，模拟带有三维效果的古旧走廊，带领观众在充满神秘感的世界中探险，具有很强的立体感，新奇而刺激。制作过程中需要用到“图层属性”“摄像机”等功能，通过设定相应参数，完成效果的制作。

效果展示

三维走廊效果如图 3-9-47 所示。

图 3-9-47　三维走廊效果图

· 第 4 章 ·

高阶项目篇

项目 4.1　使用跟踪制作文字动画

学习目标

- 了解摄像机跟踪运动的实现方法
- 熟悉“跟踪器”的设定方法
- 掌握“摄像机跟踪器”父子级关系的设置方法

项目分析

本项目重点是应用 After Effects CC 2017 中的“跟踪器”，通过“摄像机跟踪器”的设定，实现文字与笔尖同步运动。

效果展示

笔尖上的文字动画效果如图 4-1-1 至图 4-1-4 所示。

图 4-1-1　笔尖上的文字动画效果图 1

图 4-1-2　笔尖上的文字动画效果图 2

图 4-1-3　笔尖上的文字动画效果图 3

图 4-1-4　笔尖上的文字动画效果图 4

操作流程

1. 启动 After Effects CC 2017 软件，双击项目面板空白处，导入本项目的图片序列素材，如图 4-1-5 所示。

2. 在项目面板中，选中导入的图片序列，将其拖曳到“新建合成”按钮上，创建一个“摄像机跟踪”合成，如图 4-1-6 所示。

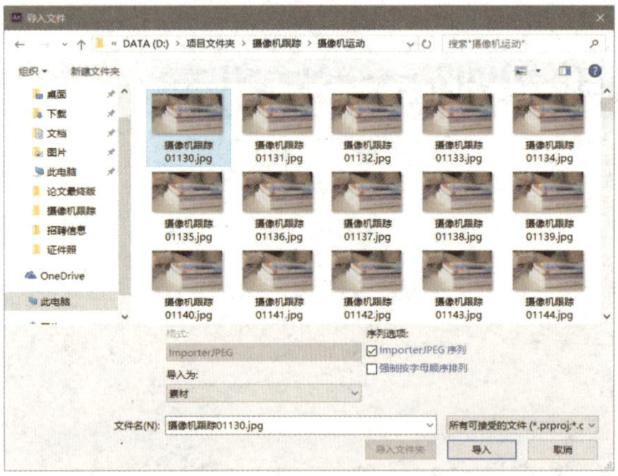

图 4-1-5　导入图片序列素材

图 4-1-6　创建“摄像机跟踪”合成

3. 选中时间轴面板中的“摄像机跟踪”图层，单击菜单栏“动画”→“跟踪运动”选项，如图 4-1-7 所示，将跟踪器面板调出，如图 4-1-8 所示。

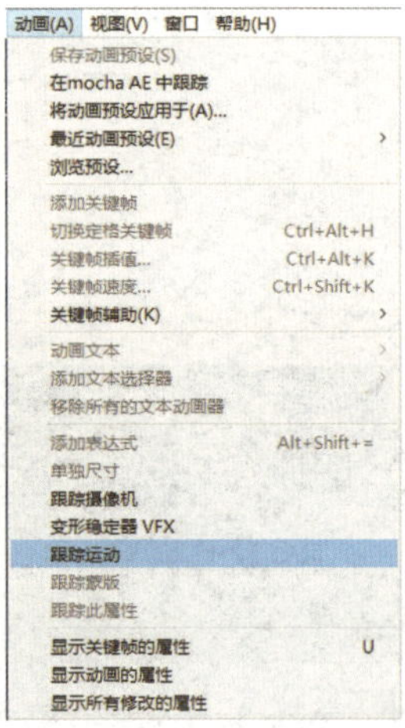

图 4-1-7　摄像机跟踪运动

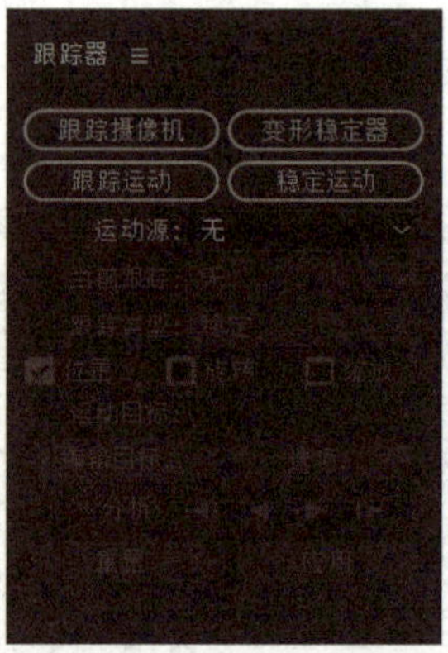

图 4-1-8　跟踪器面板

4．选中时间轴面板中的“摄像机跟踪”图层，在跟踪器面板中，选择“跟踪运动”选项，如图 4-1-9 所示。选择后，项目面板出现“跟踪点”，如图 4-1-10 所示。

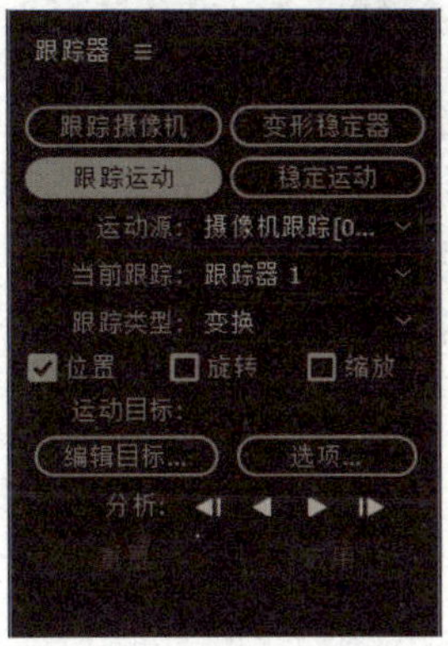

图 4-1-9 “跟踪运动”选项

图 4-1-10 “跟踪点”效果

5．在项目面板中，选中跟踪点，拖曳鼠标指针，将跟踪点的计算范围扩大，以便跟踪效果更为准确，如图 4-1-11 所示。

图 4-1-11 扩大跟踪点计算范围

6．选中“摄像机跟踪”图层，拖曳指针到“00:00:02:05”处，如图 4-1-12 所示，在项目面板中拖曳“跟踪点”，将其设置到笔尖处，如图 4-1-13 所示。

图 4-1-12 时间设置

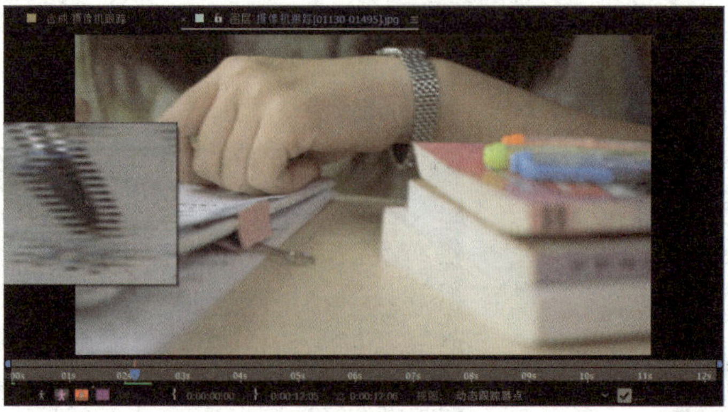

图 4-1-13　“跟踪点”位置设置

7．选中“摄像机跟踪”图层，在跟踪器面板中，选择“向前分析”选项，如图 4-1-14 所示。分析过程中，“跟踪点”将随着笔尖一同运动，如图 4-1-15 所示。分析后，在项目面板中可以看到“跟踪点”的运动轨迹，如图 4-1-16 所示。

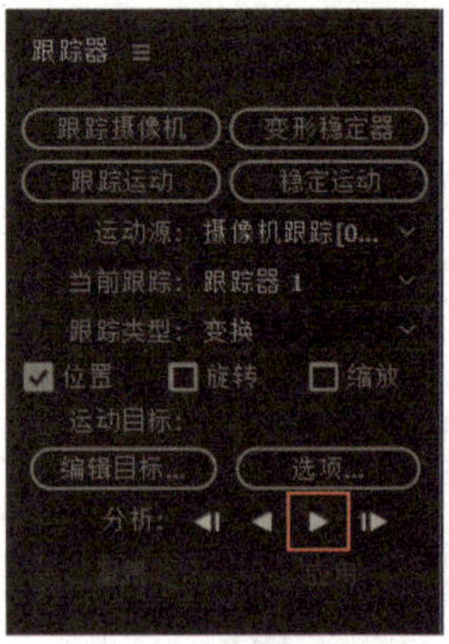

图 4-1-14　选择“向前分析”选项

图 4-1-15　“跟踪点”的移动效果

图 4-1-16　“跟踪点”的运动轨迹

8．在时间轴面板空白处单击鼠标右键，在弹出的快捷菜单中选择“新建”→“空对象”选项，新建一个“空对象”，命名为“空 1”，如图 4-1-17 所示。

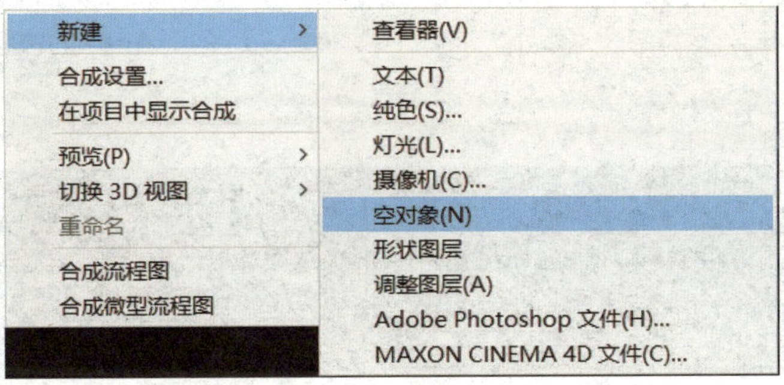

图 4-1-17　新建“空对象”

9．选中“摄像机跟踪”图层，在跟踪器面板中，选择“编辑目标”选项，如图 4-1-18 所示，在弹出的“运动目标”对话框中，将跟踪目标图层设置为“1.空 1”，单击“确定”按钮，如图 4-1-19 所示。

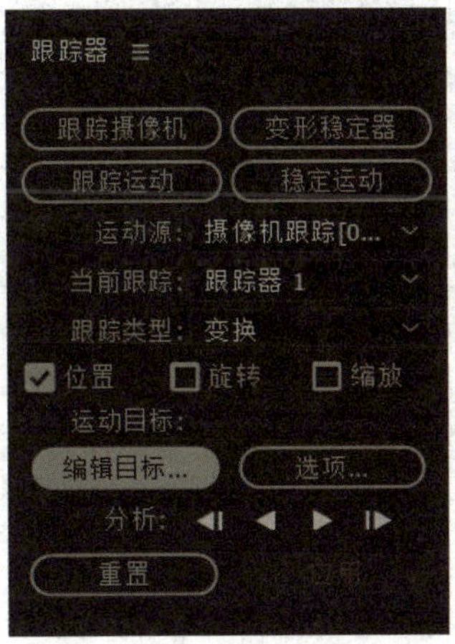

图 4-1-18　“编辑目标”选项

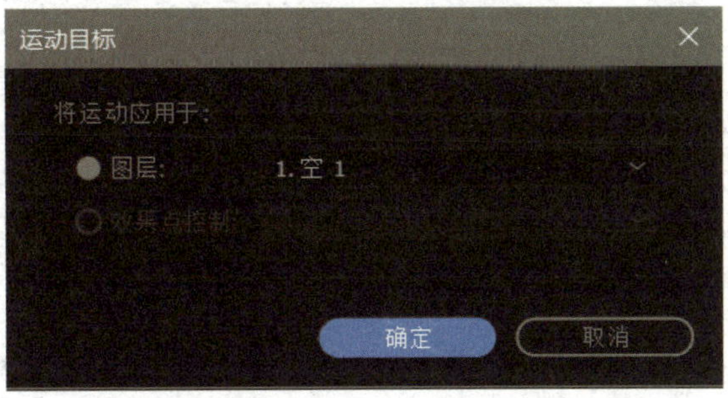

图 4-1-19　“运动目标”对话框

10．在跟踪器面板中，单击“应用”按钮，如图 4-1-20 所示，在弹出的“动态跟踪器应用选项”对话框中，单击“确定”按钮，如图 4-1-21 所示。

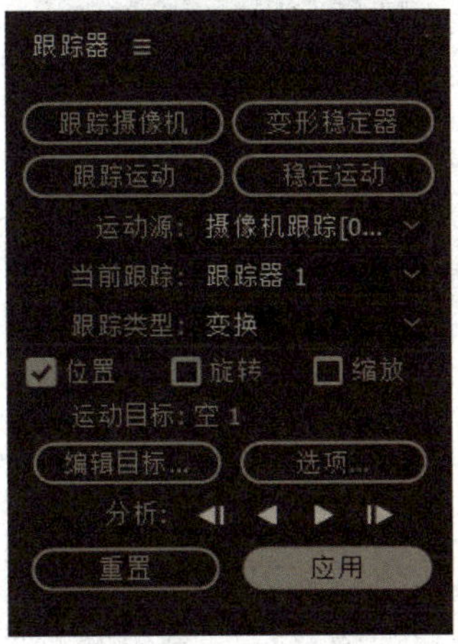

图 4-1-20　单击“应用”按钮

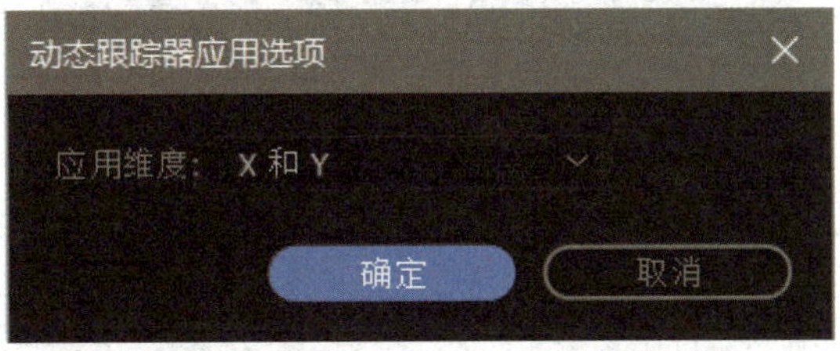

图 4-1-21　“动态跟踪器应用选项”对话框

11．完成上述操作后，打开“空 1”图层的下拉菜单，可以看到跟踪点的关键帧已经应用了“空对象”，如图 4-1-22 所示。

图 4-1-22　“空对象”关键帧效果图

12．在时间轴面板空白处单击鼠标右键，在弹出的快捷菜单中选择“新建”→“文本”选项，新建一个文本图层，如图 4-1-23 所示。

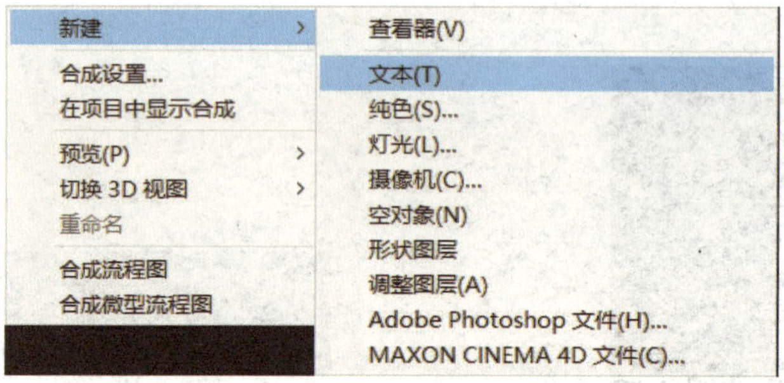

图 4-1-23　新建“文本”图层

13．选择“文本”图层，输入文字“Are you ready？”，设置文字颜色为“纯白色”（RGB“255，255，255”），如图 4-1-24 所示，字体设置为“Times New Roman”，如图 4-1-25 所示。

图 4-1-24　“文本”颜色设置

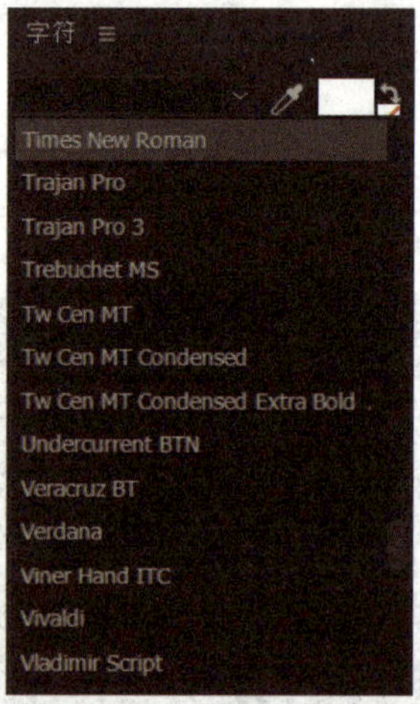

图 4-1-25　“文本”字体设置

14．选中“Are you ready？”文本图层，拖曳指针到“00:00:02:05”处，按[键，插入入点，如图 4-1-26 所示。在项目面板中调整“Are you ready？”的位置，使其与笔尖接近，如图 4-1-27 所示。

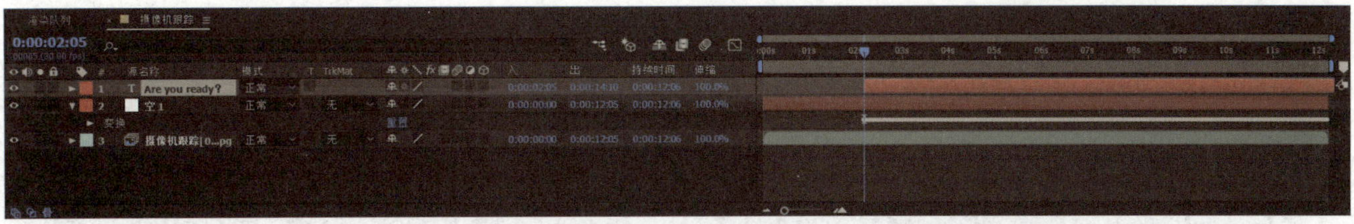

图 4-1-26 “Are you ready? ”文本图层入点设置

15．选中“Are you ready? ”文本图层，单击“动画”按钮，在弹出的下拉列表中选择“不透明度”选项，如图 4-1-28 所示。

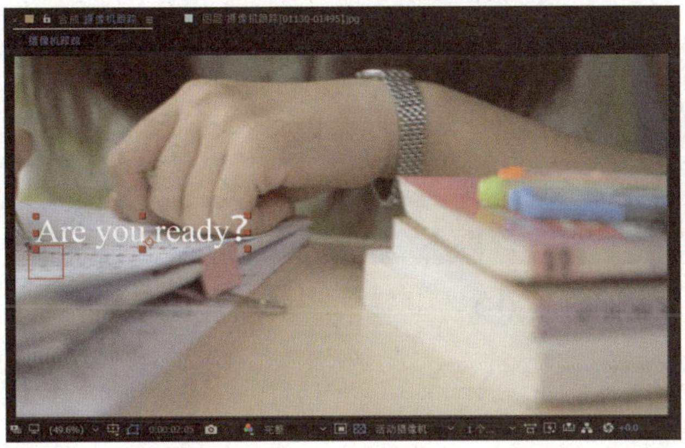

图 4-1-27 文本图层位置设置

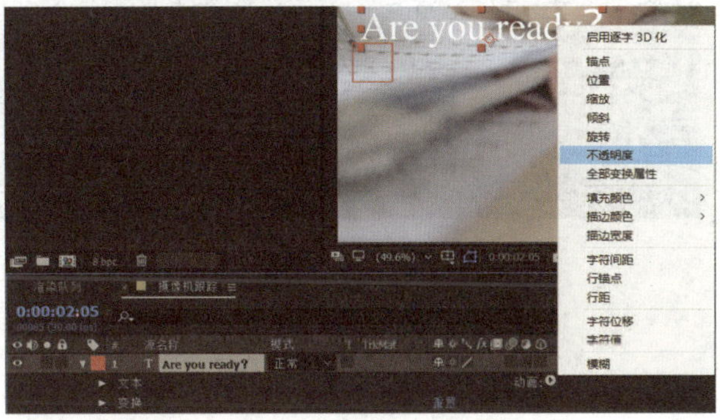

图 4-1-28 选择“不透明度”选项

16．打开“Are you ready? ”文本图层的选项组，选择“动画制作工具 1”→“范围选择器 1”选项，拖曳指针到“00:00:02:05”处，将“不透明度”参数设置为“0%”，“偏移”参数设置为“0%”，如图 4-1-29 所示。将指针拖曳到“00:00:03:29”处，“不透明度”参数设置为“100%”，“偏移”参数设置为“100%”，如图 4-1-30 所示。

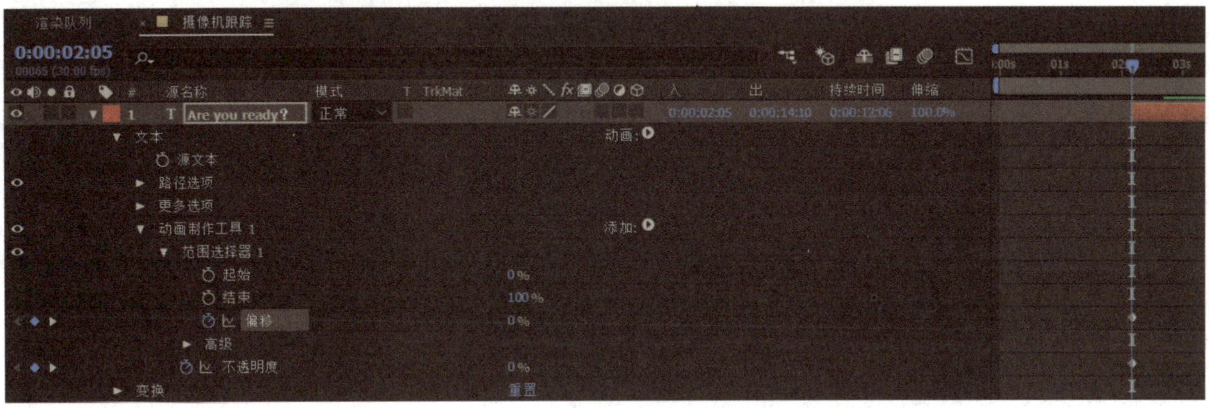

图 4-1-29 “范围选择器 1”参数设置 1

17．选中“Are you ready? ”文本图层，单击“父子级”关系按钮，将父级层设为“空 1”图层，如图 4-1-31 所示。

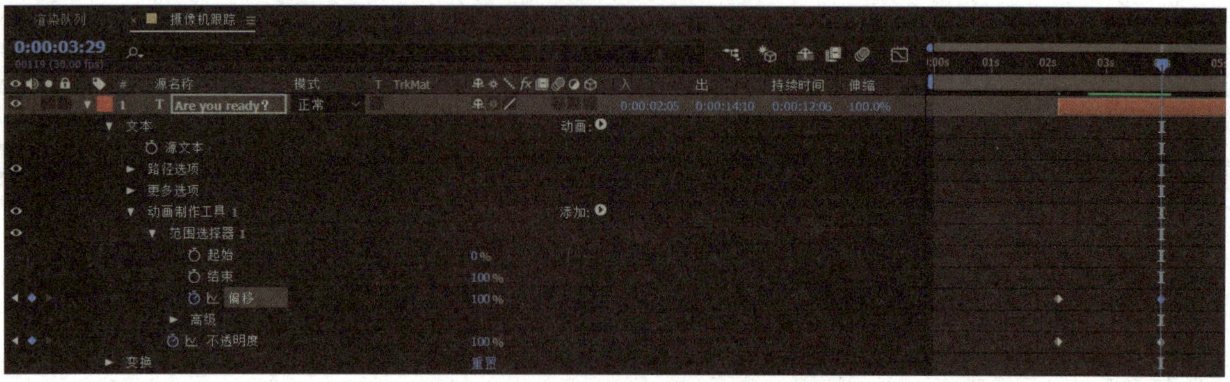

图 4-1-30　“范围选择器 1”参数设置 2

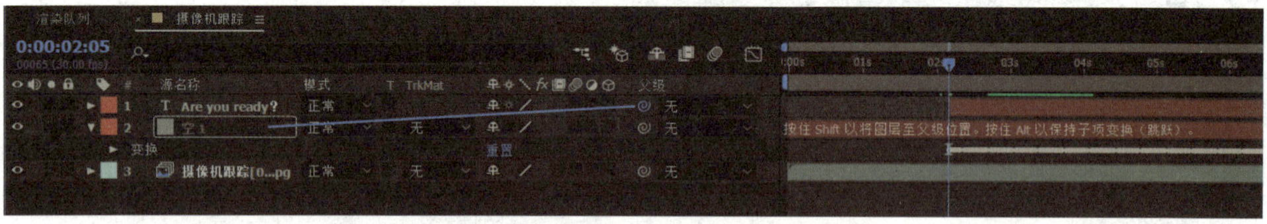

图 4-1-31　“父子级”关系设置

18．按小键盘上的数字 0 键，预览最终效果，如图 4-1-32 所示。

图 4-1-32　最终合成监视窗的效果

● 项目小结

本项目通过“摄像机跟踪运动”“父子级”关系的配合使用，实现了文字跟随笔尖的运动效果。“摄像机跟踪运动”中的“跟踪器”操作与“父子级”关系的设定是本项目的重点，需要用户在操作中认真体会，以掌握其中的技巧。通过此项目的学习，用户可以利用“摄像机跟踪运动”，制作跟随效果动画。

● 课后检测 4.1

简答题

（1）[键是什么功能的快捷键？

（2）如果想让两个文字层都跟踪笔尖运动，应该怎么做？

（3）想一想，让文字跟随笔尖运动，跟踪点只能选在笔尖上吗？

项目 4.2　使用粒子效果制作云朵

学习目标

- 了解摄像机和灯光层在 After Effects CC 2017 中的使用方法
- 熟悉 Particular（粒子）参数的设定方法
- 掌握灯光层、摄像机各参数的设置方法

项目分析

本项目重点是介绍粒子特效的使用。用粒子特效制作云朵，控制粒子参数的变化，让云朵蓬松、飘逸，有动感。形成一个云层，然后设置摄像机的位置及目标点参数，形成云朵漂浮的效果。

效果展示

云朵漂浮效果如图 4-2-1 至图 4-2-4 所示。

图 4-2-1　云朵漂浮效果图 1

图 4-2-2　云朵漂浮效果图 2

图 4-2-3　云朵漂浮效果图 3

图 4-2-4　云朵漂浮效果图 4

操作流程

1．启动 After Effects CC 2017 软件，创建一个名为“漂浮的云”的项目文件，单击菜单栏“合成”→“新建合成”[①]选项，创建一个“预设”为“HDTV 1080 25”的合成，将其命名为“漂浮的云”，设置“持续时间”为“0:00:05:00”，如图 4-2-5 所示。

2．单击菜单栏“图层”→“新建”→“纯色”[②]选项，新建纯色图层并将其命名为“天空”，设置“宽度”为“1920”像素，设置“高度”为“1080”像素，设置“像素长宽比”为“方形像素”，“颜色”为“黑色”，如图 4-2-6 所示。

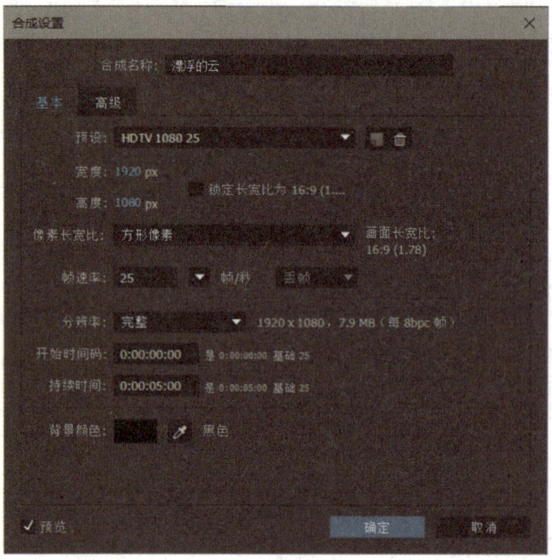

图 4-2-5　新建合成的相关设置

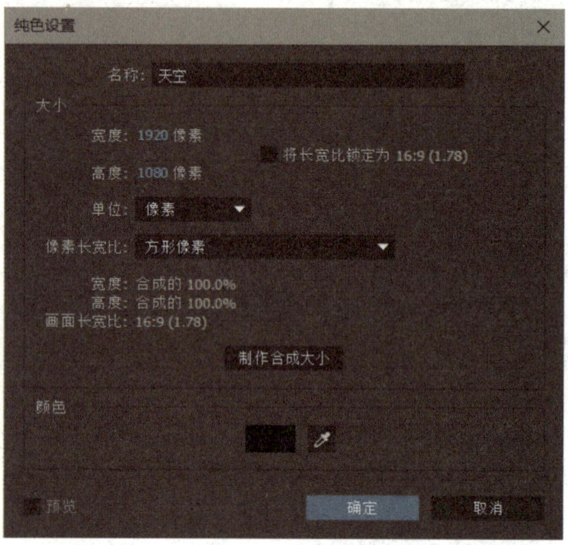

图 4-2-6　设置纯色图层的相关参数

3．选择“天空”图层，单击菜单栏“效果”→“生成”→“梯度渐变”选项，为“天空”图层添加梯度渐变效果，如图 4-2-7 所示。设置“起始颜色”为“蓝色”（RGB“14，85，222”），如图 4-2-8 所示。

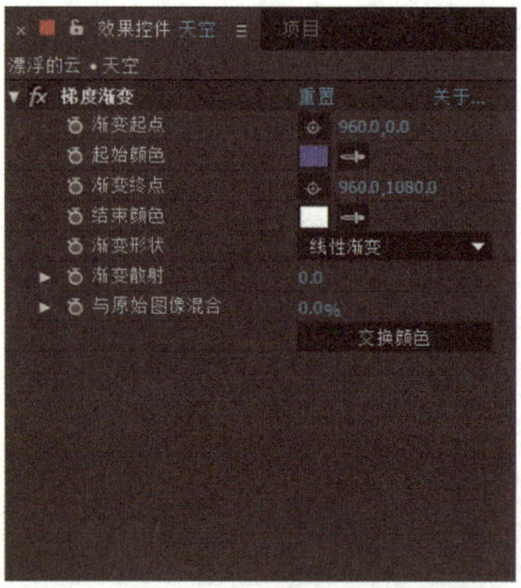

图 4-2-7　“梯度渐变”设置

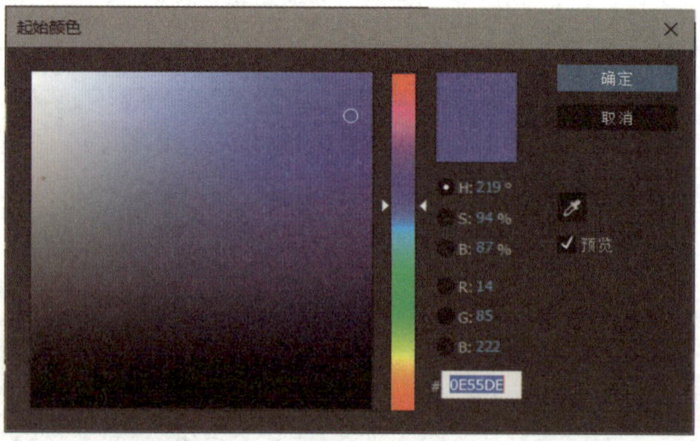

图 4-2-8　“起始颜色”设置

① 新建合成的组合键为“Ctrl+N”。
② 新建纯色的组合键为“Ctrl+Y”。

4. 单击菜单栏“图层”→“新建”→“灯光”选项，新建“灯光”图层，将其命名为“Emitter”。设置“灯光类型”为“聚光”，如图 4-2-9 所示，设置“灯光颜色”为“白色”(RGB“255，255，255”)，如图 4-2-10 所示。

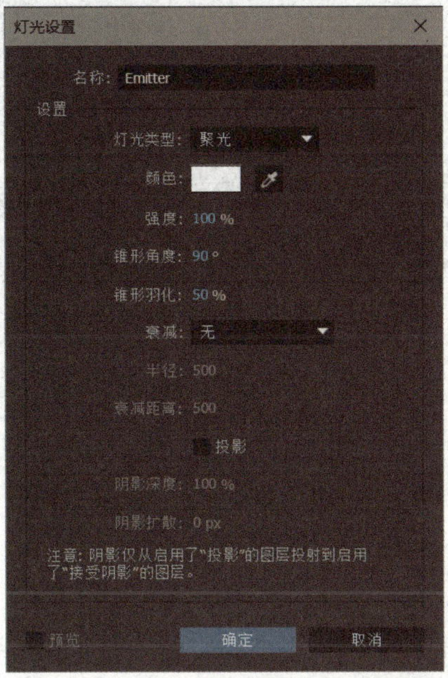

图 4-2-9 “灯光”图层相关设置

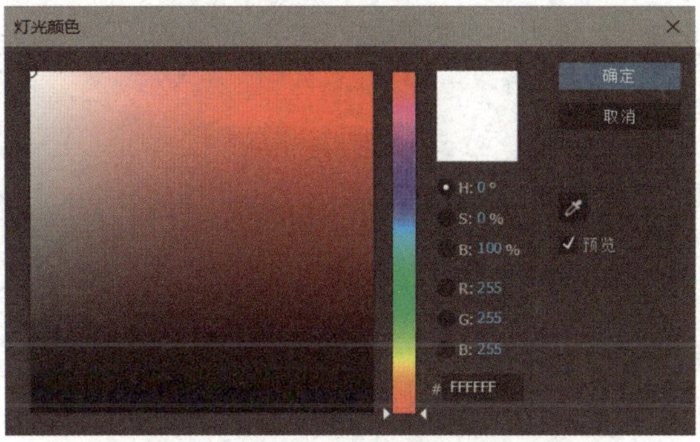

图 4-2-10 “灯光颜色”设置

5. 选择“Emitter”图层，设置“位置”参数为“811.4，426.1，-674.3”，设置“目标点”参数为“952.8，213.9，84.7”。继续选择“Emitter”图层，连续按组合键“Ctrl+D”3 次，复制图层，得到“Emitter 2”“Emitter 3”“Emitter 4”图层，然后分别更改“位置”及“目标点”参数，如图 4-2-11 所示。

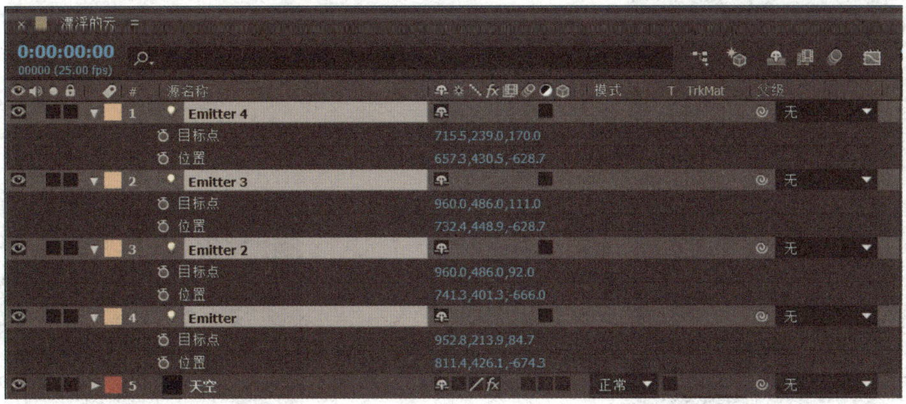

图 4-2-11 各“Emitter”图层的相关设置

6. 单击菜单栏“图层”→“新建”→“纯色”选项，新建纯色图层并将其命名为“云”，设置“宽度”为“1920”像素，设置“高度”为“1080”像素，设置“像素长宽比”为“方形像素”，如图 4-2-12 所示。设置“颜色”为“黑色”(RGB“0，0，0”)，如图 4-2-13 所示。

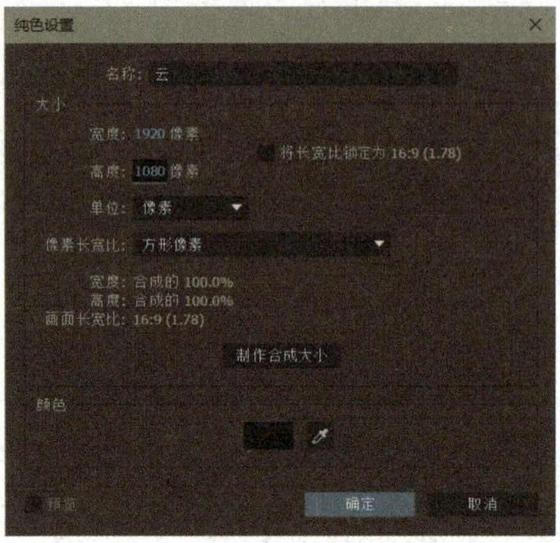

图 4-2-12　纯色图层“云”的相关参数设置

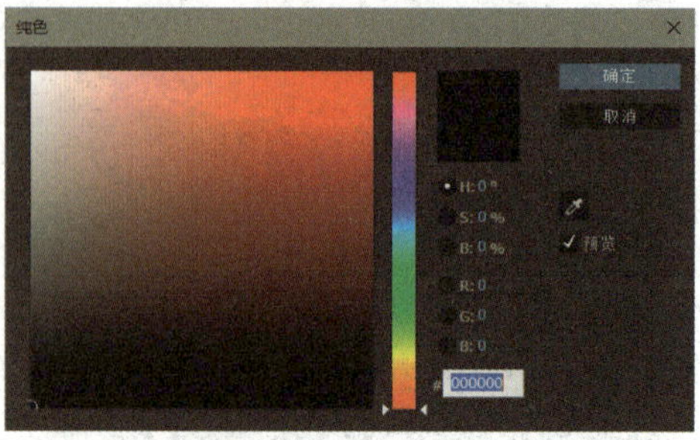

图 4-2-13　纯色图层“云”的颜色设置

7．选择“云”图层，单击菜单栏“效果”→“Trapcode”→“Particular”（粒子）选项，为“云”图层添加“Particular”（粒子）效果，设置“Emitter Type”（发射类型）为“Light(s)　”（灯光），“Velocity”（速率）为“0.0”，“Velocity Distribution”（速度分布）为“1.0”，“Emitter Size X”（发射器尺寸 X）为“134”，“Emitter Size Y”（发射器尺寸 Y）为“120”，“Emitter Size Z”（发射器尺寸 Z）为“104”，“Pre Run”（之前的动作）为“100”，“Random Seed”（随机的种子）为“0”，如图 4-2-14 所示。

8．展开“Particle”（粒子）参数栏，设置“Life[sec]”为“7.0”，“Particle Type”（粒子类型）为“Cloudlet”（云雾），“Size”（大小）为“15.0”，“Size Random[%]”（大小随机值）为“100.0”，“Opacity”（不透明度）为“5.0”，“Set Color”（设置的颜色）为“From Light Emitter”（来自灯光的颜色），如图 4-2-15 所示。

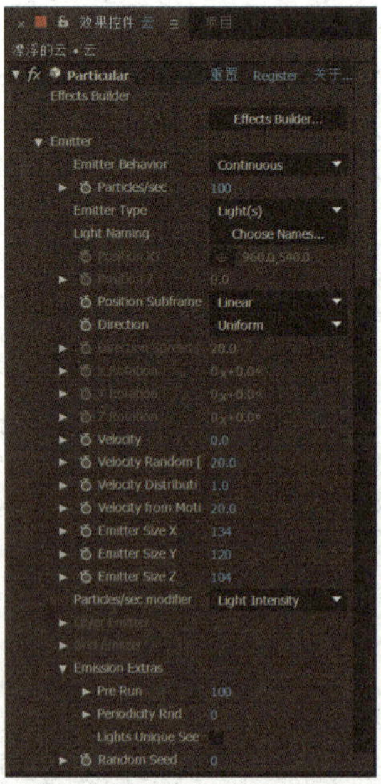

图 4-2-14　“Emitter”相关参数设置

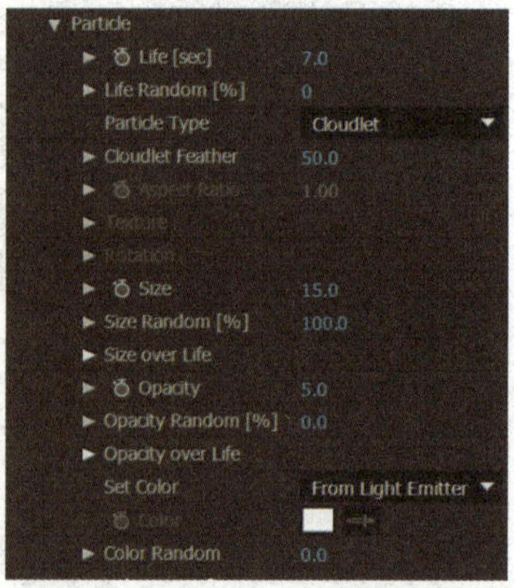

图 4-2-15　“Particle”相关参数设置

9．展开“Shading”（着色）参数栏，设置“Shadowlet for Main”（主要的阴影颜色）为“On”（打开）；在“Shadowlet Settings”（阴影设置）中，设置“Color Strength”（颜色的强度）为“50”，“Opacity”（不透明度）为“50”，如图 4-2-16 所示。设置“Color”（颜色）为 RGB“64，64，64”，如图 4-2-17 所示。

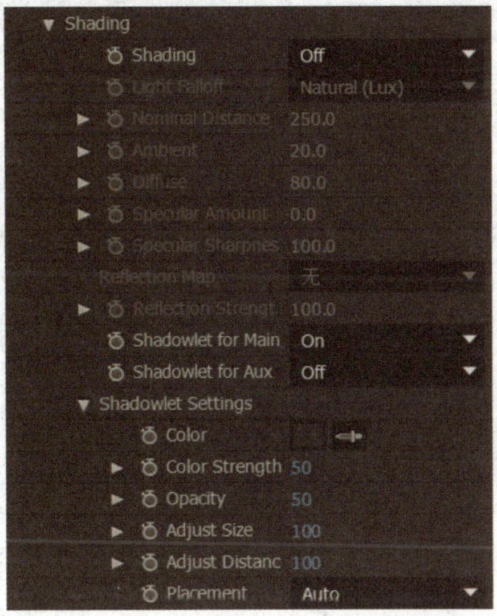

图 4-2-16 “Shading”相关参数设置

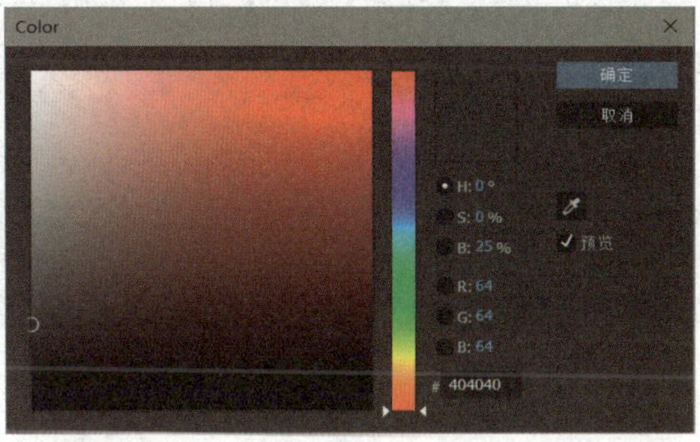

图 4-2-17 “Color”相关参数设置

10．展开“Physics”（物理学）参数项，设置“Wind X”（风向 X）为“100.0”，如图 4-2-18 所示。

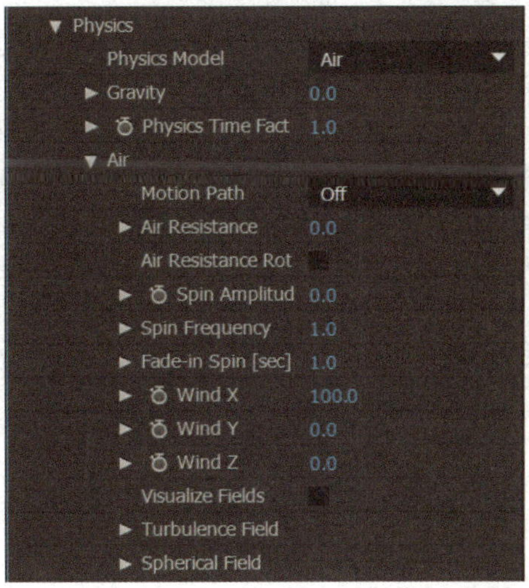

图 4-2-18 “Physics”相关参数设置

11．设置“Particular”（粒子）效果的“Particles/sec”（粒子数量/秒）属性的关键帧动画，在“0:00:00:00”处，设置第一个“Particeles/sec”（粒子数量/秒）关键帧为“100”，如图 4-2-19 所示。在“0:00:01:15”处，设置第二个“Particles/sec”（粒子数量/秒）关键帧为“0”，如图 4-2-20 所示。

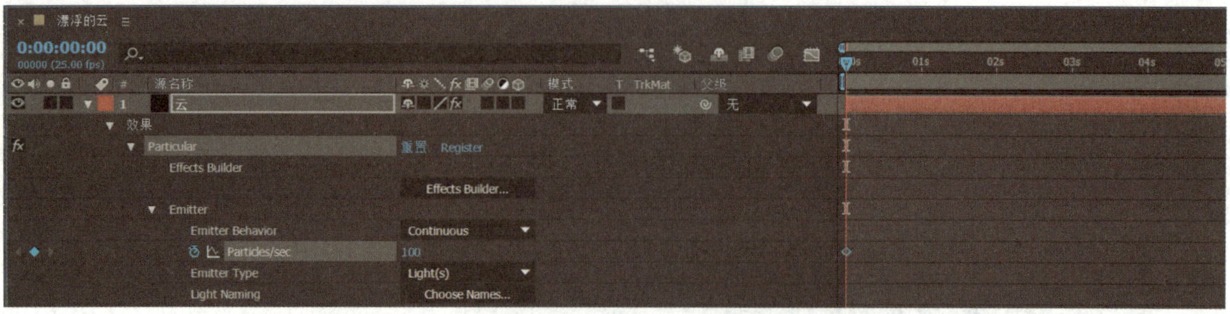

图 4-2-19　第一个“Particles/sec”（粒子数量/秒）关键帧设置

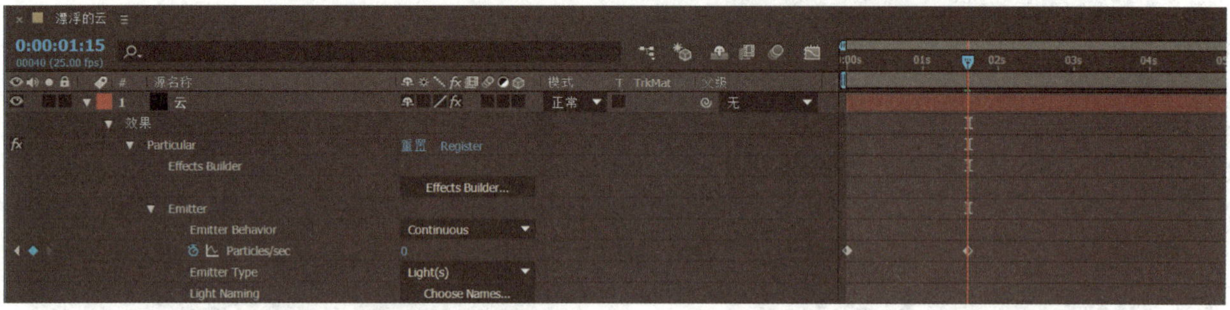

图 4-2-20　第二个“Particles/sec”（粒子数量/秒）关键帧设置

12．同时选择“云”“Emitter”“Emitter 2”“Emitter 3”“Emitter 4”5 个图层，单击菜单栏“图层”→“预合成”选项，新建“预合成”并命名为“云 1”，选择“将所有属性移动到新合成”单选按钮，如图 4-2-21 所示。

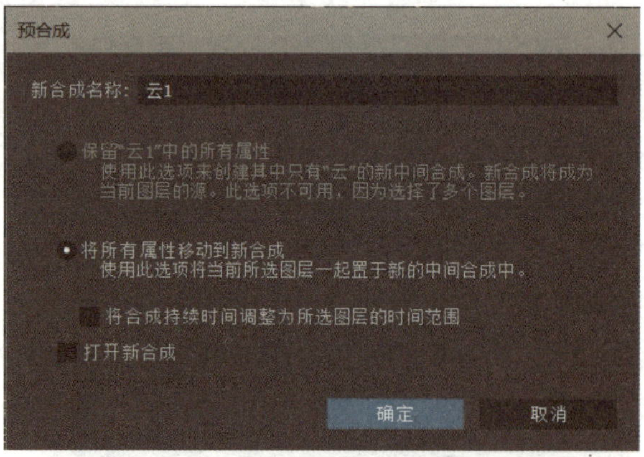

图 4-2-21　“预合成”相关参数设置

13．选择“云 1”图层，开启三维图层开关，按组合键“Ctrl+D”3 次，复制“云 1”图层，得到 3 个“云 1”图层。

14．调整 4 个“云 1”图层的“位置”参数分别为“679.0，648.0，330.0”“609.0，471.0，114.0”“510.0，618.0，6.0”“987.0，537.0，13.0”，如图 4-2-22 所示。

15．同时选择 4 个“云 1”图层，单击菜单栏“图层”→“预合成”选项，新建“预合成”并命名为“云层”，选择“将所有属性移动到新合成”单选按钮，如图 4-2-23 所示。

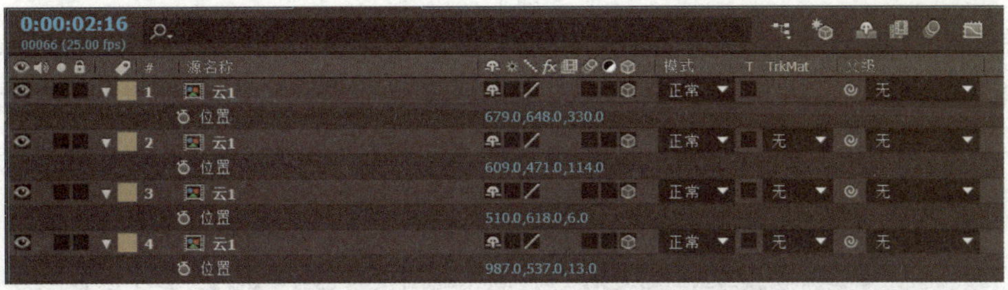

图 4-2-22 “云 1”图层“位置”参数设置

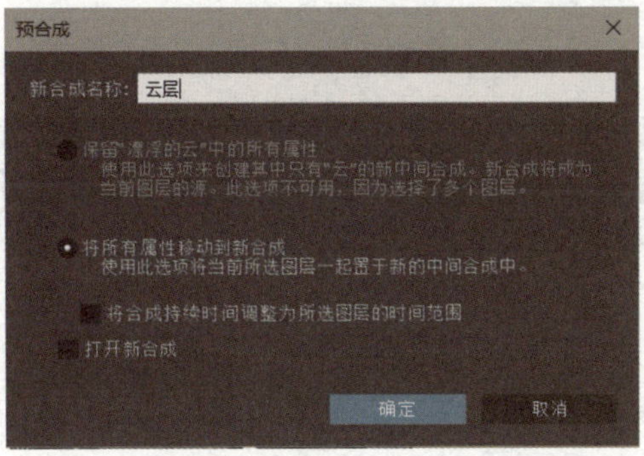

图 4-2-23 “预合成”相关参数设置

16. 将“云层”图层的三维开关打开，如图 4-2-24 所示。单击菜单栏“图层”→“新建”→“摄像机”①选项，新建一个“预设”为“35 毫米”的摄像机，将“启用景深”选中，“焦距”设置为“271.00”毫米，如图 4-2-25 所示。

图 4-2-24 打开“云层”图层三维开关

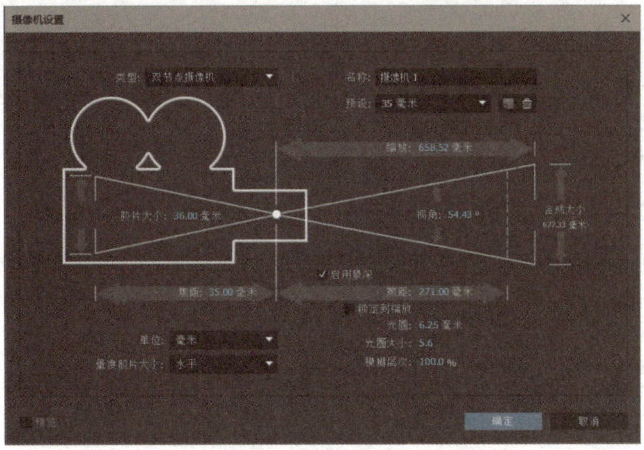

图 4-2-25 摄像机参数设置

① 在 After Effects 中，常常需要运用一个或多个摄像机来创造空间场景、观看合成空间，摄像机工具不仅可以模拟真实摄像机的光学特性，还能避免受三脚架、重力等条件的制约，在空间中任意移动。

17. 对摄像机各参数进行设置。展开“摄像机 1”图层的“变换”选项，将起点“0:0:00:00”处的“目标点”参数设置为“-112.0，564.0，0.0”，“位置”参数设置为“-344.0，852.0，-1866.7”；将“0:00:04:24”处的“目标点”参数设置为“1320.0，460.0，0.0”，“位置”参数设置为“-121.0，809.0，-1685.7”，如图 4-2-26 和图 4-2-27 所示。

图 4-2-26　摄像机“变换”起点参数设置

图 4-2-27　摄像机“变换”终点参数设置

18. 按小键盘上的数字 0 键，预览最终效果，如图 4-2-28 所示。

图 4-2-28　最终合成监视窗效果

项目小结

本项目通过“粒子”“灯光”“摄像机”的配合使用，实现了立体的云朵漂浮效果。摄像机“目标点”与“位置”参数的设置是本项目的重点，了解此两项参数的运用，以便下一项目的学习。添加的粒子图层和灯光图层，需要用户在操作中认真体会，以掌握其中的技巧。通过此项目的学习，用户可以利用摄像机制作简单的运动效果。

知识扩展

为了让用户更好地掌握摄像机的使用，现将摄像机的常规参数及设置方法总结如下。

1. 创建摄像机

选择菜单栏“图层”→“新建”→“摄像机”选项，或者按组合键“Ctrl+Shift+Alt+C”，即可打开“摄像机设置”对话框创建一个摄像机，如图 4-2-29 所示。

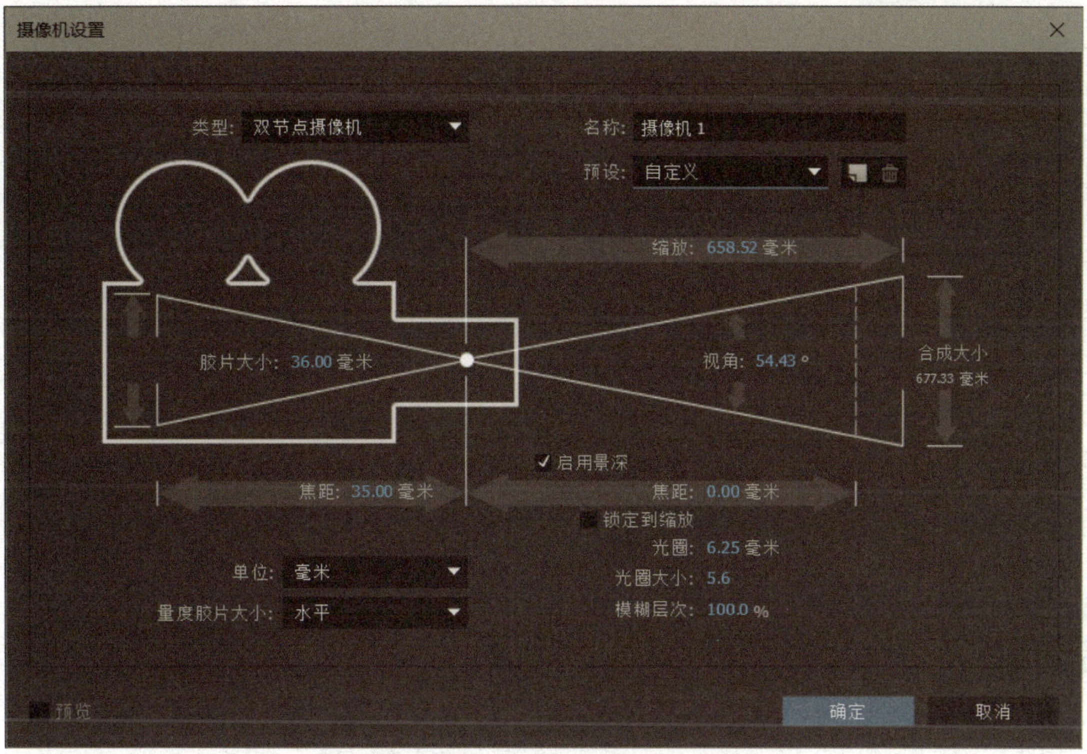

图 4-2-29 “摄像机设置”对话框

2. 摄像机的相关参数

名称：为摄像机命名。

预设：摄像机预置，在这个下拉列表中提供了 9 种常见的摄像机镜头，包括标准的 35 毫米镜头、15 毫米广角镜头、200 毫米长焦镜头及自定义镜头等。35 毫米标准镜头的视角类似于人眼。15 毫米广角镜头有极大的视野范围，类似于鹰眼观察空间，由于视野范围极大，所以看到的空间也很广阔，但是会产生空间透视变形。200 毫米长焦镜头可以将远处的对象拉近，视野范围也随之缩小，只能观察到较小的空间，但是几乎没有变形的情况出现。

单位：通过此下拉框选择参数单位，包括像素、英寸、毫米 3 个选项。

量度胶片大小：可改变胶片尺寸的基准方向，包括水平方向、垂直方向和对角线方向 3 个选项。

视角：角度越大，视角越宽；角度越小，视角越窄。

胶片大小：通过镜头看到的图像实际的大小。值越大，视野越大；值越小，视野越小。

焦距（Focal Length）：胶片与镜头的距离。焦距短产生广角效果，焦距长产生长焦效果。

启用景深：配合焦距（Focus Distance）、光圈、模糊层数参数使用。

焦距（Focus Distance）：确定从摄像机开始到图像最清晰位置的距离。

光圈大小：在 After Effects 里，光圈与曝光没关系，仅影响景深，值越大，前后图像清晰范围就越小。

模糊层次：控制景深模糊程度。值越大，越模糊。

课后检测 4.2

简答题

（1）结合本项目的制作方法，想一想，预合成有什么作用？

（2）本项目使用“Particular”（粒子）来制作云层，设想一下，如果改变云的颜色和部分参数属性，能制作出浓烟的效果吗？

项目 4.3　使用粒子效果制作花瓣飘落

学习目标

- 了解“Particular”（粒子）和“钢笔工具”在 After Effects 中的使用方法
- 熟悉“Particular”（粒子）参数的设定方法
- 掌握“Particular”（粒子）及其贴图效果等参数的设置方法

项目分析

本项目重点介绍“Particular”（粒子）及其贴图效果的使用。通过“Particular”（粒子）的各参数调节及其贴图效果的使用，实现花瓣飘落的效果。

效果展示

花瓣飘落效果如图 4-3-1 至图 4-3-4 所示。

图 4-3-1　花瓣飘落效果图 1

图 4-3-2　花瓣飘落效果图 2

图 4-3-3 花瓣飘落效果图 3

图 4-3-4 花瓣飘落效果图 4

操作流程

1．启动 After Effects CC 2017 软件，创建一个名称为“樱花花瓣”的项目文件。单击菜单栏“合成”→“新建合成”选项，创建一个“宽度”为“200px”，“高度”为“200px”的合成，并将其命名为“樱花花瓣”，设置“持续时间”为“0:00:10:00”，如图 4-3-5 所示。

2．单击菜单栏“图层”→“新建”→“纯色”选项，新建纯色图层并将其命名为“花瓣”，设置“宽度”为“200 像素”，“高度”为“200 像素”，“颜色”为“粉色”，如图 4-3-6 所示。

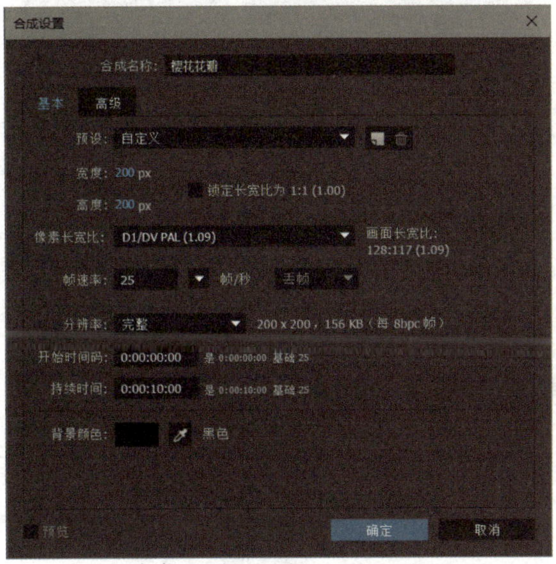

图 4-3-5 新建合成的相关设置

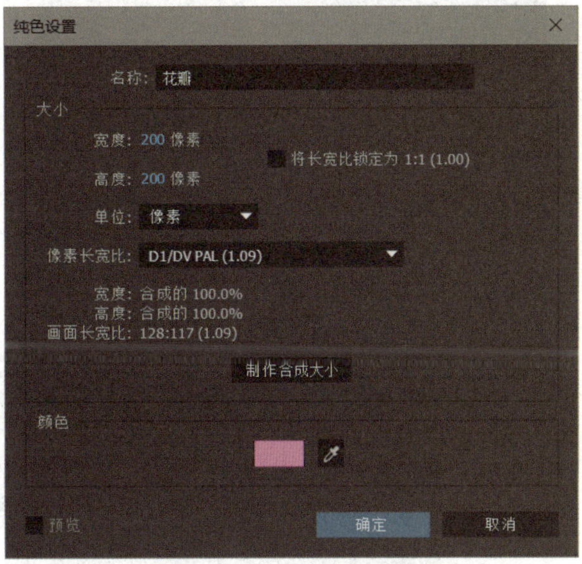

图 4-3-6 新建纯色图层的相关设置

3．选择“花瓣”图层，单击工具栏中的“钢笔工具”，利用“钢笔工具”在合成“樱花花瓣”中绘制一片樱花花瓣，如图 4-3-7 所示。

4．为了使花瓣看起来更逼真，可以为“花瓣”图层添加“梯度渐变”效果。单击菜单栏“效果”→“生成”→“梯度渐变”选项，设置“起始颜色”为“浅粉色”（RGB“255，219，253”），如图 4-3-8 所示；设置“结束颜色”为“粉色”（RGB“233，122，227”），如图 4-3-9 所示。

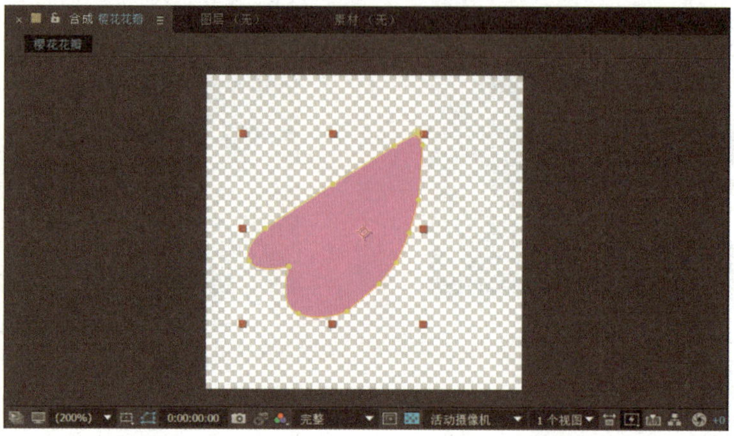

图 4-3-7　利用“钢笔工具”绘制樱花花瓣

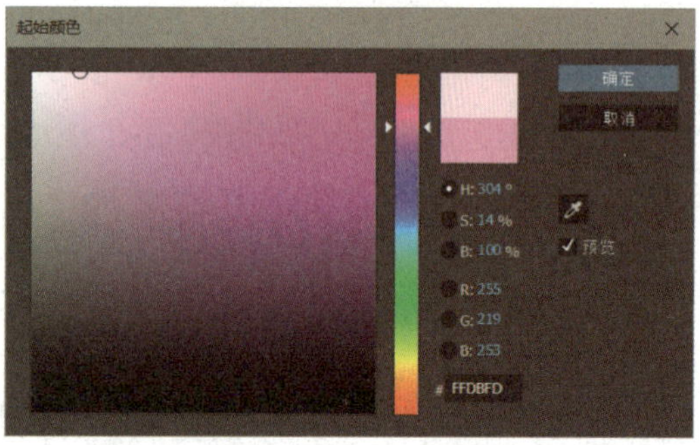

图 4-3-8　“起始颜色”设置

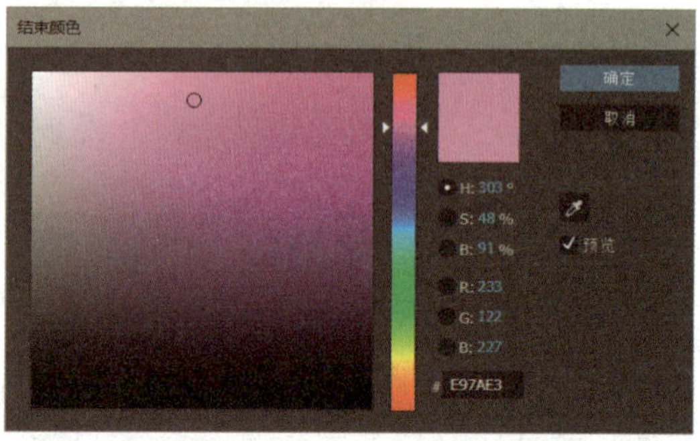

图 4-3-9　“结束颜色”设置

5. 调整“梯度渐变”的“渐变起点”“渐变终点”，设置“渐变起点”的参数为“100.5，27.0”，设置“渐变终点”的参数为“32.0，184.0”，设置“渐变形状”为“线性渐变”，得到颜色逐渐变深的樱花花瓣，如图 4-3-10 所示。

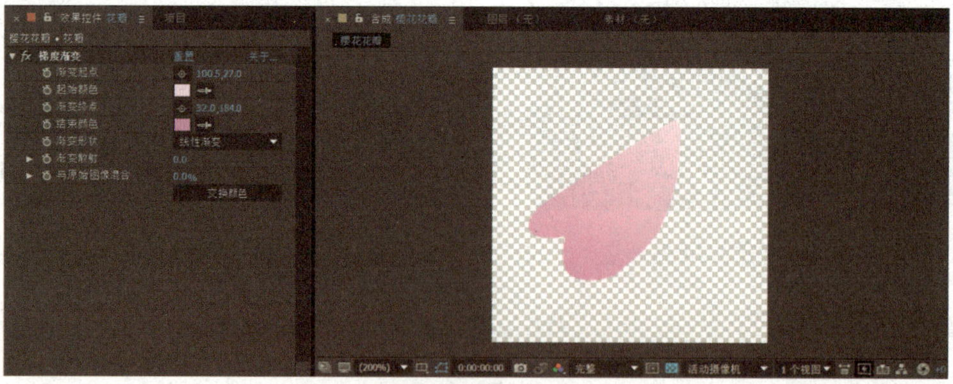

图 4-3-10　“梯度渐变”相关参数设置及效果图

6. 单击菜单栏“合成”→“新建合成”选项，新建一个合成，将其命名为“花瓣飘落”，选择“预设”为“HDTV 1080 25”的合成参数，设置“宽度”为“1920px”，“高度”为“1080px”，“像素长宽比”为“方形像素”，“背景颜色”为“黑色”RGB“0，0，0”，设置“持续时间”为“0:00:10:00”，如图 4-3-11 所示。

7. 单击菜单栏“图层”→“新建”→“纯色”选项，新建一个纯色图层，将其命名为“花瓣飘落”，设置“宽度”为“1920 像素”，“高度”为“1080 像素”，“像素长宽比”为“方形像素”，如图 4-3-12 所示。

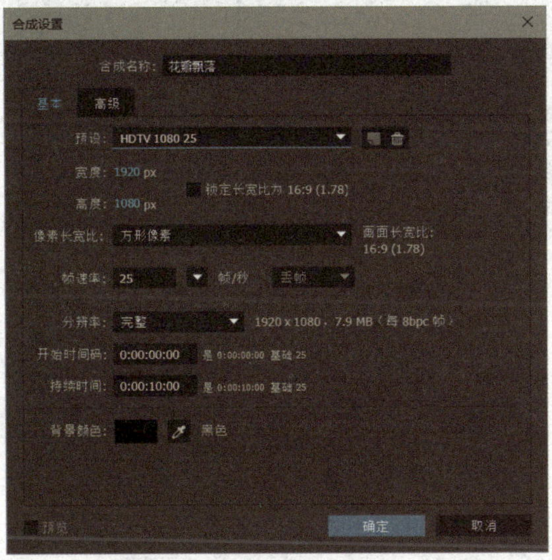

图 4-3-11 新建合成“花瓣飘落”相关参数设置

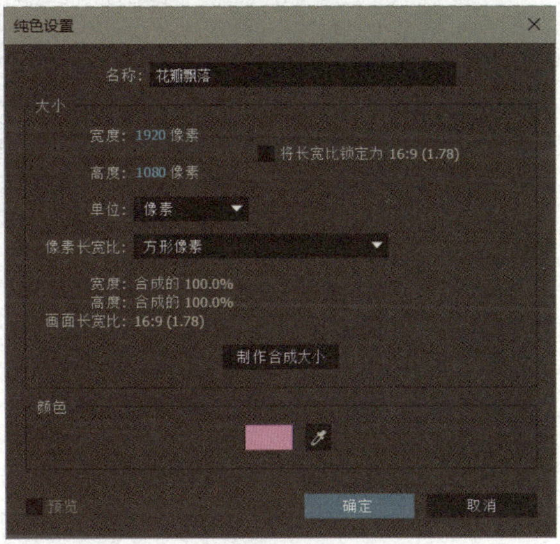

图 4-3-12 新建纯色图层相关参数设置

8. 选择“花瓣飘落”图层，单击菜单栏“效果”→“Trapcode”→“Particular”（粒子）选项，为“花瓣”图层添加“Particular”（粒子）效果。展开“Particular”（粒子）参数栏，设置相关参数。展开“Emitter”参数栏，设置“Particles/sec”（粒子数量/秒）参数为“50”，“Emitter Type”（发射类型）参数为“Box”（盒子）。“Emitter”相关参数设置及效果图如图 4-3-13 所示。

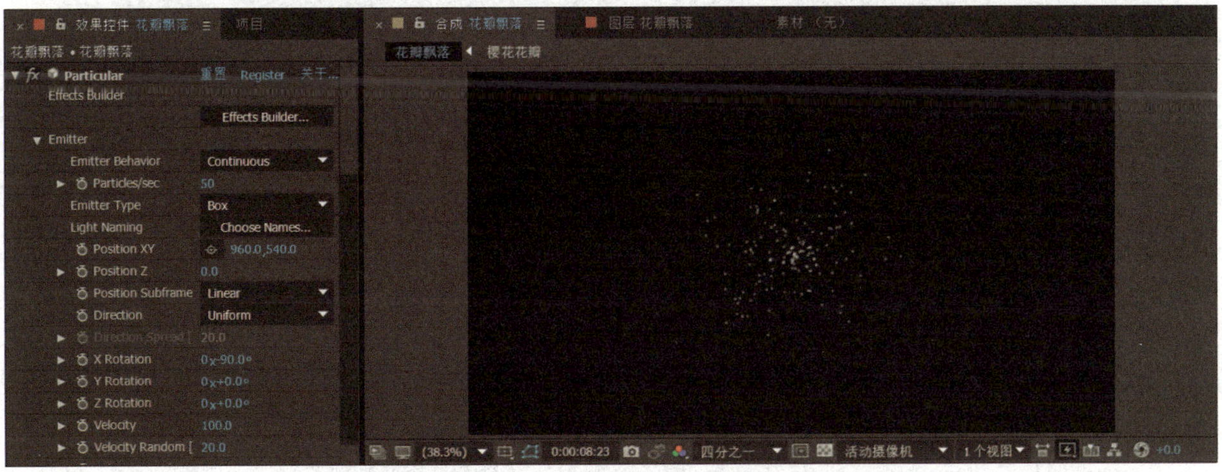

图 4-3-13 “Emitter”相关参数设置及效果图

9. 继续调整，设置“Direction”参数为“Directional”，“X Rotation”参数为“0x-90°”。“Emitter”相关参数设置及效果图如图 4-3-14 所示。

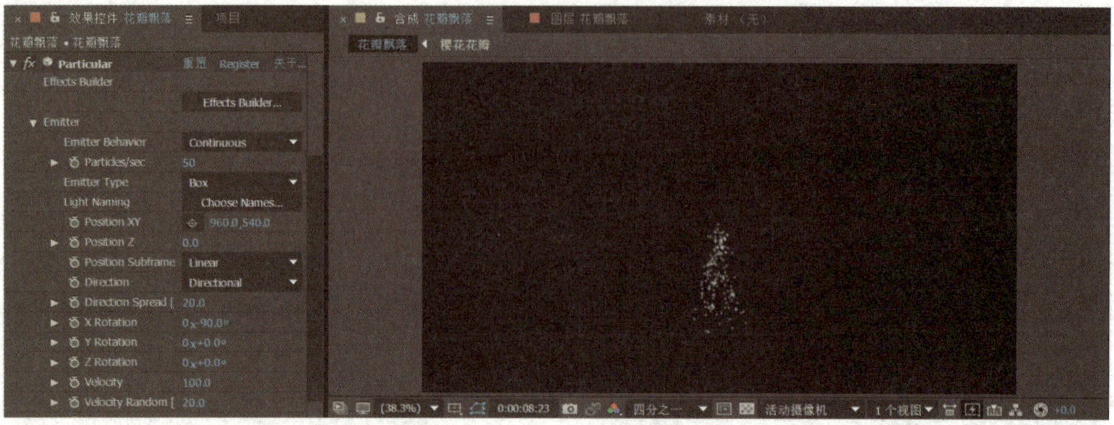

图 4-3-14　“Emitter”相关参数设置及效果图

10．在“Emitter”展开的参数栏中，设置“Position XY”参数为“960.0，-104.0”，“Emitter Size X”参数为“4380”，“Emitter Size Y”参数为“4120”。“Emitter”相关参数设置及效果图如图 4-3-15 所示。

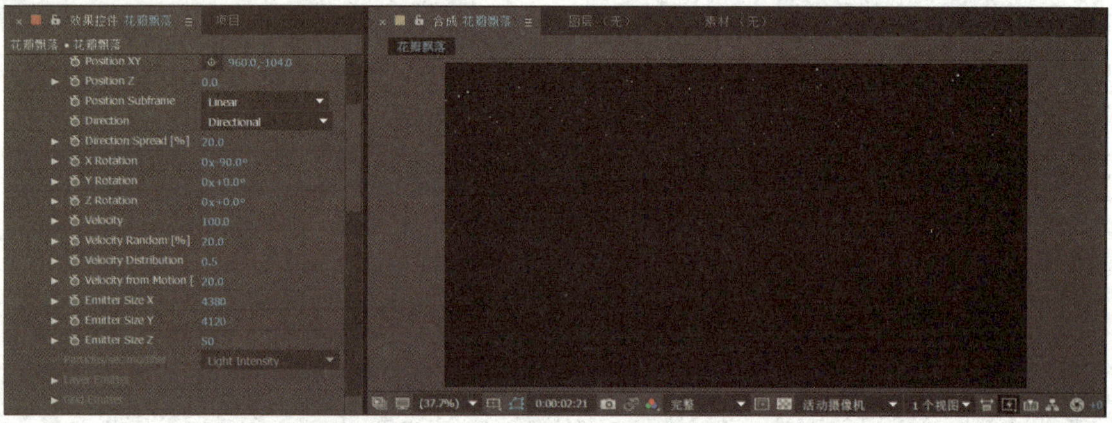

图 4-3-15　“Emitter”相关参数设置及效果图

11．展开“Particle”（粒子）参数栏，设置“Life[sec]”参数为“10.0”。“Particle”相关参数设置及效果图如图 4-3-16 所示。

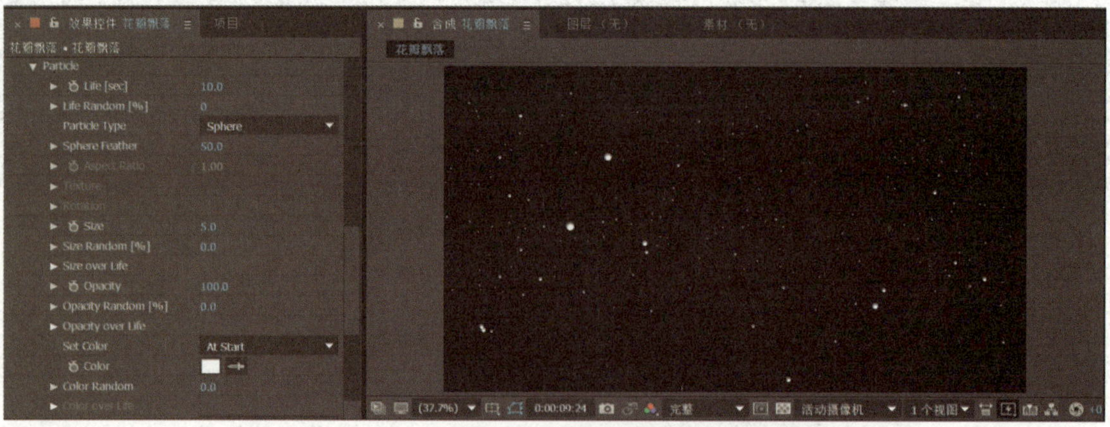

图 4-3-16　“Particle”相关参数设置及效果图

12．经过上述调整，发现粒子的下落速度过快，因此重新调整“Emitter”参数，设置“Velocity”（速率）参数为“500.0”，“Velocity Random[%]”（速度随机值）参数为“70.0”。“Emitter”相关参数设置及效果图如图 4-3-17 所示。

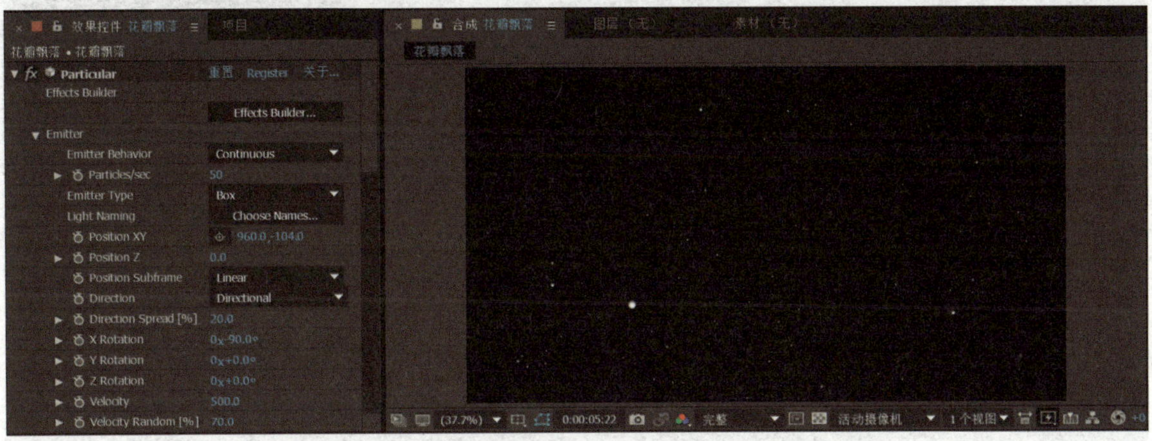

图 4-3-17 “Emitter”相关参数设置及效果图

13．展开“Physics”（物理学）参数组，设置“Wind X”参数为“160.0”。“Physics（物理学）”相关参数设置及效果图如图 4-3-18 所示。

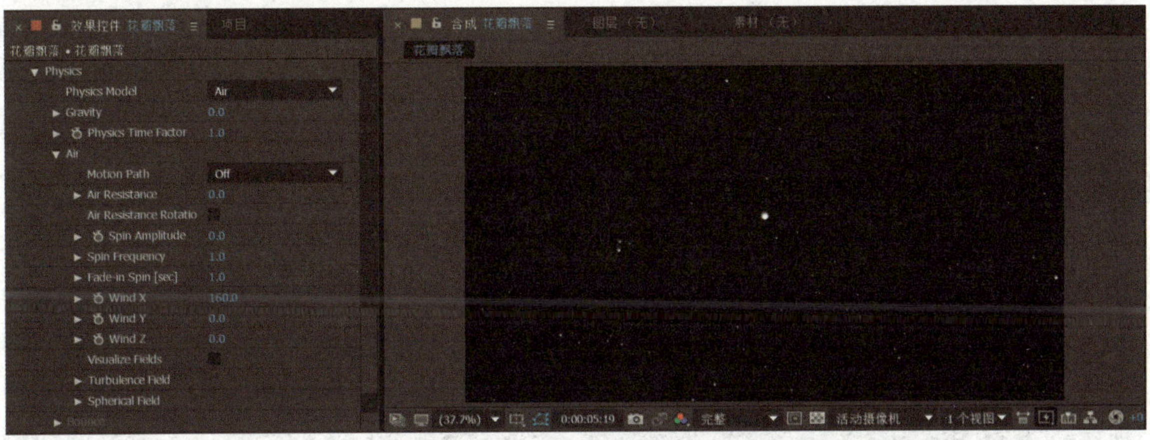

图 4-3-18 “Physics”（物理学）相关参数设置及效果图

14．展开“Physics”（物理学）参数中的“Turbulence Field”（扰乱场）选项，设置“Affect Position”参数为“300.0”，“Scale”参数为“1.0”。并将“Visualize Fields”选项勾选上。“Physics”（物理学）相关参数设置及效果图如图 4-3-19 所示。

15．调整后，取消“Visualize Fields”的勾选。

16．将“樱花花瓣”合成拖曳到“花瓣飘落”合成中，并取消“樱花花瓣”合成的显示，如图 4-3-20 所示。

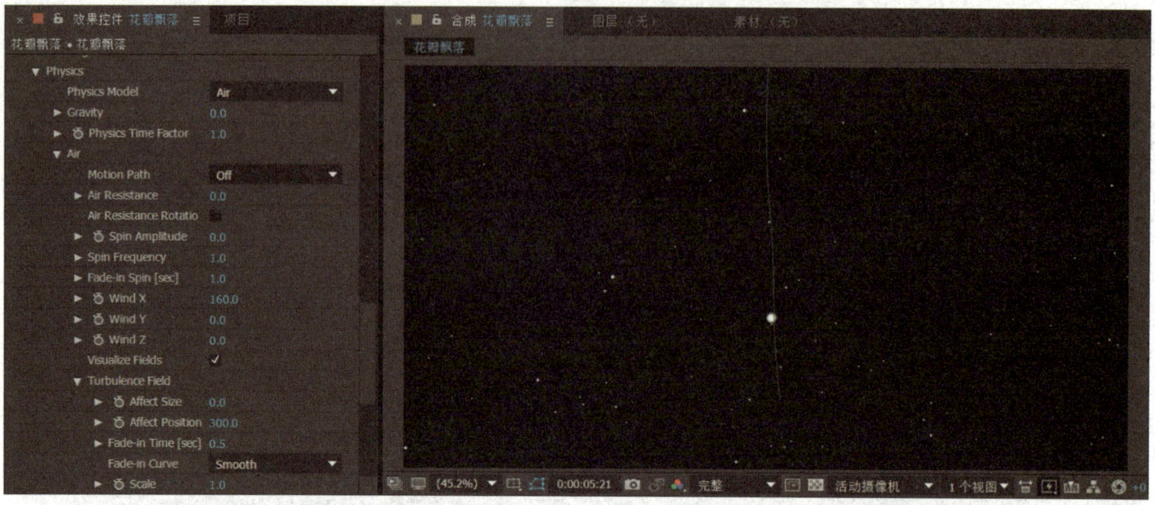

图 4-3-19　“Physics”（物理学）相关参数设置及效果图

图 4-3-20　取消“樱花花瓣”合成的显示

17．将粒子替换为花瓣效果。将“Particle”（粒子）参数组展开，将“Particle Type”（粒子类型）更改为“Sprite”（精灵），展开“Texture”（贴图）选项，将其中的“Layer”（图层）更改为“2.樱花花瓣”，将“size”参数设为“20”，展开“Rotation”（旋转）选项，将“Rotate Z”参数设为“0x-35°”，将“Random Rota”（随机旋转）参数设为“18.0”，如图 4-3-21 所示。

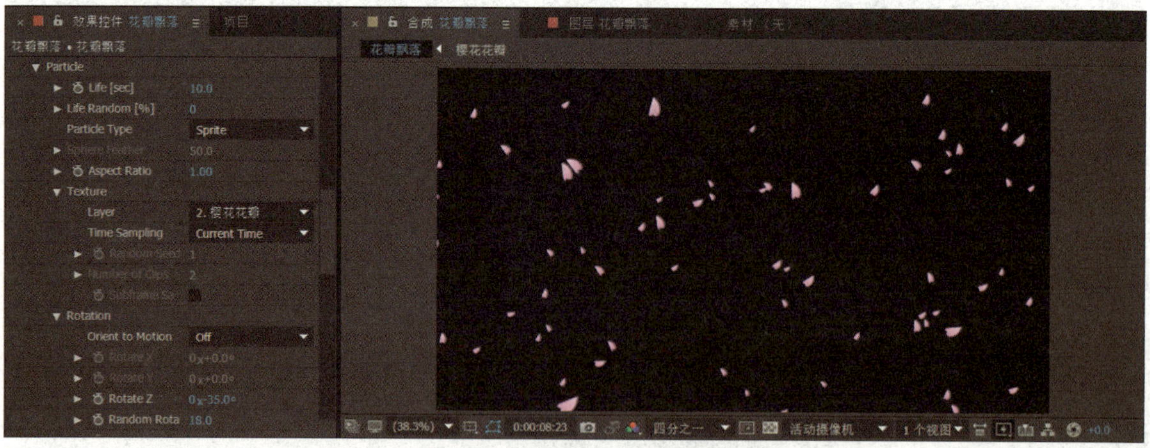

图 4-3-21　“Particle”（粒子）相关参数设置

18．单击菜单栏“文件”→“导入”→“文件”选项，打开本项目素材“奔跑的女子.mp4”导入项目中，然后将其拖曳到“花瓣飘落”合成中，如图 4-3-22 所示。

图 4-3-22 导入“奔跑的女子.mp4”

19．经过上面的操作后，发现奔跑的女子的奔跑速度有一些快，画面不够唯美，同时素材的时长又不够。此时，可以给其添加一个“时间伸缩”效果。单击菜单栏“图层”→“时间”→“时间伸缩”选项，打开“时间伸缩”对话框，将“拉伸因数”参数设置为“170%”，如图 4-3-23 所示。

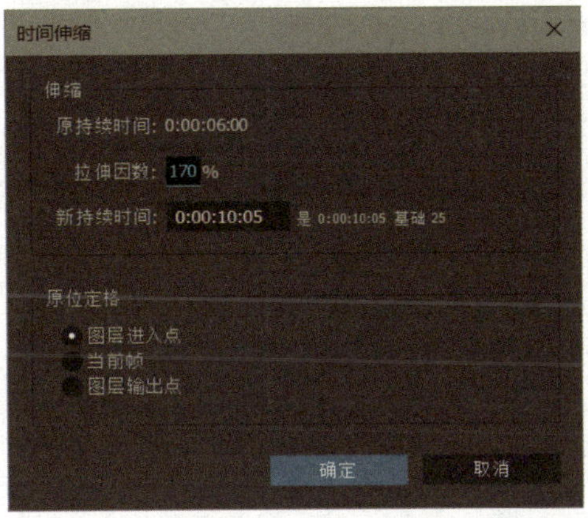

图 4-3-23 “时间伸缩”对话框相关参数设置

20．由于提供的素材带有拍摄时的噪声，在上述操作后，可以将声音的“小喇叭”取消，如图 4-3-24 所示。

图 4-3-24 取消声音操作

21．按小键盘上的数字 0 键，预览最终效果，如图 4-3-25 所示。

图 4-3-25 花瓣飘落最终效果图

项目小结

本项目通过“Particle”（粒子）“钢笔工具”的配合使用，实现了花瓣飘落的效果。“Particle”（粒子）相关参数的设置是本项目的重点，了解“Particle”（粒子）各项参数的作用，以便在以后的仿真效果项目中熟练应用。当然，在使用过程中的小技巧，还需要用户仔细琢磨，认真操作。

知识扩展

为了让用户更好地掌握“Particle”（粒子）的使用，现将使用“Particle”（粒子）过程中常用到的部分参数做一下简单的介绍。

1. 添加“Particle”（粒子）效果

新建一个固态图层，选中固态图层，单击菜单栏“效果”→“Trapcode”→“Particular”（粒子）选项，在效果面板中即可看到“Particle”（粒子）的相关参数，如图 4-3-26 所示。

2. “Particle”（粒子）具体参数设置

Emitter 面板：

粒子发生器，用于产生粒子，并设定粒子的大小、形状、类型、初始速度与方向等属性，如图 4-3-27 所示。

（1）Particles/sec：控制每秒钟产生的粒子数量，该选项可以通过设定关键帧来实现在不同时间内产生的粒子数量。

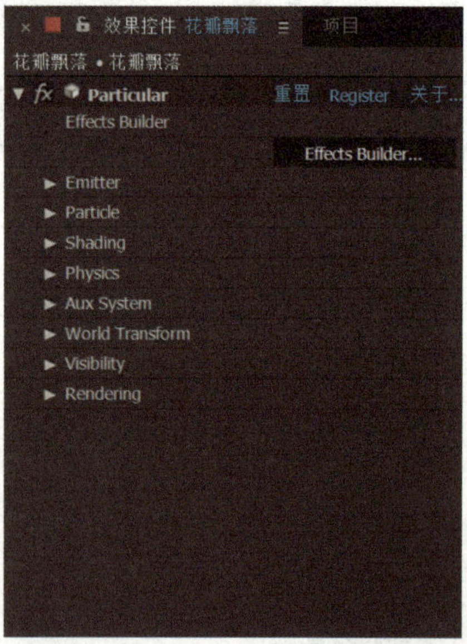

图 4-3-26 “Particular”（粒子）的相关参数

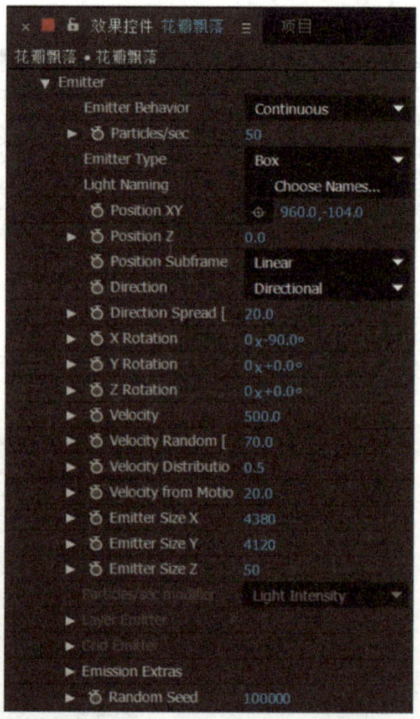

图 4-3-27 “Emitter”相关参数

（2）Emitter Type：设定粒子的类型。粒子类型主要有 Point，Box，Sphere，Grid，Light，Layer，Layer grid 等 7 种类型。

（3）Position XY & Position Z：设定产生粒子的三维空间坐标（可以设定关键帧）。

（4）Direction：用于控制粒子的运动方向。

（5）Direction Spread：控制粒子束的发散程度，适用于当粒子束的方向设定为 Directional，Bi-directional，Disc 和 Outwards 4 种类型时。对于粒子束方向设定为 Uniform 和以灯光作为粒子发生器等情况，该参数项不起作用。

（6）X,Y and Z Rotation：用于控制粒子发生器的方向。

（7）Velocity：用于设定新产生粒子的初始速度。

（8）Velocity Random：默认情况下，新产生的粒子的初始速度是相等的，可以通过该选项为新产生的粒子设定随机的初始速度。

（9）Velocity from Motion：让粒子继承粒子发生器的速度。

（10）Emitter Size X,Y and Z：当粒子发生器选择 Box、Sphere、Grid and Light 时，设定粒子发生器的大小。对于 Layer and Layer Grid 粒子发生器，只能设定 Z 参数。

Particle 面板：

在 Particle 参数组可以设定粒子的所有外在属性，如大小、透明度、颜色，以及在整个生命周期内这些属性的变化，如图 4-3-28 所示。

（1）Life [sec]：控制粒子的生命周期，它的值是以秒为单位的。

（2）Life Random [%]：为粒子的生命周期赋予一个随机值。

（3）Particle Type：在该粒子系统中共有 8 种粒子类型：球形（sphere）、发光球形（glow sphere）、星形（star）、云团（cloudlet）、烟雾（smokelet）、自定义类型（custom、custom colorize、custom fill）。

自定义类型中的 custom 类型是指用特定的层（可以是任何层）作为粒子，custom colorize 类型在 custom 类型的基础上又增加了可以为粒子（层）根据其亮度信息来着色的能力，custom fill 类型在 custom 类型的基础上又增加了为粒子（层）根据其 Alpha 通道来着色的能力。

（4）Sphere/Cloudlet/Smokelet Feather：控制球形、云团和烟雾状粒子的柔和（softness）程度，其值越大，所产生的粒子越真实。

（5）Custom：该参数组只有在粒子类型为 Custom 时才起作用。

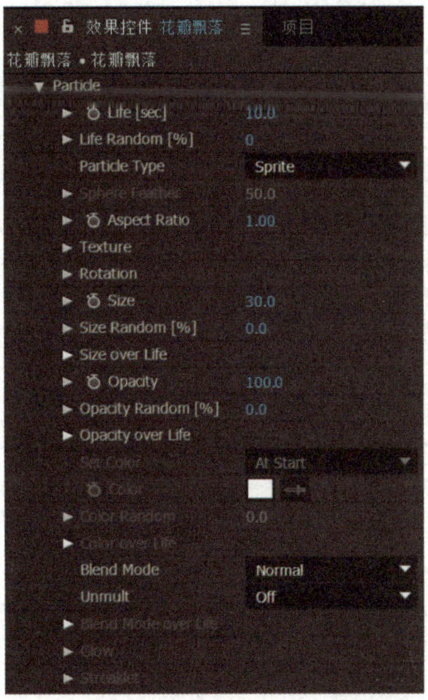

图 4-3-28 Particle 面板相关参数

（6）Rotation：用来控制粒子的旋转属性，只对 Star, Cloudlet, Smokelet 和 Custom 类型的粒子起作用。可以对该属性设定关键帧。

（7）Size：用来控制粒子的大小。

（8）Size Random [%]：用来控制粒子大小的随机值，当该参数值不为 0 时，粒子发生器将会产生大小不等的粒子。

（9）Size over Life ：用来控制粒子在整个生命周期内的大小。

（10）Opacity：用来控制粒子的透明属性。

（11）Opacity Random [%]：用来控制粒子透明的随机值，当该参数值不为 0 时，粒子发生器将产生透明程度不等的粒子。

（12）Opacity over Life：控制粒子在整个生命周期内透明属性的变化方式。

（13）Set Color：选择不同的方式来设置粒子的颜色。

（14）Color：当 Set Color 参数值设定为 At Birth 时，该参数用来设定粒子的颜色。

（15）Color Random [%]：用来设定粒子颜色的随机变化范围，当该参数值不为 0 时，粒子的颜色将在所设定的范围内变化。

（16）Color over Life：该参数决定了粒子在整个生命周期内颜色的变化方式。

（17）Blend Mode：该参数用来控制粒子的合成（composite）方式。

① Normal：普通的合成方式。

② Add：以 Add 叠加的方式，这种方式对产生灯光和火焰效果非常有用。

③ Screen：以 Screen 方式进行叠加，这种方式对产生灯光和火焰效果非常有用。

④ Lighten：使颜色变亮。

⑤ Normal/Add over Life：在整个生命周期中能够控制 Normal 和 Add 方式的平滑融合。

⑥ Normal/Screen over Life：在整个生命周期中能够控制 Normal 和 Screen 方式的平滑融合。

（18）Blend Mode over Life：用来控制粒子在整个生命周期内的转变方式。

Physics 面板：

用来控制粒子产生以后的运动属性，如重力、碰撞、干扰等，具体参数如图 4-3-29 所示。

（1）Physics Model：系统提供了两种物理模型：Air 和 Bounce。

（2）Gravity：该参数为粒子赋予一个重力系数，使粒子模拟真实世界下落的效果。

（3）Physics Time Factor：该参数可以控制粒子在整个生命周期中的运动情况，可以使粒子加速或减速，也可以冻结或返回等。该参数可以设定关键帧。

（4）Air：用于模拟粒子通过空气的运动属性，用户可以设置空气阻力、空气干扰等内容。

Aux System（辅助系统）：

粒子可以发射子粒子，或者当粒子与地板（layer）碰撞以后会产生一批新的粒子。通常将新产生的粒子称为子粒子，或者辅助粒子。辅助粒子的属性可以通过 Aux System 面板进行控制，“Aux System”相关参数如图 4-3-30 所示。

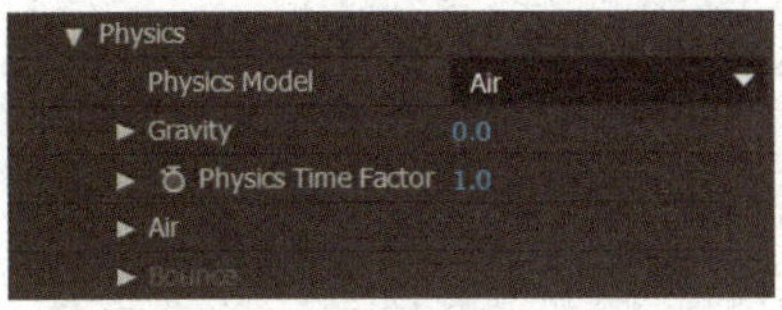

图 4-3-29 “Physics”相关参数

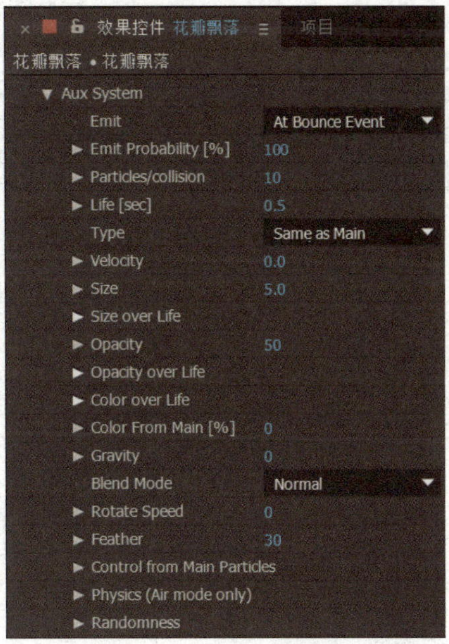

图 4-3-30 “Aux System”（辅助系统）相关参数

（1）Emit：用户可以选择子粒子产生的方式是连续发射或碰撞发射。

（2）Particles/collsion：每秒钟发射的粒子数。

（3）Life[sec]：子粒子的寿命。

（4）Type：粒子类型。

（5）Velocity：子粒子产生的初始速度。

（6）Size：粒子的大小。

（7）Size over Life：控制子粒子在整个生命周期中的大小变化。

（8）Opacity：子粒子的透明属性。

（9）Opacity over Life：控制子粒子在整个生命周期中的透明属性变化。

（10）Color over Life：控制子粒子在整个生命周期中颜色的变化。

（11）Color From Main[%]：设置子粒子继承父粒子的颜色属性。

Visibility 面板：

具体参数如图 4-3-31 所示。

（1）Far Vanish：最远可见距离，当粒子与摄像机的距离超过最远可见距离时，粒子在场景中变得不可见。

（2）Far Start Fade：最远衰减距离，当粒子与摄像机的距离超过最远衰减距离时，粒子开始衰减。

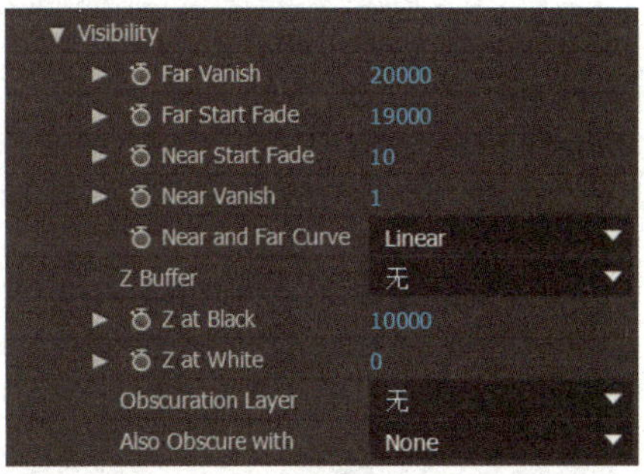

图 4-3-31 Visibility 相关参数

（3）Near Start Fade：最近衰减距离，当粒子与摄像机的距离低于最近衰减距离时，粒子开始衰减。

（4）Near Vanish：最近可见距离，当粒子与摄像机的距离低于最近可见距离时，粒子在场景中变得不可见。

（5）Near and Far Curve：设定粒子衰减的方式，系统提供直线型（Linear）和圆滑型（Smooth）两种类型。

（6）Z Buffer：选择一个基于亮度的Z通道，Z通道带有深度信息，Z通道信息由3D软件产生，并导入After Effects中，这对于在由3D软件生成的场景中插入粒子时非常有用。

（7）Z at Black：以Z通道信息中的黑色像素来描述深度（与摄像机之间的距离）。

（8）Z at White：以Z通道信息中的白色像素来描述深度（与摄像机之间的距离）。

（9）Obscuration Layer：任何3D图层（除了文字图层）都可以用来使粒子变得朦胧（半透明）。

课后检测 4.3

简答题

（1）本项目中使用“钢笔工具”绘制花瓣，如果使用Photoshop绘制花瓣，你能制作出花瓣飘落的效果吗？

（2）飘落的花瓣如果有纵深感，效果会更加逼真。将两层花瓣飘落，同时叠加在奔跑的女子视频上，通过调整粒子的纵深和大小，会不会制作出更逼真的效果？三层花瓣飘落的叠加呢，效果会怎样？

项目 4.4　多效果组合将白天变为夜晚

学习目标

- 了解“颜色校正”“CC Spotlight”“摄像机跟踪运动”“父子级关系”的应用过程
- 熟悉“摄像机跟踪运动”“父子级关系”的使用方法
- 掌握“颜色校正”“CC Spotlight”的具体使用方法

项目分析

本项目重点介绍After Effects CC 2017中“颜色校正”“CC Spotlight”“摄像机跟踪运动”

“父子级关系”的设置，通过对这些效果的设置，实现影视后期对画面的特殊需求。

效果展示

白天变换到黑夜效果如图 4-4-1 至图 4-4-4 所示。

图 4-4-1　白天变换到黑夜效果图 1

图 4-4-2　白天变换到黑夜效果图 2

图 4-4-3　白天变换到黑夜效果图 3

图 4-4-4　白天变换到黑夜效果图 4

操作流程

1. 启动 After Effects CC 2017 软件，在项目面板空白处双击，导入素材，如图 4-4-5 所示。

2. 在项目面板中选中导入的素材，将其拖曳到新建合成图标上，创建一个名称为“白天变换到黑夜”合成，如图 4-4-6 所示。

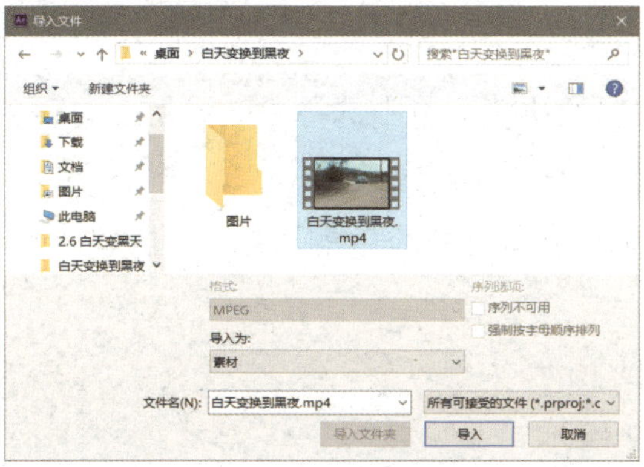

图 4-4-5　导入“白天变换到黑夜”视频素材

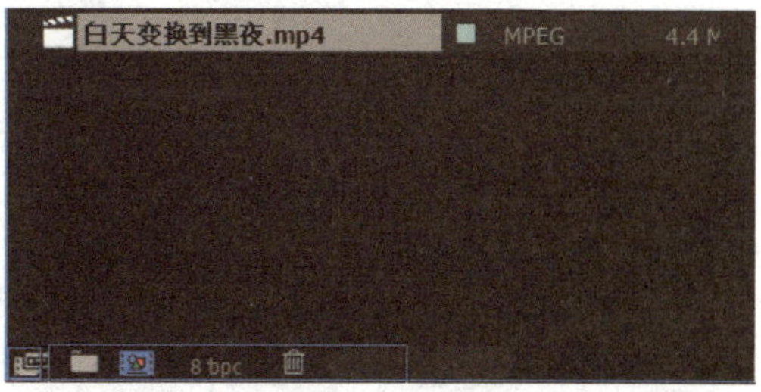

图 4-4-6　创建“白天变换到黑夜”合成

3．选中“白天变换到黑夜”图层，单击鼠标右键，在弹出的快捷菜单中选择“重命名”选项，将图层命名为“背景”，如图 4-4-7 所示。

图 4-4-7　重命名为“背景”

4．选中“背景”图层，单击鼠标右键，在弹出的快捷菜单中选择“效果”→“颜色校正”→“色相/饱和度”选项，为“背景”图层添加“色相/饱和度”效果，如图 4-4-8 所示。

5．在效果控件面板中，将“色相/饱和度”中的“主饱和度”参数设置为“-29”，如图 4-4-9 所示。

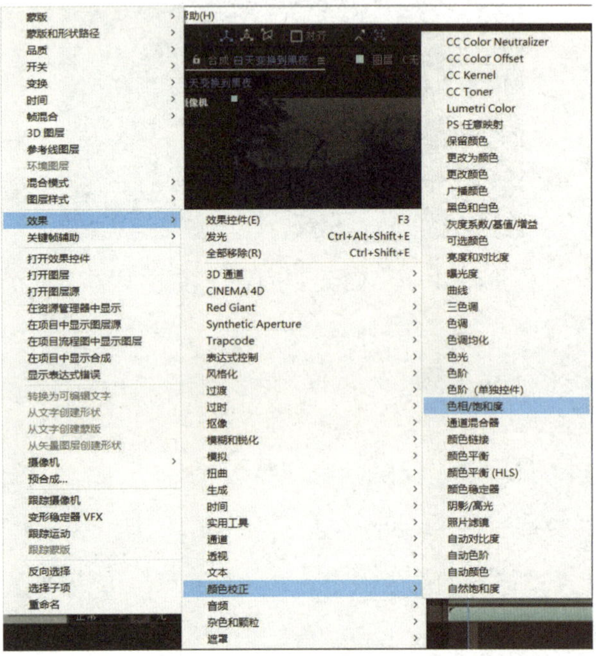

图 4-4-8　添加“色相/饱和度”效果

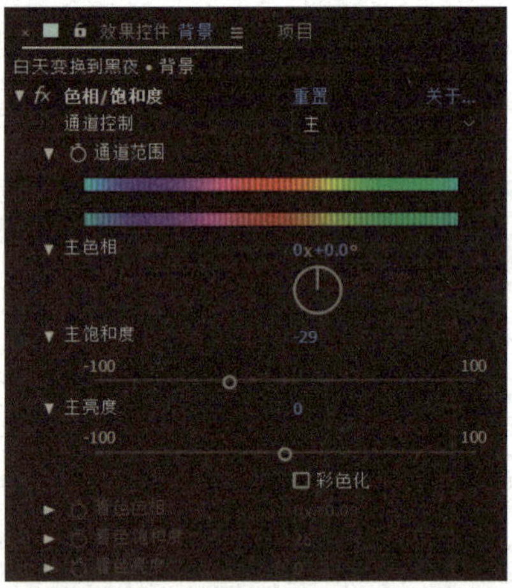

图 4-4-9　“主饱和度”参数设置

6．选中“背景”图层，单击鼠标右键，在弹出的快捷菜单中选择“效果”→“颜色校正”→“曲线”选项，给“背景”图层添加曲线效果，如图 4-4-10 所示。

7．在效果控件面板中，改变“通道”选项，分别调节曲线中的“RGB 曲线”“红色曲线”“蓝色曲线”。

8．调节曲线中的“RGB 曲线”，如图 4-4-11 所示。

9．调节曲线中的“红色曲线”，如图 4-4-12 所示。

图 4-4-10 添加“曲线”效果

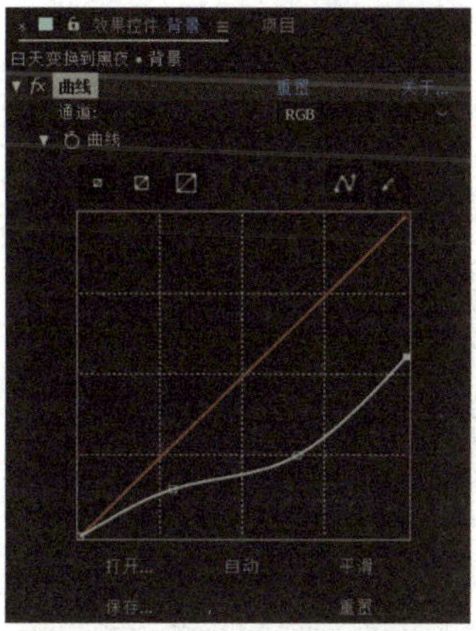

图 4-4-11 “RGB 曲线”调节

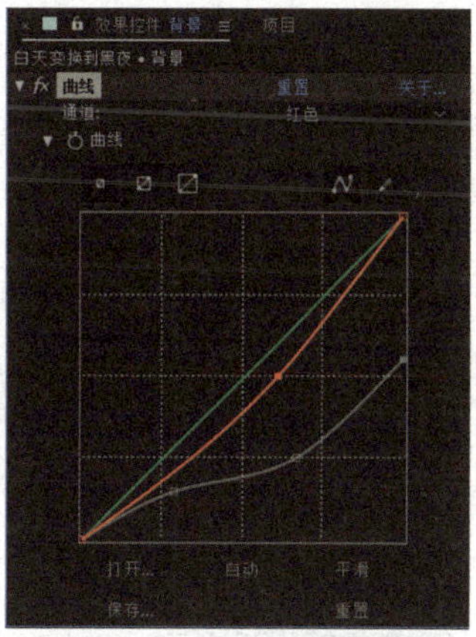

图 4-4-12 “红色曲线”调节

10. 调节“曲线”中的“蓝色曲线”，如图 4-4-13 所示。

11. 经过上述“颜色校正”调整后，得到夜幕降临的效果，如图 4-4-14 所示。

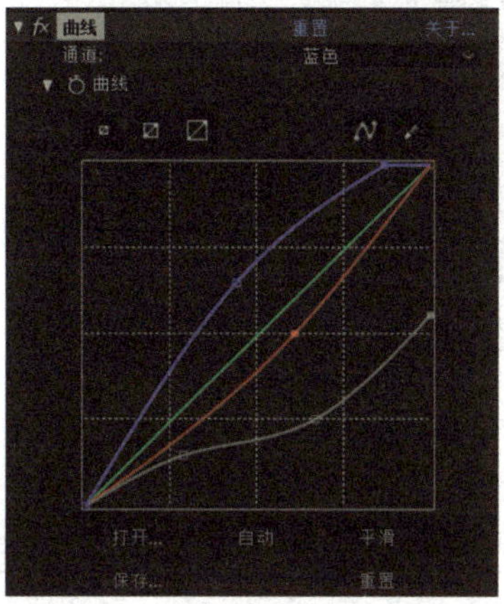

图 4-4-13 “蓝色曲线”调节

图 4-4-14 夜幕降临效果图

12．选中“背景”图层，按组合键“Ctrl+D”，复制“背景”图层，并将图层重命名为“变换”。

13．选中“变换”图层，选择工具栏中的“矩形工具”，如图 4-4-15 所示，给“变换”图层绘制一个“矩形蒙版”，如图 4-4-16 所示。

图 4-4-15　“矩形工具”选择

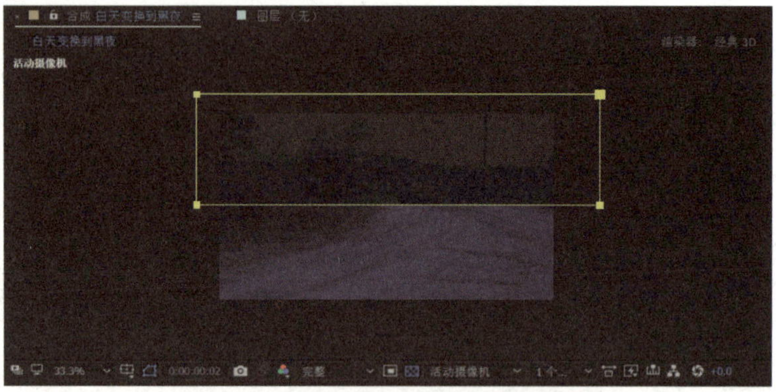

图 4-4-16　“矩形蒙版”绘制

14．选中“变换”图层，打开“蒙版 1”选项组，设置“蒙版羽化”参数为“337.0，337.0”像素，如图 4-4-17 所示。“蒙版羽化”后效果图如图 4-4-18 所示。

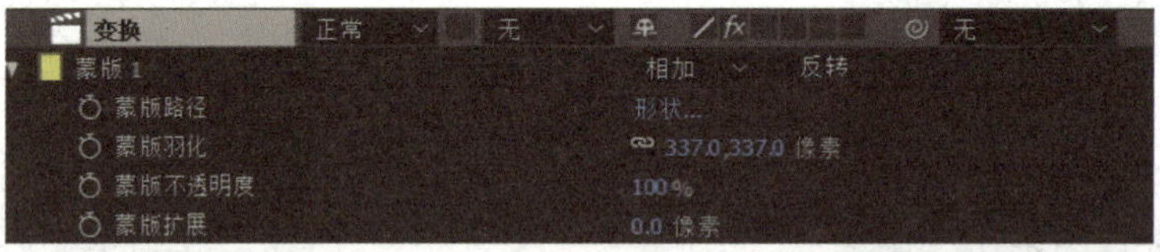

图 4-4-17　“蒙版羽化”参数设置

图 4-4-18　“蒙版羽化”后效果图

15．选中“变换”图层，在效果控件面板中，将“色相/饱和度”效果进行“重置”，如图 4-4-19 所示。重置后，勾选“彩色化”选项，调整“着色色相”参数为“0x+204.0°”，“着色饱和度”参数为“73”，如图 4-4-20 所示。

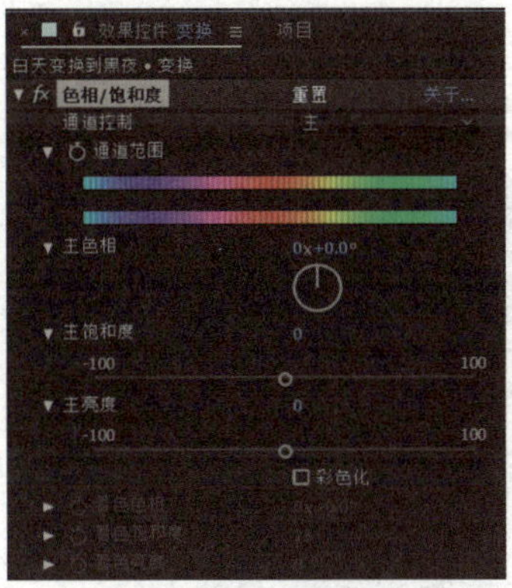

图4-4-19 “色相/饱和度”重置

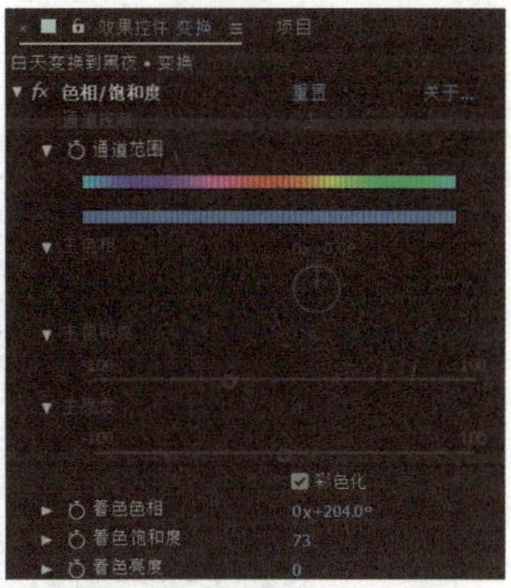

图4-4-20 “色相/饱和度”设置

16. 选中“变换”图层，在效果控件面板中，将“曲线”效果进行“重置”，如图4-4-21所示。重置后，重新调节“曲线”中的“RGB曲线”“红色曲线”“蓝色曲线”。

17. 调节“曲线”中的“RGB曲线”，如图4-4-22所示。

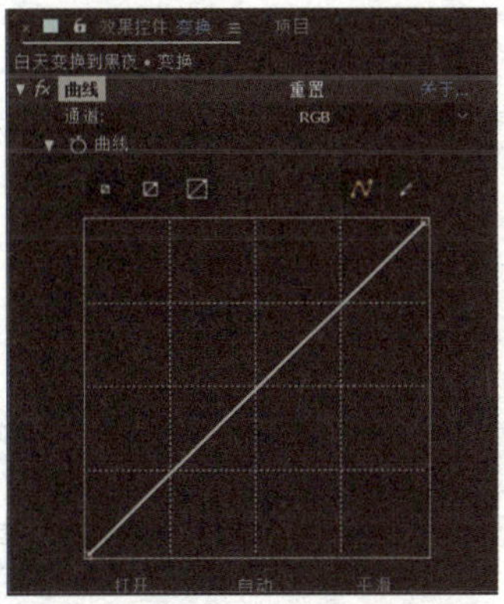

图4-4-21 “曲线”重置

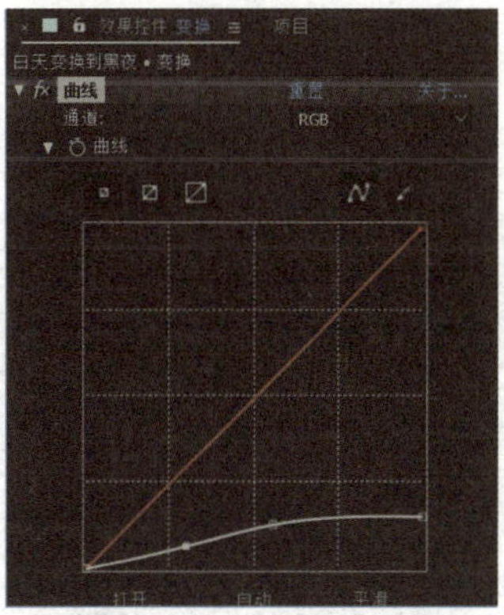

图4-4-22 “RGB曲线”调节

18. 调节“曲线”中的“红色曲线”，如图4-4-23所示。调节“曲线”中的“蓝色曲线”，如图4-4-24所示。

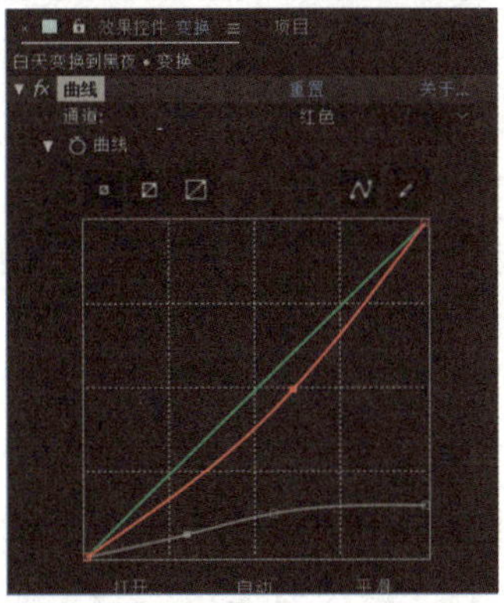

图4-4-23 “红色曲线”调节

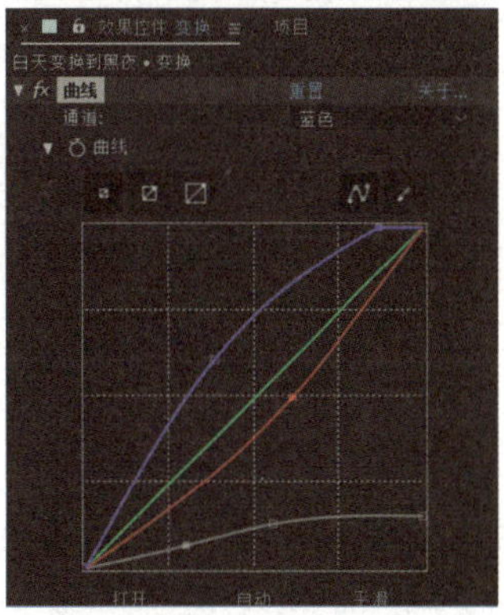

图4-4-24 “蓝色曲线”调节

19．经过以上调整，“变换”图层的颜色校正就完成了，调整后的效果，如图 4-4-25 所示。

图 4-4-25　“颜色校正”后效果图

20．在时间轴面板空白处，单击鼠标右键，新建一个“纯色”图层，并将其命名为“灯光 1”，如图 4-4-26 所示。

21．将“灯光 1”图层的颜色设置为“灰色”（RGB“129，129，129”），如图 4-4-27 所示。

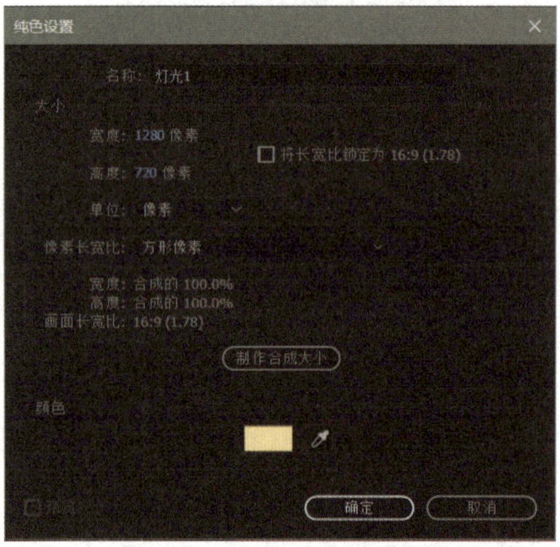

图 4-4-26　新建“灯光 1”图层

图 4-4-27　“灯光 1”图层的颜色设置

22．选择“灯光 1”图层，单击鼠标右键，在弹出的快捷菜单中选择“效果”→“透视”→“CC Spotlight”选项，给“灯光 1”图层添加一个“CC Spotlight”效果，如图 4-4-28 所示。

23．在效果控件面板中，调节“CC Spotlight”参数，设置“From”参数为“636.0，-176.0”，设置“To”参数为“636.0，164.0”。将“Height”（高度）参数设置为“21.0”，“Cone Angle”（圆锥体）参数设置为“15.4”，“Edge Softness”（边缘柔化）参数设置为“98%”，“Intensity”（强度）参数设置为“169.0”，将“Render”设置为“Light Only”，如图 4-4-29 所示。

24．调整后的灯光效果图，如图 4-4-30 所示。

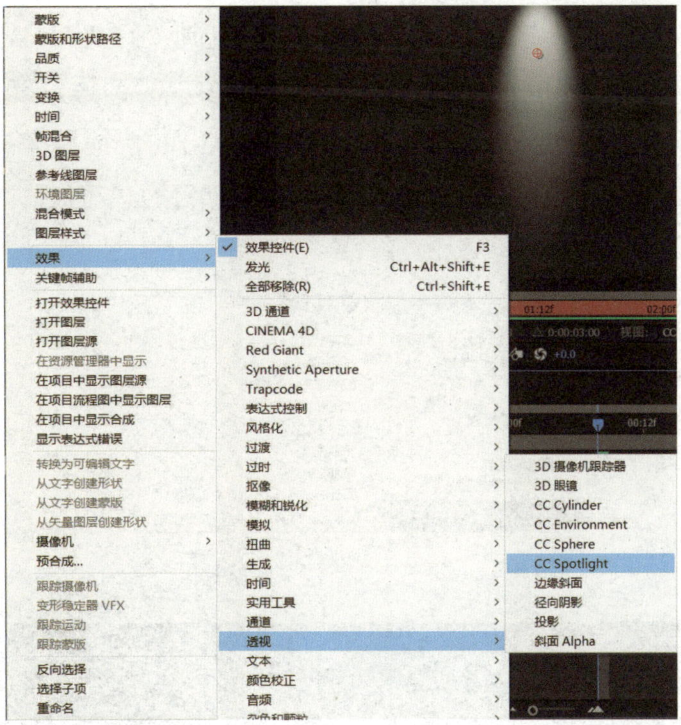

图 4-4-28 添加“CC Spotlight”效果

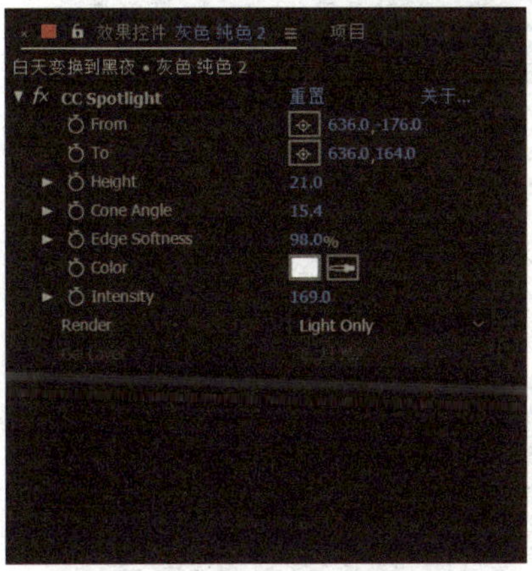

图 4-4-29 “CC Spotlight”参数设置

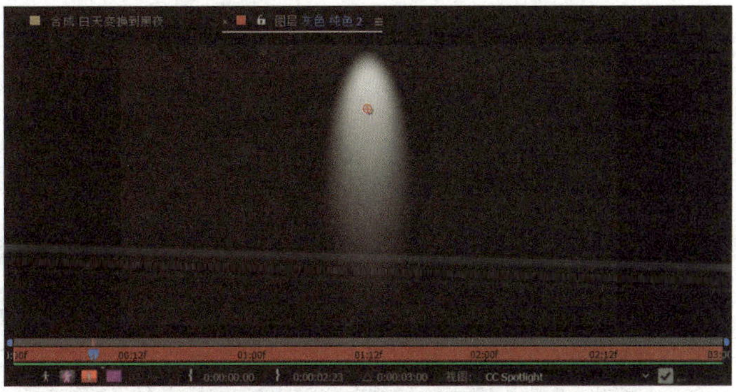

图 4-4-30 灯光效果图

25. 选择“灯光 1”图层，将“模式”调整为“经典颜色减淡”，打开“三维开关”，如图 4-4-31 所示。

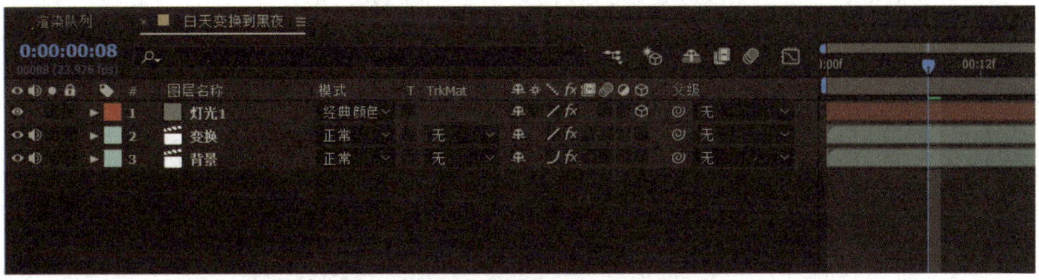

图 4-4-31 “经典颜色减淡”模式设置

26. 选择“灯光 1”图层，按组合键“Ctrl+D”，复制“灯光 1”图层，并将其重命名为“灯光 2”。将“灯光 2”图层的位置参数设置为“100，0，0”，让灯光 1 和灯光 2 错开位置。

27. 在时间轴面板空白区域，单击鼠标右键，在弹出的快捷菜单中选择“新建”→“空对象”选项，如图 4-4-32 所示，将新建的“空对象”命名为“空 1”，并打开“三维开关”，如图 4-4-33 所示。

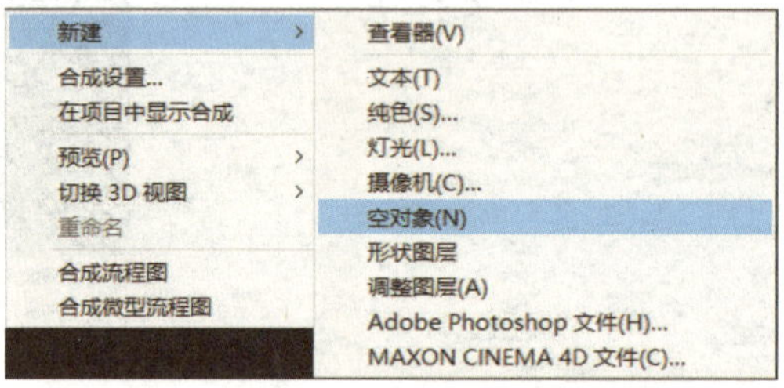

图 4-4-32　新建“空对象”

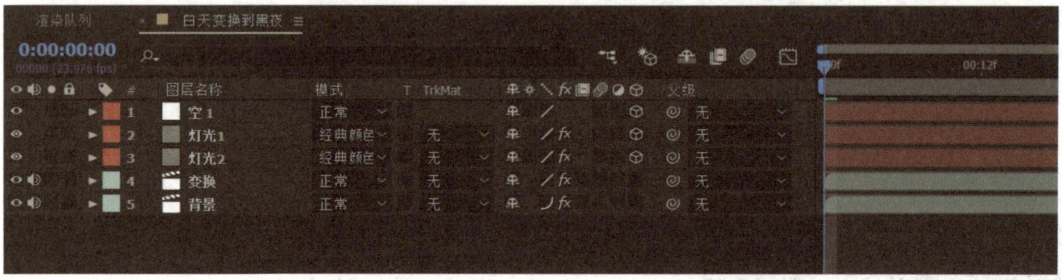

图 4-4-33　重命名“空对象”

28. 选择“灯光 1”“灯光 2”图层，利用“父子级”工具，将两图层的父级设置为“空 1”图层，如图 4-4-34 所示。

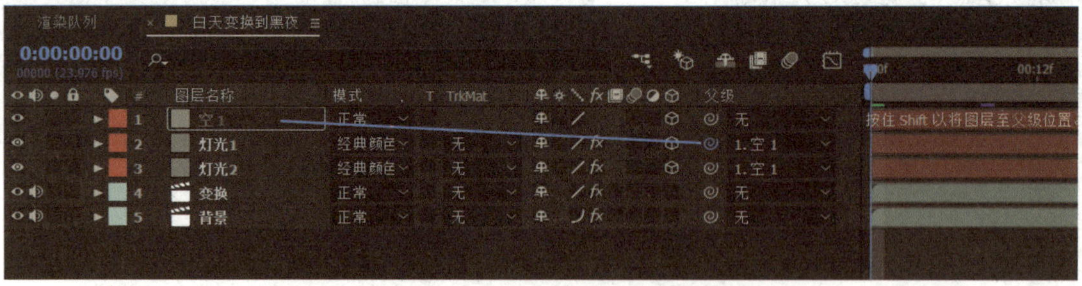

图 4-4-34　“父子级”关系设置

29. 打开“空 1”图层的“变换”选项，给“位置”“缩放”“方向”添加关键帧。在“00:00:00:00”处，将“位置”参数设置为“809.4，588.0，227.0”，“缩放”参数设置为“74.0，74.0，74.0%”，“方向”参数设置为“0.0°，357.0°，352.0°”，如图 4-4-35 所示。

30. 在“00:00:01:21”处，将“位置”参数设置为“740.4，658.0，-54.0”，“缩放”参数设置为“100.0，100.0，100.0%”，“方向”参数设置为“0.0°，4.0°，0.0°”，如图 4-4-36 所示。

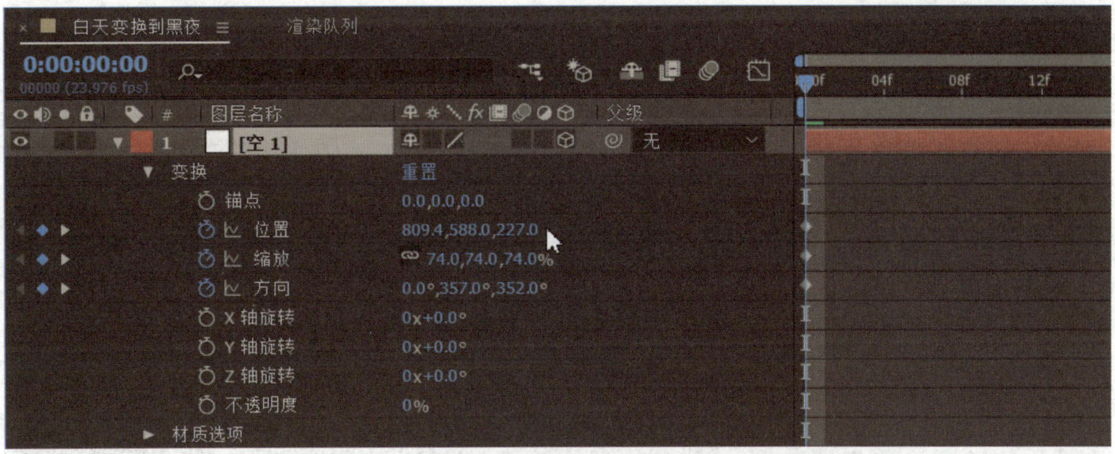

图 4-4-35 “00:00:00:00”处关键帧参数设置

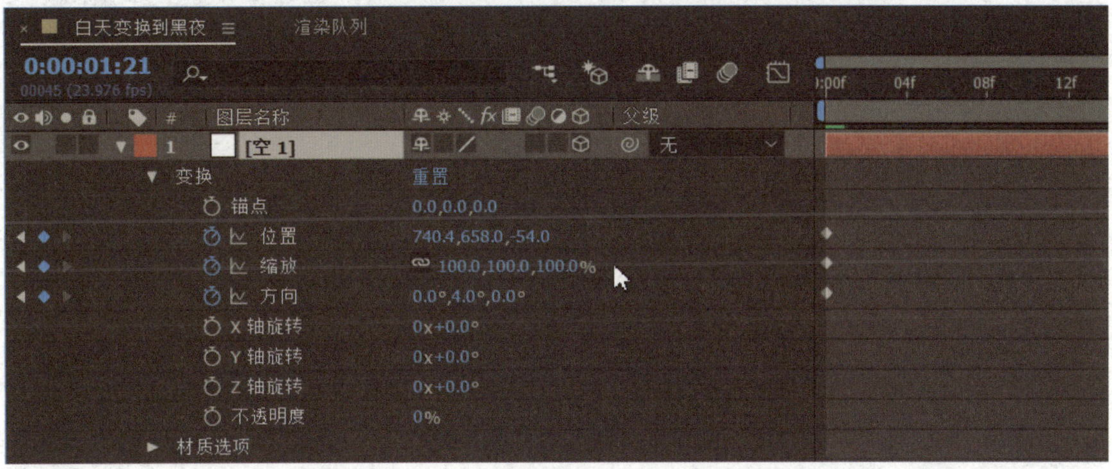

图 4-4-36 “00:00:01:21”处关键帧参数设置

31．在“00:00:02:07”处，将“位置”参数设置为“650.0，683.0，-535.0”，“方向”参数设置为“339.0°，14.0°，13.0°”，如图 4-4-37 所示。

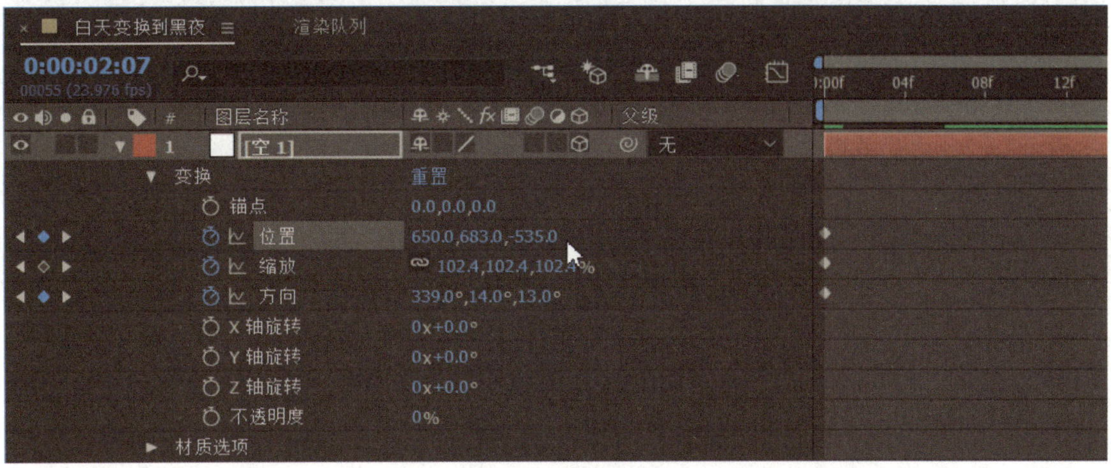

图 4-4-37 “00:00:02:07”处关键帧参数设置

32．在“00:00:02:14”处，将“位置”参数设置为“506.0，605.0，-854.0”，“缩放”参

数设置为“104.0，104.0，104.0%”，“方向”参数设置为“293.0°，15.0°，32.0°”，如图 4-4-38 所示。

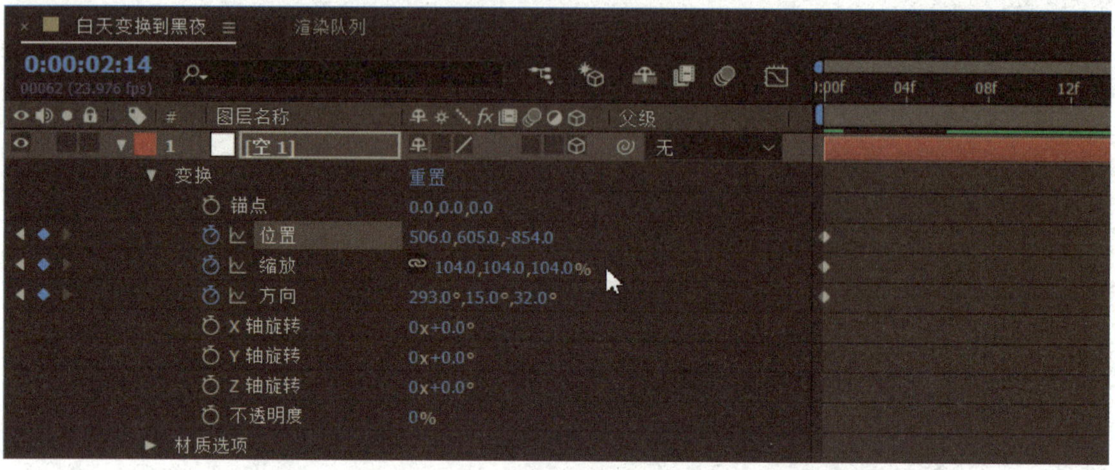

图 4-4-38　“00:00:02:14”处关键帧参数设置

33．在“00:00:02:23”处，将“位置”参数设置为“431.0，642.0，-854.0”，“缩放”参数设置为“104.0，104.0，104.0%”，“方向”参数设置为“298.0°，9.0°，32.0°”，如图 4-4-39 所示。

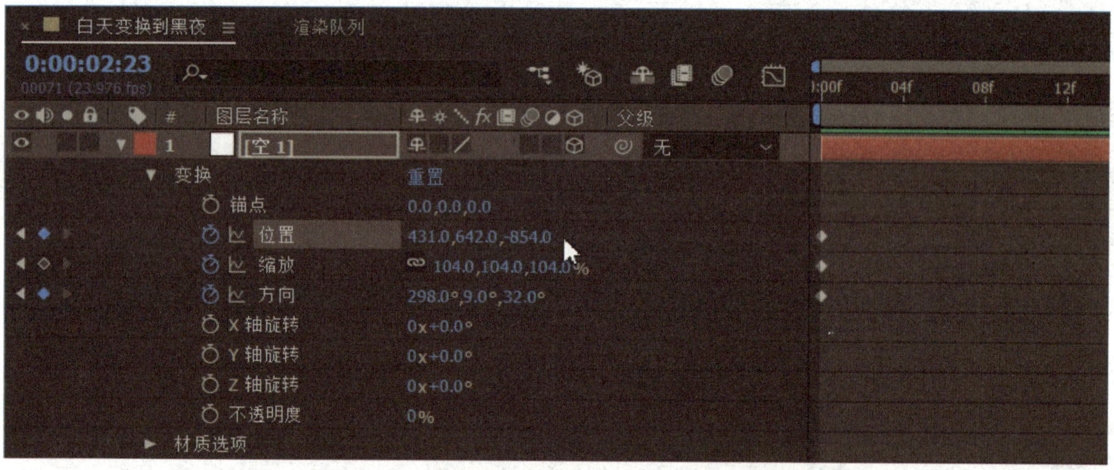

图 4-4-39　“00:00:02:23”处关键帧参数设置

34．在时间轴面板的空白处，单击鼠标右键，在弹出的快捷菜单中新建一个纯色图层，并将其命名为“灯 1”，如图 4-4-40 所示。将“灯 1”图层的颜色设置为“黑色”（RGB“0，0，0”），如图 4-4-41 所示。

35．选择“灯 1”图层，单击鼠标右键，在弹出的快捷菜单中选择“效果”→“生成”→“镜头光晕”选项，为“灯 1”图层添加“镜头光晕”效果，如图 4-4-42 所示。

36．在效果控件面板中，调整“镜头光晕”效果，将“光晕中心”参数设置为“639.6，360.2”，“镜头类型”设置为“105 毫米定焦”，如图 4-4-43 所示。

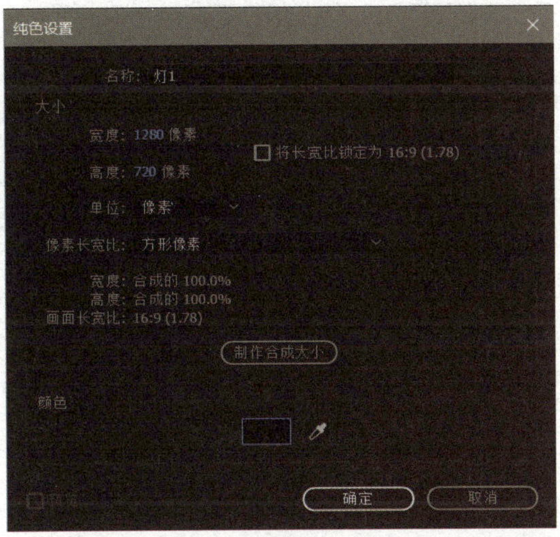

图 4-4-40 新建“灯 1”图层

图 4-4-41 “灯 1”图层的颜色设置

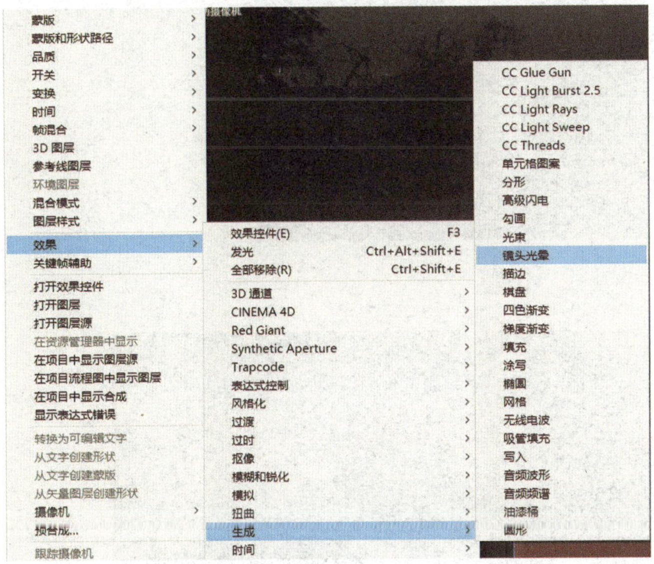

图 4-4-42 添加“镜头光晕”效果

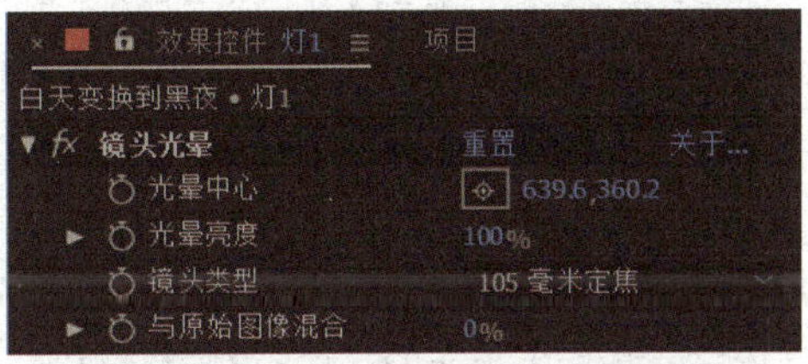

图 4-4-43 “镜头光晕”效果设置

37. 选中“灯 1”图层，单击鼠标右键，在弹出的快捷菜单中选择“效果”→“颜色校正”→“曲线”选项，给“灯 1”图层添加“曲线”效果，调整“RGB 曲线”，如图 4-4-44 所示。

38. 选中“灯 1”图层，给其添加“色相/饱和度”效果，在效果控件面板中，调整“色相/饱和度”参数设置，勾选“彩色化”复选框，将“着色色相”参数调整为“0x+34.0°”，“着色饱和度”参数设为“20”，如图 4-4-45 所示。

39. 将“灯 1”图层的“模式”设置为“相加”，如图 4-4-46 所示。

40. 选择“灯 1”图层，按组合键“Ctrl+D”，复制“灯 1”图层，并将其重命名为“灯 2”，如图 4-4-47 所示。

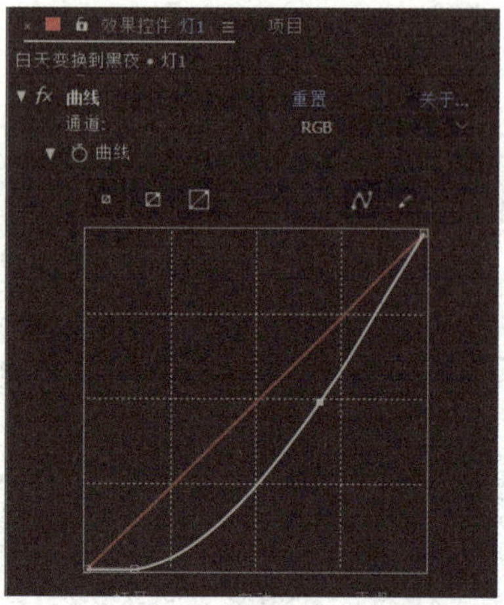

图 4-4-44　“RGB 曲线”设置

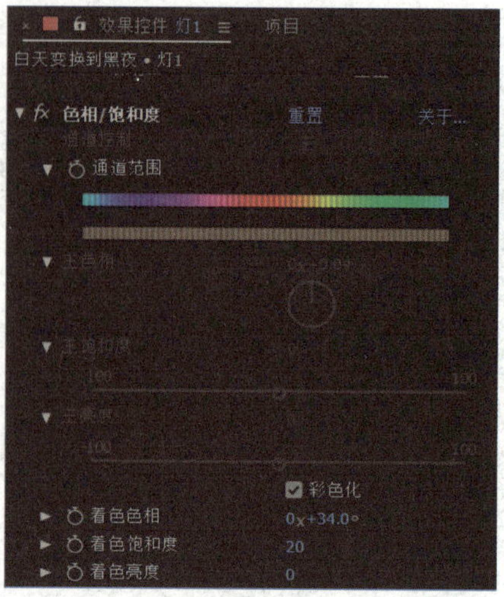

图 4-4-45　“色相/饱和度”参数设置

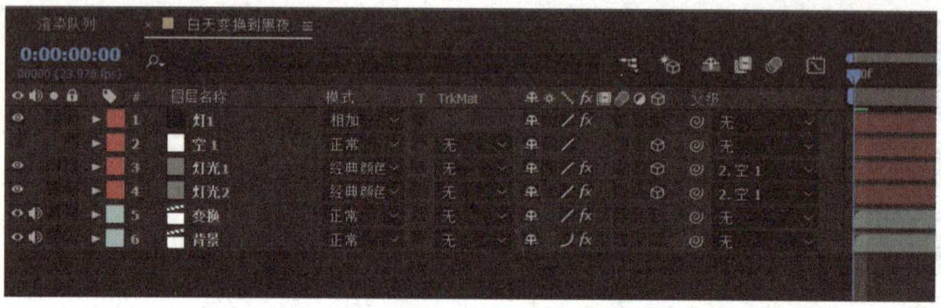

图 4-4-46　“模式”设置

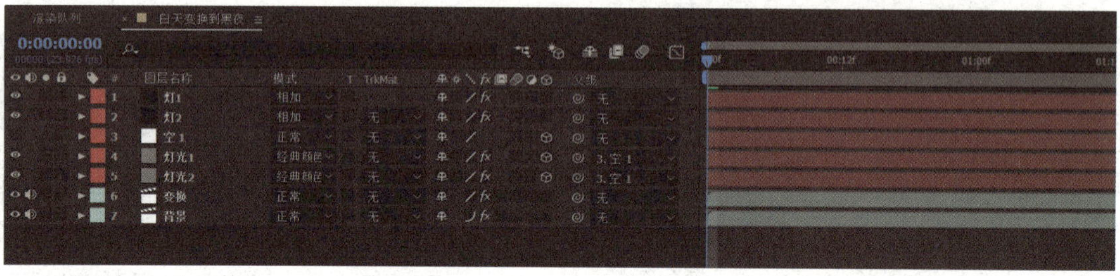

图 4-4-47　复制“灯 1”图层

41．选择“变换”图层，将位置标尺移动到时间轴的最左端，单击跟踪器面板中的“跟踪运动”选项，如图 4-4-48 所示。

42．在项目面板中设置“跟踪点”为车灯位置的黑色区域，如图 4-4-49 所示。

43．选择“变换”图层，单击跟踪器面板中的“向前分析”选项，如图 4-4-50 所示。

44．在时间轴面板中的空白区域，单击鼠标右键，在弹出的快捷菜单中新建“空对象”，并将其命名为“空 2”。

45．选择“变换”图层，单击跟踪器面板中的“编辑目标”选项，在弹出的“运动目标”对话框中，将“图层”更改为“6.空 2”，单击“确定”按钮，如图 4-4-51 所示。

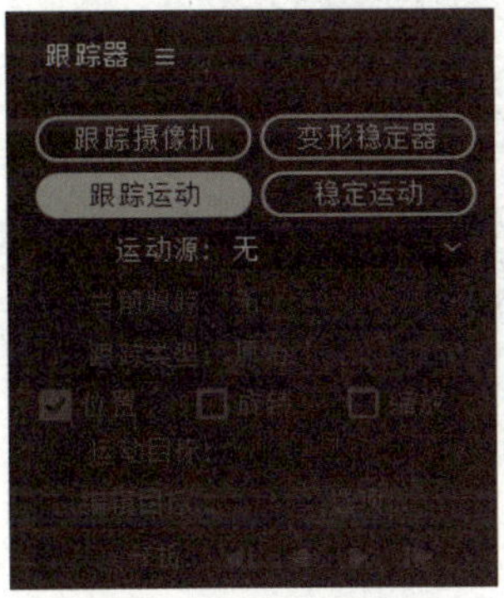

图 4-4-48 “跟踪运动”选项

图 4-4-49 设置“跟踪点”

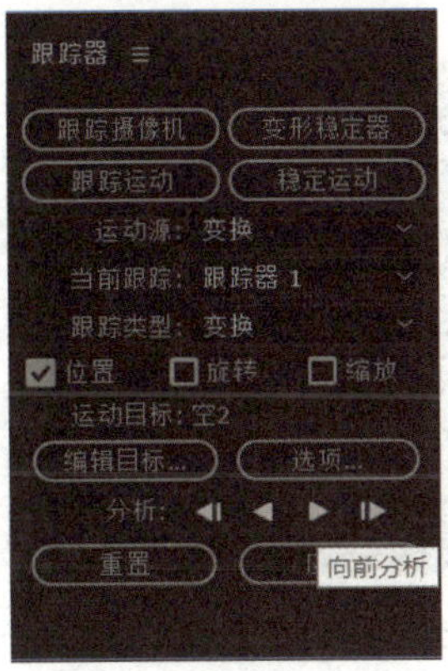

图 4-4-50 “向前分析”选项

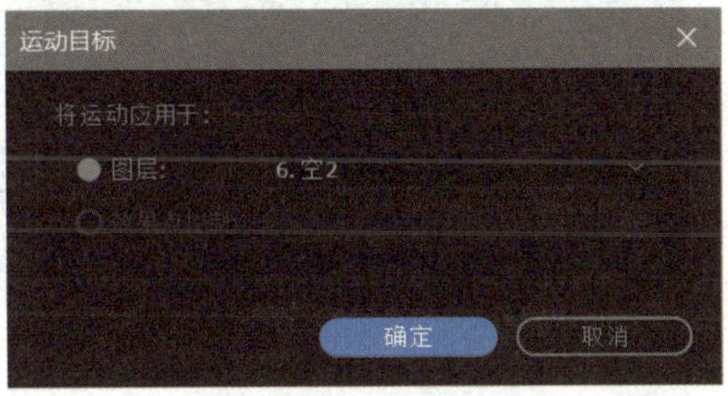

图 4-4-51 设置“运动目标”参数

46．返回跟踪器面板，单击“应用”按钮，如图 4-4-52 所示。在弹出的“动态跟踪器应用选项”对话框中，单击“确定”按钮，如图 4-4-53 所示。

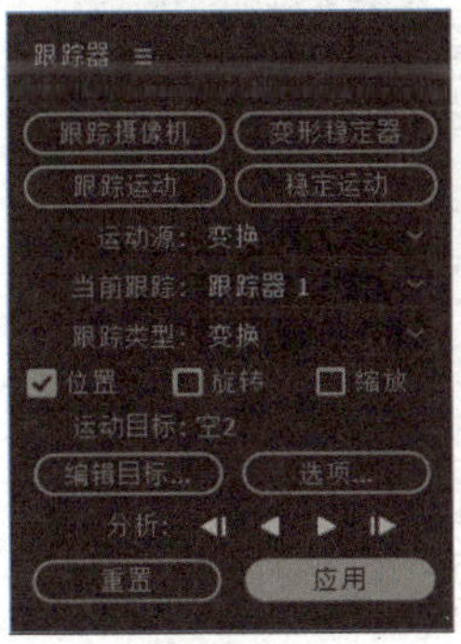

图 4-4-52 “摄像机跟踪运动”应用设置

图 4-4-53 “动态跟踪器应用选项”设置

47．将“灯 2”图层灯的位置移动到车灯位置，将父级列表设为“空 2”图层，建立“父子级”关系，如图 4-4-54 所示。

48．利用上述方法，创建“灯 1”的“摄像机跟踪运动”动画。

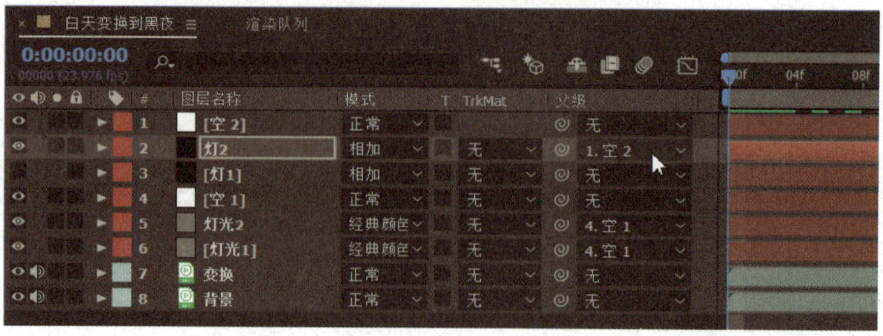

图 4-4-54　“灯 2”图层与“空 2”图层“父子级”关系设置

49. 同上述方法，将“灯 1”图层与“空 3”图层建立“父子级”关系，如图 4-4-55 所示。

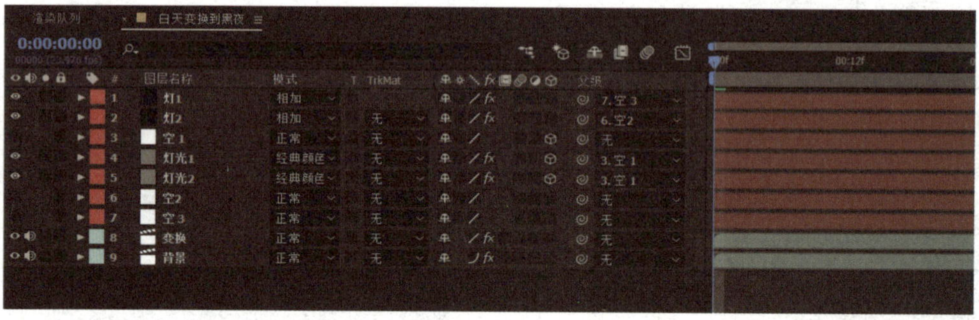

图 4-4-55　“灯 1”图层与“空 3”图层“父子级”关系设置

50. 按小键盘上的数字 0 键，预览最终效果，如图 4-4-56 所示。

图 4-4-56　最终效果图

项目小结

本项目通过“颜色校正”“CC Spotlight”“摄像机跟踪运动”“父子级”关系的配合使用，实现了从白天变换到黑夜的效果。“颜色校正”和“CC Spotlight”的具体使用方法是本项目的重点，需要用户在操作中认真体会，以掌握其中的技巧。通过此项目的学习，用户可以利用“颜色校正”来对画面进行一些特殊处理。

课后检测 4.4

简答题

（1）白天变黑夜，只是降低亮度吗？还有哪些方面的调整？

（2）在制作车灯的时候，使用了跟踪效果，你觉得跟踪点的选择有什么技巧？

（3）本项目画面中有个竖直的灯杆，你能尝试制作灯光向下照射的效果吗？

实训练习：粒子特效文字的制作

项目分析

本实训是制作粒子特效文字。首先通过“梯度渐变”特效制作出背景层，然后运用文字、粒子、光效等特效制作出文字五彩缤纷的动画效果，通过“粒子”特效的参数设置来完成粒子的汇集动画，最后加上光效，使粒子更加鲜亮。

效果展示

本实训练习效果如图 4-4-57 所示。

图 4-4-57　实训练习效果图

反侵权盗版声明